高等学校“新形态”规划教材

THOUGHT
大数据与智能计算
产教融合创新社区

数据科学导论

（案例版）

主　编　洪文兴

本书资源使用说明

北京邮电大学出版社
·北京·

内 容 提 要

本书是“数据科学产教融合”课程体系的基础课程的教材之一，书中将产业需求和高等教育的发展趋势紧密结合，对知识进行梳理，使之贴近实际、贴近教学。本书以案例见长，通过专门研发的数据科学实训平台为每个案例提供功能需求、数据、分析过程和最终报告，实现了理论与实践的有机融合。

本书分为数据科学基础、Python及其他数据工具、数据分析、竞赛与实践4个模块，共10章。本书出版前的讲义已在多所高校试用，并作为通识教育课程的教材，以“数据之美”为名获得省级教改项目立项。

本书适合作为高等学校数据科学入门和导论课程的教材，也可作为高等学校开设的通识课和选修课的教材，还适合对数据科学感兴趣的人员自学使用。

图书在版编目(CIP)数据

数据科学导论：案例版 / 洪文兴主编. -- 北京：北京邮电大学出版社，2024. -- ISBN 978-7-5635-7275-5

Ⅰ. TP274

中国国家版本馆CIP数据核字第2024ND1548号

策划编辑：韩 霞　**责任编辑：**宋俊娥　**封面设计：**广信达雅

出版发行：北京邮电大学出版社
社　　址：北京市海淀区西土城路10号(100876)
电话传真：010-82333010　62282185(发行部)　010-82333009　62283578(传真)
网　　址：www.buptpress3.com
电子信箱：buptpress3@163.com
经　　销：各地新华书店
印　　刷：三河市骏杰印刷有限公司
开　　本：787 mm×1 092 mm　1/16
印　　张：15.5
字　　数：385千字
版　　次：2024年8月第1版
印　　次：2024年8月第1次印刷

ISBN 978-7-5635-7275-5　定价：49.00元

前 言

大数据与智能计算产教融合创新社区（以下简称创新社区）是在中国智能计算产业联盟和全国高等学校计算机教育研究会的指导下，由产业界和教育界的先进单位联合发起并创立的专业创新社区，致力于完成一系列的学术和产业创新活动。创新社区制定了“数据科学产教融合”课程体系，包括15门课程及核心模块，以期形成完整的数字化人才培养、认证和应用体系。党的二十大报告强调，要“推进教育数字化”。教育数字化是教育教学活动与数字技术融合发展的产物，教材是教育教学的基本载体和关键支撑。本书是“数据科学产教融合”课程体系的基础课程的教材之一，提纲挈领地讲述了数据科学，以帮助读者推开数据科学的大门。

本书的出发点是将产业需求和高等教育的发展趋势紧密结合，对知识进行梳理，使之贴近实际、贴近教学。本书以案例见长，大部分案例都包含功能需求、数据、分析过程和最终报告。本书是新形态教材，为了更好地呈现案例，编者组织开发了数据科学实训平台，以实现在线学习与实践操作的有机结合。目前，编者正在全国高等学校计算机教育研究会的指导下，制定“数字化能力”评测和认证标准，以便相关人员自评并申请相应等级证书，从而提升课程的社会应用价值。

本书分为数据科学基础、Python及其他数据工具、数据分析、竞赛与实践4个模块，共10章。每章都安排了难易适中的案例和习题，以降低学生的学习门槛，方便学生动手实操。此外，编者通过与几家国有大型银行合作，验证了以下思路：通过学习本书，读者可以了解目前主流数据科学竞赛的类型；了解数据科学在银行业中的应用；能够对数据进行探索性分析；在部分常用业务场景中，使用数据对业务结果进行预测。

本书用到的实验环境为Python 3.8＋Jupyter Notebook（推荐使用Anaconda创建独立的运行环境，对集成开发环境不作要求），操作系统为Windows 10。如果更换操作系统（如使用Linux、macOS等）会对NLTK等包有影响。本书的案例基于Jupyter Notebook环境的代码源文件进行讲解。另外，每个案例中需要有一个data文件夹，其中的实验数据可以是公开的数据集，或者是用户自行爬取和整理的数据集。

本书由洪文兴担任主编，参与本书编写的人员还有崔濒月、朱嘉诚、王宁、张东晓、曾念寅、刘伊灵等。陈聿文、李卓敏、蒋莉莉、吴佩树、汪洋、骆锟宏参与了案例的编校和文本的撰写，朱嘉诚、夏豪威等牵头研发了数据科学实训平台，翁洋、李超、周绮凤、黄燕燕等参与了本书的审定工作，在此一并表示感谢。

由于编者水平所限，书中难免有不妥之处，敬请读者批评指正。

编　者

2023 年 10 月于厦门大学

THOUGHT 简介

目　录

CONTENTS

第1章 数据思维

章节导航

- 了解数据思维、数据素养、数据技能和数字领导力。
- 了解并学会分析新兴技术成熟度曲线。
- 理解数据工程的基本流程。
- 了解数据科学在各个行业的应用案例。

本章知识导图

1.1 数据思维无处不在

数据有价，它既是资产，又是生产要素，在数字时代，这是人们的基本共识。数据思维是将工作对象表征作为数据，运用数据工程与技术，开展算法研究，综合实施应用方案，从而获得有效成果的一种解决问题的思考方式。数据思维主要讨论数据资源、数字技术(新一代信息技术)、数据工程、数据科学、数据驱动的智能决策等。目前数据思维已形成了完备的学科体系和生态。

在经济与产业形态上，数据思维催生了新的经济范式，也就是数字经济。2021年，国家统计局发布的《数字经济及其核心产业统计分类(2021)》指出："数字经济是指以数据资源作为关键生产要素、以现代信息网络作为重要载体、以信息通信技术的有效使用作为效率提升和经济结构优化的重要推动力的一系列经济活动。"这一定义明确了数字经济、数据资源、数字技术之间的关系，进而推动了数据思维在社会经济活动中的演化进程。

从数据资源看，数据的特征是数量巨大、类型繁多、价值密度低、产生和流通速度快，因此称为大数据。从数字技术看，进入新工业革命时代后，新兴技术以极短的时间窗口迭代推进，云计算、大数据、人工智能(artificial intelligence，AI)、区块链、元宇宙等技术快速走向市场。从数据工程看，产业市场的旺盛需求驱动技术公司的工程化落地，形成了可重复使用的工具和解决方案。从数据科学看，架构完整的交叉学科体系已经完成，涵盖数字素养、数字技能和数字领导力3个层次，相应地描绘了通识、技能和顶层设计的知识版图。最终，以数据为决策依据，运用数字技术决策的数据思维得以形成。

下面用两个案例简要说明数据思维。这两个案例分别使用了统计学方法、机器学习(machine learning，ML)方法作为数据分析方法。

案例1-1 本案例为数据统计案例，反映了如何用数据说话。以下分别列出数据(算据)、模型、专家知识(结论)。

• 数据：一组脱敏后的公民个人数据，覆盖 1 000 多万人，大概占全国人口的 1%，信息包括姓氏、年龄、籍贯城市、现居城市等。

• 模型：使用上述数据的信息，设计和定义以下指标。

普遍指数＝各姓氏人口数量；

抱团指数＝各姓氏在各省分布的基尼系数；

奔波指数＝各姓氏人均迁徙距离(其中，迁徙距离为户籍地所在地级市与现居住地所在地级市的距离)；

……

• 专家知识：对上述指标(模型的计算结果)总结规律，给出建议，并持续完善模型。

案例 1-2 厦门大学"一带一路"研究院开展数字丝路研究，也就是面向"一带一路"沿线国家和地区，讨论如何建立数字经济创新服务平台(称为"数字丝路"创新服务平台)，如图 1-1 所示。该平台的目标是汇聚数字经济的政策、产业、企业、技术、空间载体等信息，形成一体化数据库和知识库，应用推荐算法、智能问答等技术，实现产业与政策的精准匹配。这是一个用数据服务数字经济产业的案例。

图 1-1 "数字丝路"创新服务平台

总结上述两个案例，可以发现数据、算法(指标、模型)、专家知识三者形成了数据决策的基本要素，并由超级计算机提供算力支持，最终形成一套在具体场景下，算据、算法、算力协同工作的科学决策模型，为数据思维落地提供了工程保障。

1.2 新兴技术蓬勃发展

新一代信息技术、数字技术、新兴技术等是一组不同视角下的概念。新一代信息技术的概念可见于《国务院关于加快培育和发展战略性新兴产业的决定》(国发〔2010〕32 号)，包括网络基础设施、新一代移动通信、下一代互联网、物联网、云计算、集成电路、新型显示、高端软件、高端服务器、信息服务、数字虚拟等技术。数字技术的概念较为宽泛，是指将各种物理信息(包括数值、文本、声音、视频等模态)转化为计算机可以识别、加工、存储、传输、分析和应用的技术，包括大数据、云计算、人工智能、物联网、区块链和 5G 技术等。新兴技术是受公众或市场关注的新技术，可由新兴技术成熟度曲线表征，该曲线由 Gartner(高德纳)公司每年发布。新兴技术的发展分为以下几个阶段。

(1)技术萌芽期(technology trigger)，又称感知期，在此阶段，市场对新兴技术产品和概念开始有感知，并且表现出兴趣。

(2)期望膨胀期(peak of inflated expectations)，又称泡沫期，在此阶段，市场一拥而上，纷纷讨论、尝试新兴技术。

(3)泡沫破裂谷底期(trough of disillusionment)，又称幻想破灭期，在此阶段，市场放弃对新兴技术的过度预期，开始面对严峻的现实。

(4)稳步爬升复苏期(slope of enlightenment)，又称恢复期，在此阶段，市场开始反思，并从实际出发考虑新兴技术的价值。

(5)生产成熟期(plateau of productivity)，又称高原期，在此阶段，市场大范围接受新兴技术。

图 1-2 是 Gartner 公司 2023 年 8 月发布的新兴技术成熟度曲线，该曲线描述了数字技术的市场反应情况。当一种技术成熟的时候，它就会得到广泛的商业化应用。读懂新兴技术成熟度曲线，就可以寻找某一种技术所处的发展阶段，这有助于读者对业界做出准确的判断，从而做出前瞻性的市场规划。

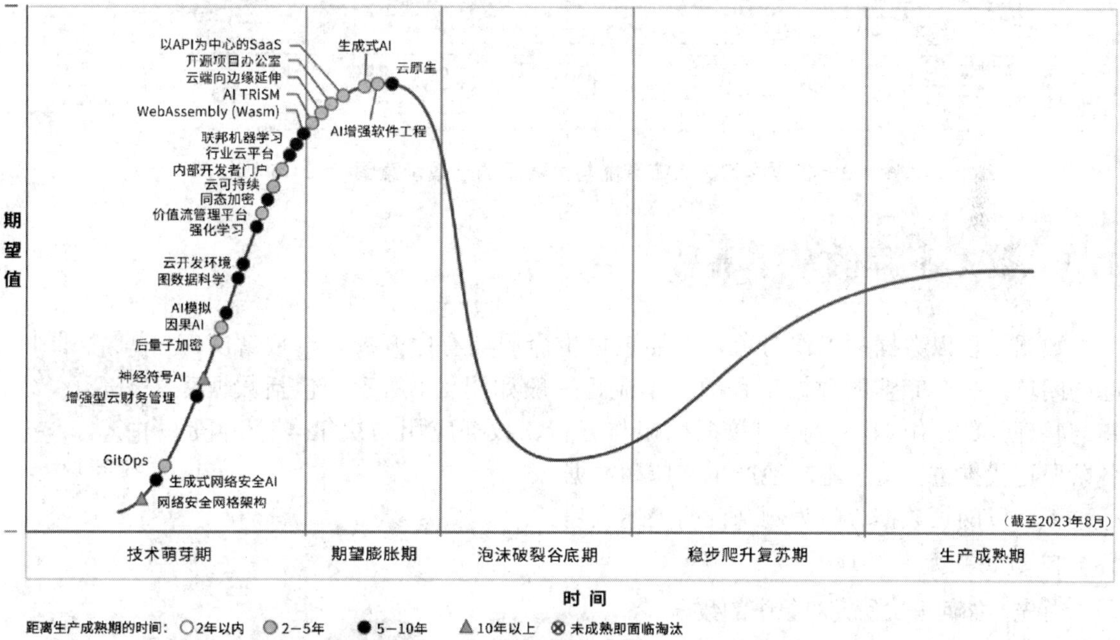

图 1-2 新兴技术成熟度曲线

数字技术的发展使得大数据和人工智能的版图日渐饱满。知名的早期技术类风险投资机构 FirstMark 动态维护了一份机器学习、人工智能与大数据的全景(Machine Learning, Artificial Intelligence & Data Landscape，MAD Landscape)，其中较为完备地展现了数字技术的代表企业。图 1-3 是 2023 年的全景示意图，读者可以访问官方网站获得其清晰版和互动版。从全景示意图中可以发现，数字技术及产业版图由数据资源与接口(Data Sources & APIs)、数据与人工智能咨询(Data & AI Consulting)、开源基础设施(Open Source Infrastructure)、基础设施(Infrastructure)、数据分析(Analytics)、机器学习与人工智能(Machine Learning & Artificial Intelligence)、企业应用(Applications-Enterprise)等组成。

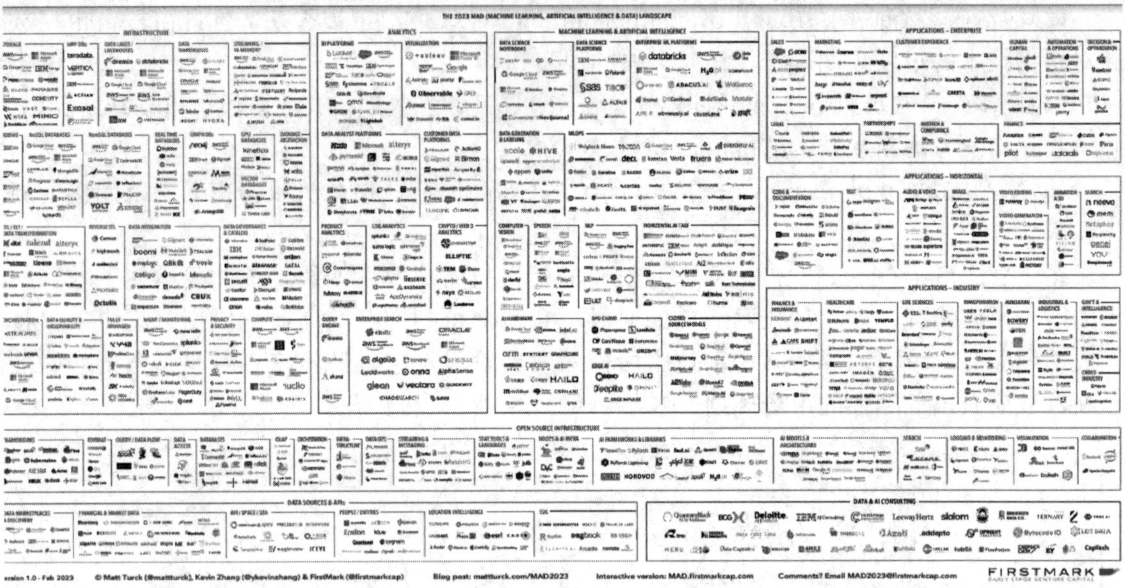

图 1-3　机器学习、人工智能与大数据的全景示意图(2023 年)①

1.3 数据工程的基本流程

数据工程以数据为工作对象，按照数据生命周期有序开展，形成解决问题的闭环。一个完整的数据工程的基本流程一般如图 1-4 所示，包括数据采集与整理、数据组织与存储、数据挖掘与分析、数据应用与决策 4 个阶段，各阶段迭代推进，持续不断地产生和应用数据。

数据工程流程简介

下面以网页数据分析为例来说明上述流程。

1. 数据采集与整理

首先，如何解决研究对象中的数据采集与整理问题？网页文件用 HTML (hypertext markup language，超文本标记语言)代码标记，由内容和样式两部分组成。内容是网页中的文本与多媒体，而样式控制网页的格式。目标分析网站以厦门大学研究生院官网为例，登录该网站，显示如图 1-5 所示的页面。要获得网页的内容和样式，可以在网页中右击，在弹出的快捷菜单中选择“显示网页源代码”命令，就可以得到数据文件，从而完成手动作业方式下的数据采集。

图 1-4　一个完整的数据工程的基本流程

网页文件属于半结构化数据，被放在很规整的一对对标签中。例如，一个超链接以<a>开头，以</a>结束；文字列表则放在<li></li>标签对中。网页文件的 HTML 源

①此图的清晰版可在 https://mad.firstmark.com/查看。

代码和半结构化数据示例分别如图 1-6 和图 1-7 所示。

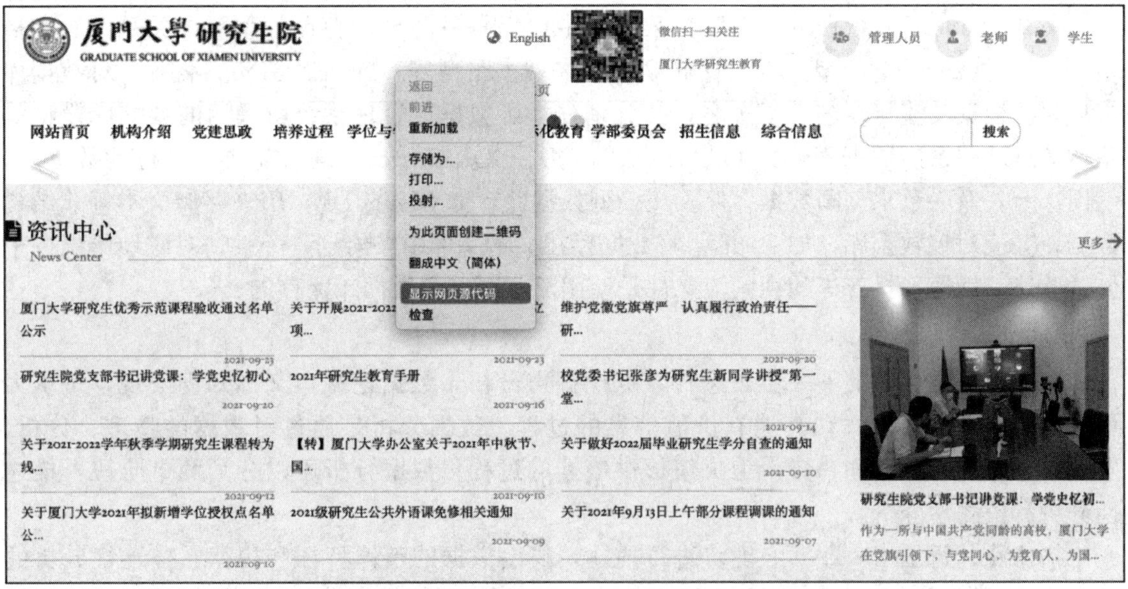

图 1-5 厦门大学研究生院官网的页面

```
<div class="customer">
 <div class="customer-icon">
  <a href="http://gs.xmu.edu.cn/student" target="_blank"><em class="fa fa-user-graduate"></em></a>
 </div>
 <div class="customer-title">
  <a href="http://gs.xmu.edu.cn/student" target="_blank">学生</a>
 </div>
</div>
<div class="customer">
 <div class="customer-icon">
  <a href="http://gs.xmu.edu.cn/teacher" target="_blank"><em class="fa fa-user-tie"></em></a>
 </div>
 <div class="customer-title">
  <a href="http://gs.xmu.edu.cn/teacher" target="_blank">老师</a>
 </div>
```

图 1-6 网页文件的 HTML 源代码

```
</li>
<li class="has-sub"><a href="jgjx/jggk1.htm">机构介绍</a>
            <ul>
                                    <li><a href="jgjx/jggk1.htm">机构概况</a>
                                    </li>
                                    <li><a href="jgjx/gzfg.htm">工作分工</a>
                                    </li>
                                    <li><a href="jgjx/jcsj.htm">基础数据</a>
                                    </li>
            </ul>
</li>
```

图 1-7 半结构化数据示例

本节的研究对象(半结构化数据)也是有规律可循的，它的结构介于结构化数据和非结构化数据之间，这就为数据的自动化采集与整理提供了条件。一般来说，在 Python 语言的第一堂课中，都会介绍如何采用 Python 语言完成一个网页爬虫。网页爬虫实现数据的自动化采集，实现 HTML 源代码的下载、保存、解析、存储。解析的基本原理就是找到标签对，理解标签对的含义，取出标签对中的内容。

2. 数据组织与存储

那么应如何解决数据的存储呢？数据库中包括各种各样的存储模型，如关系型、文档型、键值对(key-value)型、流式存储型、网络型、图型等。DB-ENGINES 网站①对数据库管理系统根据其流行度进行了排名，并分别列举了数据库管理系统所采用的数据库模型等基本信息。关系型数据库，如 Oracle、MySQL、SQL Server，是当前非常流行的数据库，使用二维表及联系来刻画数据存储；文档型数据库，如 MongoDB，用来存储文本等非结构数据；键值对型数据库，如 Redis，将数据存在文本文件中，给定一个键，对应地给出一个值。此外，微博、抖音等的视频流文件是使用流式存储型数据库保存的。

3. 数据挖掘与分析

数据组织与存储的下一步是进行数据挖掘与分析。数据挖掘，又称知识发现，是从大量的数据集中发现模式和其他有价值信息的过程。数据分析是通过对数据的整理、分析，发现数据背后的规律和趋势，为决策提供依据的过程。数据分析可以分为两个阶段：描述性分析和预测性分析。

描述性分析是指对数据的现状进行描述，找出数据的整体特征和规律。描述性分析的常见方法包括以下 3 种。

(1)统计量分析：求最大值、最小值、平均值、中位数、众数等。

(2)图表分析：用图表直观地展示数据的特点。

(3)分类分析：将数据按照某一特征进行分类，分析不同类别数据之间的差异。

预测性分析是指对数据的未来趋势进行预测。预测性分析的常见方法包括以下 3 种。

(1)回归分析：根据历史数据预测未来数据。

(2)时间序列分析：根据时间序列数据预测未来趋势。

(3)机器学习：使用机器学习算法从数据中学习规律，进行预测。

以银行客户资产总值为例，描述性分析可以根据客户的基本信息、账户存取记录、贷款信息、理财产品购买记录等数据，计算出客户的资产总值。描述性分析可以帮助银行了解客户的资产状况，为营销和产品开发提供参考。如果银行希望预测客户的未来资产状况，可以使用预测性分析。例如，可以使用回归分析，根据客户的历史收入、年龄、家庭情况等特征预测客户的未来收入，再根据未来收入预测客户的未来资产状况。

4. 数据应用与决策

数据挖掘与分析完成之后，下一步就是数据应用与决策。数据应用是指将数据分析的结果转化为实际的价值，为决策提供依据。数据分析结果可以帮助决策者做出更明智的决策。例如，银行可以使用数据分析预测客户流失率，从而采取措施以减少客户流失。常见的数据应用形式包括以下 4 种。

(1)可视化：将数据以图表、图形等形式展示出来，以便理解和分析数据。

(2)报告：将数据分析结果整理成报告，供决策者参考。

(3)预测模型：使用数据训练出预测模型，用于预测未来趋势。

---

①https://db-engines.com/。

(4)自动化决策：使用数据驱动自动化决策，减少人工干预。

数据应用与决策是数据工程的最后一个阶段，但这个阶段也会产生新的数据，反馈到数据采集与整理、数据挖掘与分析等阶段，从而形成数据工程全生命周期的闭环。因此，数据工程是一个迭代的过程，用户应该按照实际工作需要和结果反馈及时地对其进行修正。

1.4 数据工程案例

本节以案例研究的形式，介绍数据工程的具体执行过程，讨论数据思维的形成与应用。图 1-8 对比列出了这些数据工程案例及其项目支撑。

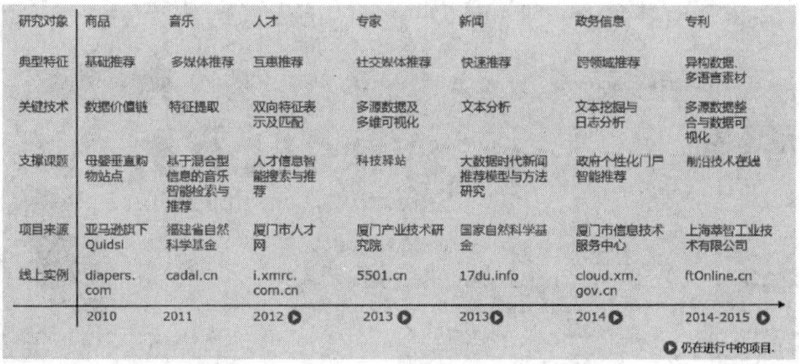

研究对象	商品	音乐	人才	专家	新闻	政务信息	专利
典型特征	基础推荐	多媒体推荐	互惠推荐	社交媒体推荐	快速推荐	跨领域推荐	异构数据、多语言素材
关键技术	数据价值链	特征提取	双向特征表示及匹配	多源数据及多维可视化	文本分析	文本挖掘与日志分析	多源数据整合与数据可视化
支撑课题	母婴垂直购物站点	基于混合型信息的音乐智能检索与推荐	人才信息智能搜索与推荐	科技驿站	大数据时代新闻推荐模型与方法研究	政府个性化门户智能推荐	前沿技术在线
项目来源	亚马逊旗下Quidsi	福建省自然科学基金	厦门市人才网	厦门产业技术研究院	国家自然科学基金	厦门市信息技术服务中心	上海莘智工业技术有限公司
线上实例	diapers.com	cadal.cn	i.xmrc.com.cn	5501.cn	17du.info	cloud.xm.gov.cn	ftOnline.cn
	2010	2011	2012 ▶	2013 ▶	2013 ▶	2014 ▶	2014-2015 ▶

▶ 仍在进行中的项目。

图 1-8　数据工程案例及其项目支撑

在开始案例分析之前，首先要理解数据结构和数据类型。数据结构是指数据的组织方式，数据类型是指数据的性质。图 1-8 中的数据工程案例应用了以下数据结构与数据类型。

(1)商品数据。商品数据可以用结构化数据来保存。结构化数据是指数据具有固定的格式，可以用二维表格或其他形式存储。商品数据中的价格、名称、描述和生产厂商等信息都具有固定的格式，可以用表格来保存。

(2)音乐数据。音乐数据中的歌名、专辑名等信息是结构化数据，可以用表格来保存。音乐数据中的音频属于非结构化数据，不能用表格来保存。因此，音乐数据除了结构化数据之外，还有一部分属于非结构化数据。

(3)人才数据。人才数据中的姓名、出生日期等属于结构化数据，工作经历、自我描述等信息是文本数据，属于非结构化数据。人才简历中还可以包含附件，如照片、视频等，这些附件也属于非结构化数据。因此，人才数据中既有结构化数据，也有非结构化数据。

(4)新闻、政务信息和专利等数据。这类数据属于半结构化数据，具有相对稳定的填写框架，但填写的内容使用自由的文本形式，也就是样式与内容分离。优秀的网页文件也是这样考虑的，因此 HTML、XML(extensible markup language，可扩展标记语言)等类型的文件一般也是半结构化数据。

1.4.1 特征发现

下面以商品特征发现为例来讨论数据采集与整理。推荐系统是电商网站的必备功能之一，其应用结果影响用户所能看到的内容。例如，用户观看短视频时，推荐系统列表会持续地约束用户的选择。因此，推荐系统、精准营销与提高用户复购率是密切相关的。

图 1-9 是笔者早年参与的一个商品推荐与精准营销案例，是某大型电商旗下的垂直网站，这个垂直网站只做婴幼儿产品。这个垂直网站的推荐及数据处理有何不同之处？首先，其潜在客户和服务对象是婴幼儿及其父母，因此在做特征分析的时候，会紧扣潜在客户展开。例如，抚养小孩是一个周期性极强的工作，会用到外部数据，包括婴幼儿的每个年龄段所需要的奶粉量、纸尿裤量，以及每个年龄段的玩具是什么等。

图 1-9　商品推荐与精准营销案例

在这个案例背景下，思考以下问题：推荐系统用到的数据有哪些？可以初步罗列出以下数据：用户和商品的基本特征，用户的兴趣偏好，商品促销信息，用户在网页的浏览、收藏、评论行为等。进行规整后，可以将商品推荐系统的数据分为 3 个方面：用户基本数据、协同数据和行为特征数据。

用户基本数据包括用户的个人资料、兴趣爱好、浏览记录、购买记录等，这些数据可以反映用户的偏好和需求。以地址信息为例，其中可能包括用户的家庭地址、单位地址，甚至是朋友的地址。也就是说，一个用户可能有多个地址，推荐系统要能自动识别出当前推荐使用哪个地址收货。这样，当系统推断用户选购的产品是给朋友买的礼物时，就可以优先推荐使用朋友的地址。

协同数据包括用户对商品的评论、好评量、收藏量等信息，这些数据可以帮助推荐系统了解用户的兴趣相似度。例如，用户想买某品牌的手机之前，会先查找相关商品链接，翻看评论，综合考虑后再决定是否下单。来自社区的评论数据，也就是朋友、网民之间的协同数据，体现了物以类聚、人以群分的特点。

行为特征数据包括用户的浏览行为、点击行为、购买行为等，这些数据可以帮助推荐系统了解用户的购买意愿。当用户浏览一个网页，看到了一个很心动、很想买的商品，但还没有下定决心时，用户会先将商品放入购物车，然后在网页上多次浏览。“浏览时长”“放入购物车”等动作和特征，隐性地表明了用户的偏好，这对卖家极为重要。卖家可以用这类数据来决策是否对应推出降价或搭售优惠来加速用户的购买决策，提升商品的购买转化率。

在这个案例中，还要讨论数据的合规获取、数据共享、数据安全等问题。由于商品的基本信息是可以共用的，因此各个电商平台就存在竞合关系，一方面希望获得友商的信息，另一方面又不希望自己的信息被友商获得，例如，通过页面信息动态生成、文字图片化等方法引入网页防爬虫机制。各个电商平台之间也有“君子之约”，如通过网站根目录下的 robots. txt 文件，用简单、直接的方式告诉友商对应的爬虫权限。

在数据采集合规的情况下，进一步考虑数据是否稳定，每天产生的数据规模(数据量)、频率(数据产生的速度)、数据类型等，可以决定数据应该用什么介质存储，也就是选择什么样的数据库管理系统。下面以销售虚拟商品的电商网站为例进行介绍。图 1-10 是一个求职招聘网站，求职者通过简历数据将自己虚拟化了。简历中不仅有结构化数据，还有很多的文本数据和半结构化数据，其样例如图 1-11 所示。在进行数据分析前，应该对数据进行分类：有些数据存储在关系型数据库中，可以用结构化数据的处理技术进行处理；有些是文本数据，可以用自然语言处理(natural language processing，NLP)方式进行处理。对简历数据而言，可以用定位词对数据进行解析。例如，“姓名:”后的数据表示求职者的姓名值，“性别:”后的数据为男或女等。使用自然语言处理技术(文本处理技术)能很好地完成这项任务。

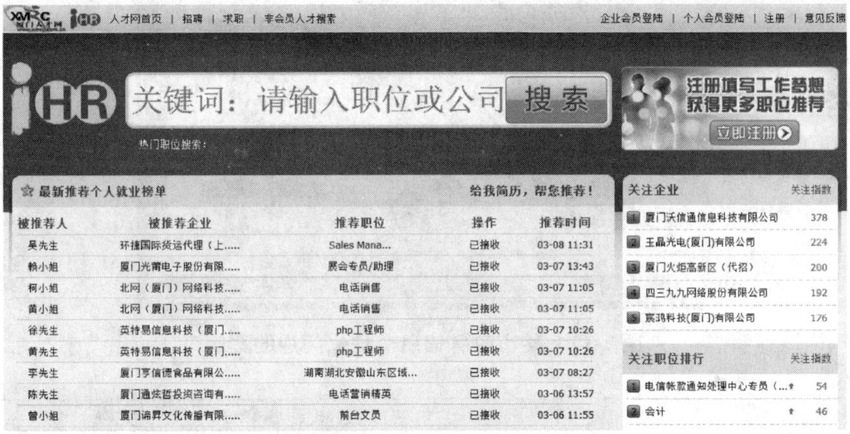

图 1-10　求职招聘网站

图 1-11　简历数据样例

1.4.2　文本推荐

文本推荐是一类以文本数据为主要研究对象的问题。下面以政务新闻推荐为例来说明文本数据的有效应用。公共政策平台会发布很多政策文件，如何将政策信息及时、准确地推送给受惠者、执行者？一个普遍做法是广而告之，在多个途径进行公告，让用户自行发现；中间做法是对政策分层分类，通过专门渠道进行通知；最佳做法是根据用户的需求，精准推荐送达。图 1-12 和图 1-13 分别是某市政务信息个性化门户和政务新闻推荐网站的案例，二者成功实践了政务信息的最佳推荐方法，有效地解决了信息碎片化和过度散布的问题，为用户提供了更有针对性的政务信息服务。

新闻推荐案例

图 1-12　某市政务信息个性化门户的案例

图 1-13　政务新闻推荐网站的案例

图书信息应用也是文本推荐的典型案例。笔者曾参与大学数字图书馆国际合作计划的资源检索项目 CADAL(China academic digital associative library，见图 1-14)，该项目的主要目标是实现图书馆资源的电子化及互联共享。例如，甲大学的学生可以检索乙大学的图书信息，如果有需要的图书，提出申请后，可以访问电子资源，或通过馆际互借获得实体书的邮寄服务。

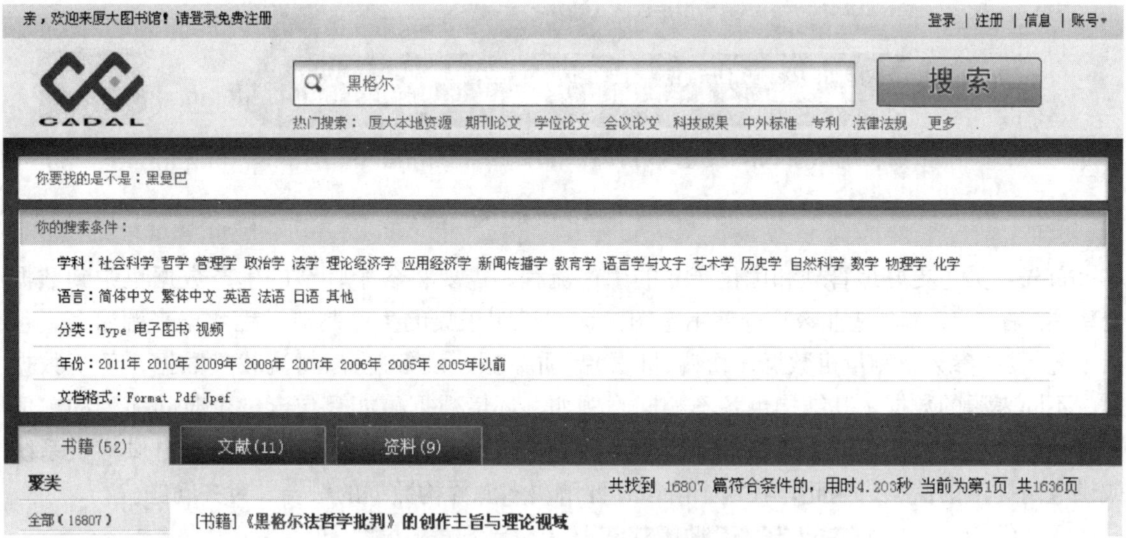

图 1-14　CADAL 检索项目原型

如何实现图书信息的跨图书馆检索和推荐？图 1-15 是该项目规划的部分功能，可以实现“检索—助手—笔记”3 个阶段的智能推荐。首先，在数据采集上，各图书馆按照数据标准定期交换数据，形成公共数据库及镜像，这个阶段考虑的问题包括数据同步、数据冲突、分布式访问等；其次，部署全文检索工具，制定搜索结果排序规则，讨论检索的准确性，开展搜索引擎优化；再次，引入基于自然语言处理技术的智能助手，进行检索特征的提取和发现，使用基于特征的推荐向用户提供调优以后的检索结果；最后，实现检索结果的自动化记录，记录检索历史、用户反馈等，迭代优化整个检索过程。

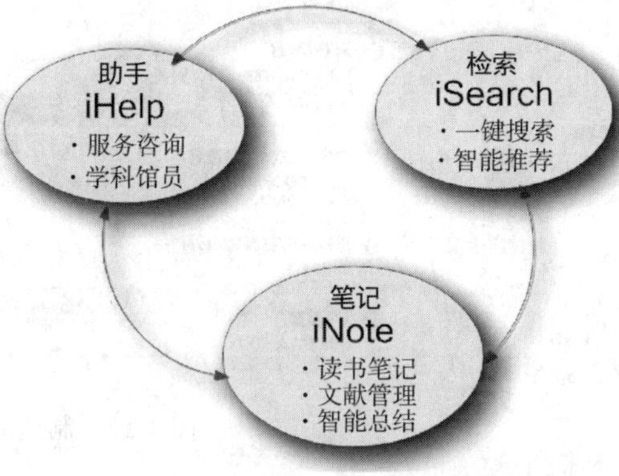

图 1-15　CADAL 检索项目的功能

1.4.3　智能制造

本节将介绍一个制造业数据挖掘案例，如图 1-16 所示。该案例有助于用户深入了解数据科学在工业生产中的应用。该案例改编自一条平板计算机生产线，并应用实施，有效地提高了该生产线的良品率。

图 1-16　制造业数据挖掘案例

首先，为了更好地管理和优化产品的生产流程，需要将各个环节的生产数据集中到数据仓库中。图 1-17 为制造业数据仓库示意图，该图说明采集的生产制造过程数据来源繁多，包括工艺/设备参数、测量机数据、物料(批次)品质数据、设备差异/物流载具数据、环境数据等。不同来源的数据，其结构也各不相同。例如，环境数据可能只包含一个时间序列的单值数据，而工艺参数则可能来自某个系统的录入或模式的录入，物料数据可能来自供应链系统或供应商提供的信息。因此，在这个阶段，要解决多源异构数据的融合、对齐问题。

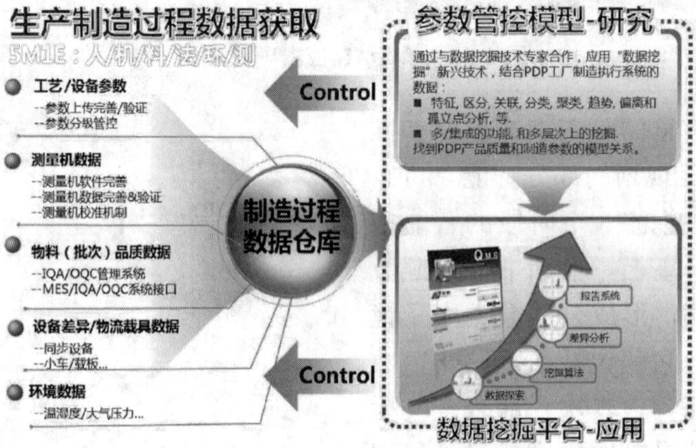

图 1-17　制造业数据仓库示意图

其次，为了更好地理解和分析这些数据，可以采用数据挖掘技术，构建数据挖掘分析平台(见图 1-18)。数据挖掘是数据分析的基础，可以帮助用户从大量数据中提取有价值的信息和模式。在制造业中，数据挖掘可以应用于工艺参数优化、质量控制、预测性维护等多个方面。

最后，通过可视化的方式，可以更直观地展示数据挖掘的结果。例如，通过图表可以清晰地展示不同时间段内生产线的运行状态、产品质量等指标的变化趋势。这种可视化方法不仅有助于用户快速发现问题，还能帮助用户更好地理解生产过程并找到改进方向。

综上所述，本案例通过实际应用展示了数据挖掘在制造业中的重要性和应用价值。通过数据采集、融合和挖掘，用户可以更好地管理和优化工厂的生产流程，提高产品质量和生产效率。

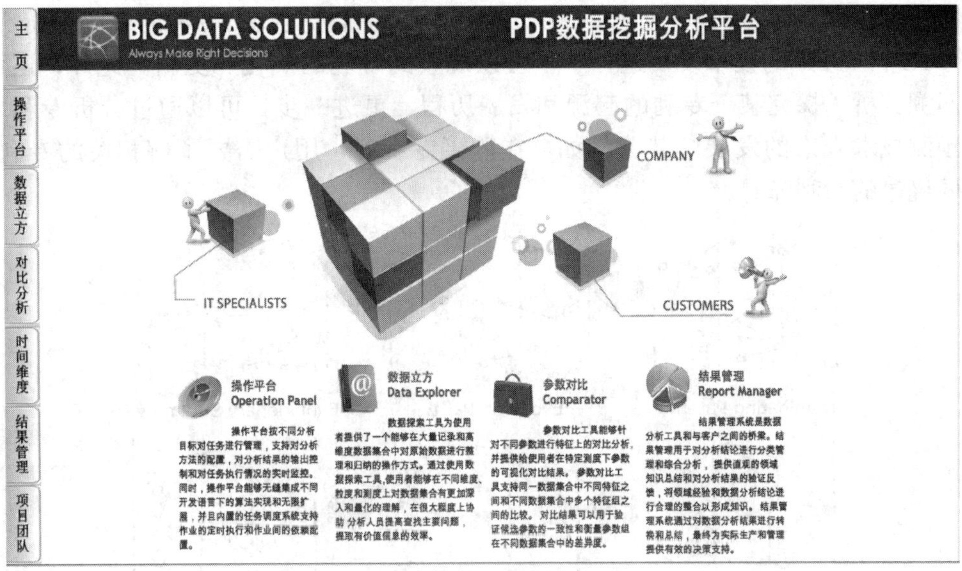

图 1-18　数据挖掘分析平台

1.4.4　技术预测

技术预测是指利用数据分析和统计方法，对未来的技术发展趋势和可行性进行科学预测的过程。通过技术预测，用户可以更好地了解未来技术的发展方向和潜在的产业机会，为决策提供有价值的指导，从而更好地应对未来的挑战并把握发展机遇。本节将数据驱动的技术预测用于企业的技术需求分析和专利预测。

首先，讨论企业技术需求分析案例(见图 1-19)，这个案例的目标是帮助政府理解企业的实际需求。为了实现这一目标，我们建立了一个全面的数据库，该数据库包括专家、技术、论文、专著、新闻和社区等多方面的信息。通过深入挖掘这些数据的潜在联系，用户可以发现企业的真正需求，进而为政府的决策提供有力的支撑。

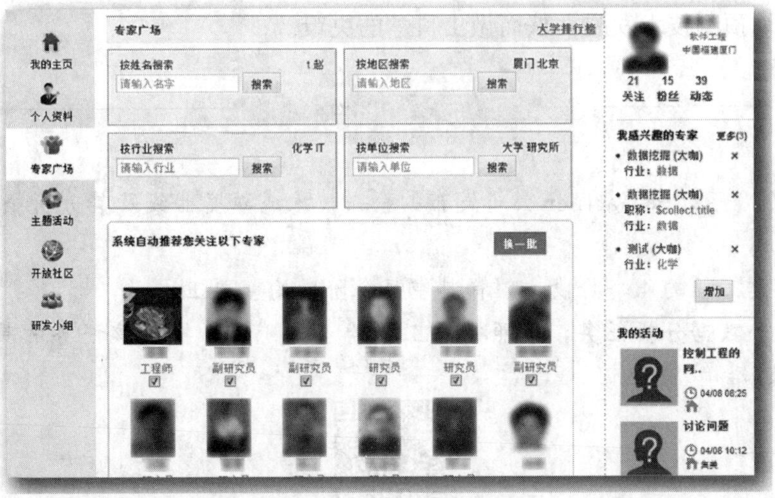

图 1-19　企业技术需求分析案例

其次，讨论专利分析案例（见图 1-20），这个案例的目标是找出专利的进化周期。例如，从 3G 到 4G 再到 5G 的技术发展过程中，可以观察到专利的演化和更新。此外，还可以进行专利回溯分析，探究某个专利的起源和发展历程。更进一步，可以通过分析专利之间的关系，预测技术未来的发展趋势。例如，在购买专利时，用户需要了解相关的专利背景，以及需要绕过的专利障碍。

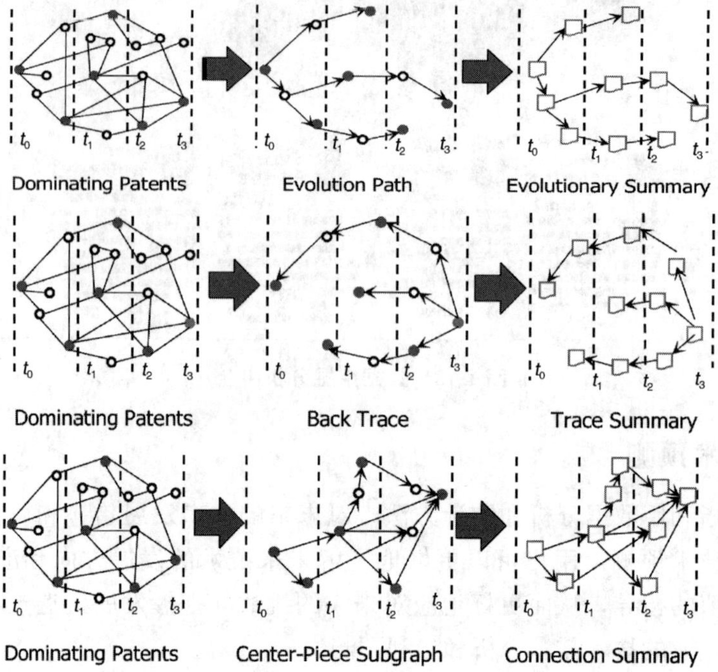

图 1-20　专利分析案例

总而言之，技术预测对用户理解和掌握未来的技术趋势至关重要。无论是政府决策还是企业决策，都需要借助技术预测来把握未来的方向。通过深入挖掘数据和分析专利信息，用户可以更好地预测技术发展，从而做出科学的决策。

习　题

1. 找出 2020 年以来 Gartner 公司发布的新兴技术成熟度曲线及其分析报告，做出自己的理解和判断。

2. 写出数据工程的 4 个阶段，解释其中每个阶段的主要工作。

3. 选取一个数据分析任务，按照数据工程的 4 个阶段，描述该任务的具体实施方法。注意用词精炼、准确。

习题解析

第2章 数据科学基本知识

章节导航

- 了解数据、数据工程、数据科学。
- 理解和掌握数据的特征。
- 掌握数据科学的发展历史、研究内容。

本章知识导图

2.1 认识数据

2.1.1 数据

数据是对物理世界的人、事或物的记录。数据不只是数值，它有很多种类型，如视频、文字、动画、医学影像、天文影像，这些都是数据，如图 2-1 所示。数据科学不仅仅是数值科学，因此它不仅仅涉及数学、统计学等，而是关于所有类型数据的科学。

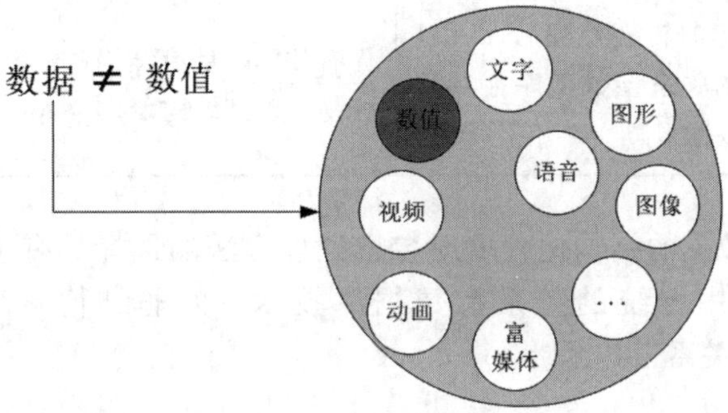

常见的数据类型

图 2-1 数据的类型

DIKW 金字塔模型揭示了数据(data)、信息(information)、知识(knowledge)、智慧(wisdom)之间的区别与联系，如图 2-2 所示。数据是现实世界的记录，它记录了人和事物；信息是进行了一部分抽象和整理的数据；知识是进行了更高层次的抽象和整理的数据，知识可能是人们发现的某个共性规律；智慧是能创造性地做一些预测的能力，这就是人工智能。从数据到智慧不但是人们认识程度的提升过程，而且是从认识部分到理解整体、从描述过去(或现在)到预测未来的过程。

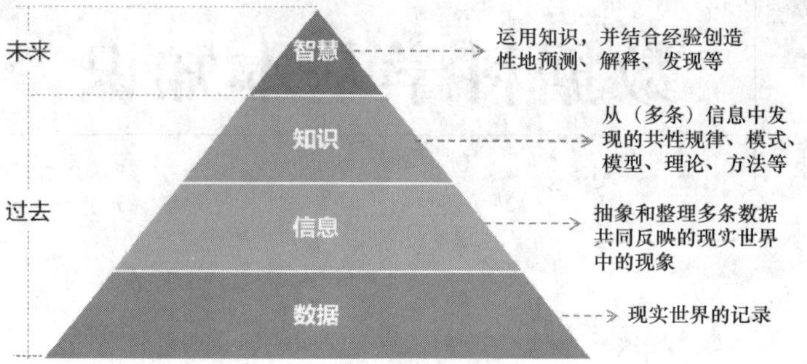

图 2-2　DIKW 金字塔模型

2.1.2　数据的分类

对数据进行分类有两种方法：第一种方法是根据数据的表现形式分类，如文本、数值、图像等；第二种方法是根据数据存储的结构化程度分类，通常将数据分为结构化数据、非结构化数据和半结构化数据 3 种，三者的区别与联系如表 2-1 所示。

表 2-1　结构化数据、非结构化数据和半结构化数据的区别与联系

类型	含义	本质	举例
结构化数据	可以直接用传统的关系型数据库存储和管理的数据	先有结构，后有数据	关系型数据库中的数据
非结构化数据	无法用关系型数据库存储和管理的数据	没有（或难以发现）统一结构的数据	语音、图像文件等
半结构化数据	经过一定的转换处理后，可以用传统的关系型数据库存储和管理的数据	先有数据，后有结构（或较容易发现其结构）	HTML、XML 文件等

在数据科学中，数据的结构化程度对数据处理方法的选择具有重要影响。例如，结构化数据的管理可以采用传统的关系型数据库技术，而非结构化数据的管理往往采用 NoSQL、NewSQL 或关系云技术。

2.1.3　数据的特征

数据科学已经发展到大数据时代。大数据具有海量（volume）、类型多样性（variety）、价值（value）密度低、产生与传播速度（velocity）快的特征，称为 4V 特征，如图 2-3 所示。

第一个 V 即海量，数据体量巨大，从太字节（TB）级跃升至拍字节（PB）级、艾字节（EB）级，数据的容量和复杂性导致使用传统工具和技术已无法处理。可以通过几个例子了解这几个数据单位。例如，可以买到存储量为 128 GB、256 GB 的手机，这里用到 GB（吉字节）；一台计算机的一块固态硬盘或者机械硬盘的容量单位大概在 TB 级；一个电信机房，它的数据量大概在 PB 级。

数据 4V 特征简介

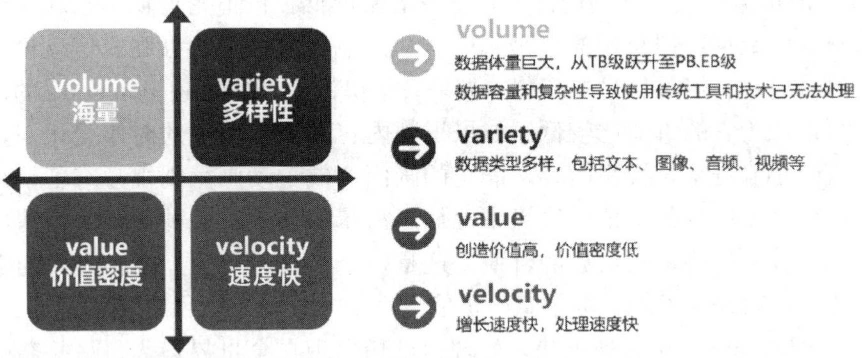

图2-3 大数据的4V特征

在进行数据分析的时候，数据的量级很重要，这就必须考虑数据存储的速度，也就是输入/输出(input/output，I/O)的速度，或者查询速度，以及数据量、数据集是什么量级的。例如，银行每天产生的数据可能到PB这个级别，因此数据处理或者数据存储的方法就要匹配这个数据量级。客户在电商平台买东西时，电商平台要给客户推荐，如果平台的算法不够精确，算力跟不上，半个小时以后才给出一个推荐结果，那么在电商应用中就不可能应用这个推荐系统，因为客户早已经因无法忍受长时间的等待而放弃使用这个平台了。因此，数据体量的大小对整个数据科学的应用具有至关重要的影响力。

第二个V即数据类型多样性，包括文本、图像、音频、视频等。数据不仅有数值型，还有很多不同的类型，不同的类型带来不同的挑战。试想一下，数据的类型带来哪些数据科学上的挑战？

例如，要用Excel进行检索，可以按快捷键Ctrl＋F搜索一个数值，或者搜索一个文本，此时弹出一个查找对话框，输入两个字，或者输入一个名字、一个数值，很快就能搜索到想要的结果。这个过程看似非常方便，但是如果有100张图片，要找出图片中的某一个人，又该如何检索呢？

如果是数值型数据，用SQL(structured query language，结构化查询语言)能够快速地找到需要的数据。现在有100张图片，要求从图片中找到某一个人；或者有一段新闻联播的视频，要求找到一个事件；或者有一段监控视频，要求找到一个事件、一个人，又该如何检索呢？这表明数据类型的变化将给检索技术带来新的挑战。

很多人认为，未来人工智能会做图像处理，也可能会做图形检索。那么，数据科学是如何做的？也有人认为，未来人工智能会继续做文本检索，如做智能问答，做自然语言处理。那么，自然语言的检索又是如何做的？每个方向都会引来新的问题。例如，自然语言的检索是不是完全精确匹配？“早上好”这3个字，一般认为它是问好。可是在闽南地区，不管任何时候，任何地点，人们都用“吃了吗”表示问好。因此，这时检索可能又会遇到新的挑战——语义级别的检索。数值本身如果没有单位，19就是19，20就是20，这是一个精确值；而作为文本，它是有含义的。就算是精确值，加上单位符号，它的含义也不一样。数据类型发生了变化，运用的数据检索技术也不一样。在实践中，不仅要想到数据类型有很多种，还要思考引入不同类型的数据以后，会带来什么样的研究方向。

第三个 V 即价值密度——创造价值高，价值密度低。价值密度低，也就是要从沙子里淘金。如果有很多数据，但有用的只是其中的一点点，应该怎么办呢？信息论中，信息的价值用单位熵来表示。熵是信息的变化。如果一个摄像头拍的视频里 10 min 的画面都没有任何变化，可以认为它的价值比较低。如果视频内容在凌晨 1 点的时候变化了，某个窗户被砸开了，有个小偷进来，视频内容从静止的画面变成了动画，则视频有了信息。信息的变化(信息熵)带来了信息的价值。网络中存储了海量的视频、各种各样的微博内容、朋友圈的图片，如何找到这些数据信息的价值？这是一个很难的问题。很多人做的数据挖掘或者机器学习算法，就是在发掘数据信息的价值。

第四个 V 即高速——增长速度快，处理速度快。现在全世界最大、最复杂的电子商务网站是“铁路 12306”，虚拟火车票的买卖跟实物的买卖有巨大的区别。卖一瓶矿泉水是一个典型的进销存过程，仓库进、库存出。进了 100 瓶水，卖了 1 瓶水，剩 99 瓶水，这个进销存模型是很固定的。卖一张虚拟火车票则不太一样，最小库存单位的变化非常复杂，如有一趟列车从 A 出发，途经 B 最终到达 C，卖出一张 A 到 B 的票，就会多出一张 B 到 C 的票，则最小库存单位是动态排列组合变化的。可以想象一下，每卖出一张票，不仅要更新网络终端的库存，还要更新全国的售票站、线下售票终端、自动售票机的库存，这是一个很复杂的、产生速度极快、要求处理速度极快的系统。试想一下，春运期间上亿人在同时抢购火车票，网站的访问量是巨大的。

因此，数据的增长速度、处理速度快，也带来了很多技术问题。如果从敏捷研发的角度来看，涉及动态负载均衡、DSN 缓存等相关技术。如今，给大网站提供缓存技术这一服务成为热点，如阿里等公司开始研发该技术，会带来新的技术调整。

2.1.4 信息化、数据化与数字化

信息化、数据化与数字化是一组递进的概念，与数字化转型密切相关。数字化转型在各行各业体现出不同的特点：在智能制造行业，是工业 4.0；在银行业，是银行 4.0，如图 2-4 所示。在此过程中，数据被视为最重要的生产要素。在马克思主义政治经济学中，资本、人力、土地被称为生产三要素。现在，随着技术经济的发展，数据也被加了进来。目前，数据已成为企业的关键生产要素。

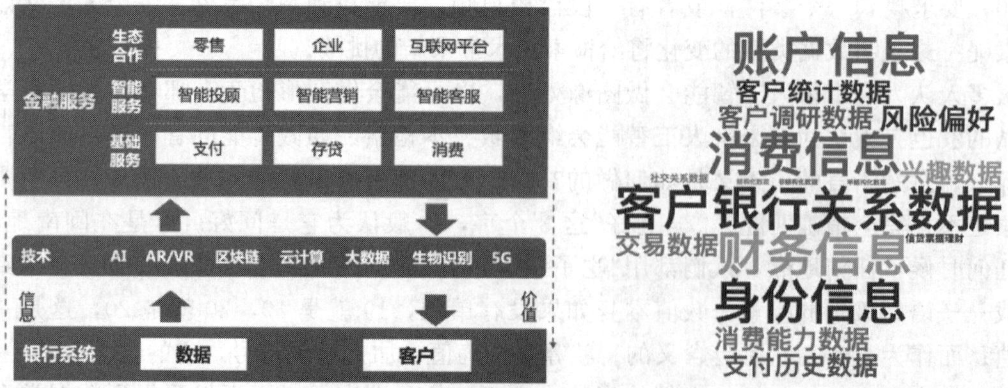

图 2-4 银行 4.0

这里有两个重要的论断：一是数据是资产，二是数据是重要的生产要素。

如果数据成为一种生产要素，那么数据可以进行交易，且具有价值。数据将成为企业经营决策的主要依据，成为商品服务和贸易活动的新内容，还会成为社会全面治理的重要依据。我国政府非常重视数据资源的作用，党中央多次明确指出要“发挥数据的基础资源作用和创新引擎作用”，鼓励利用数据资源开展创新创业活动，最大限度地激发全民创新活力。十九届四中全会也首次明确了数据可作为生产要素按贡献参与分配，即数据可以进行交易，承认其具有价值。十九届五中全会及《关于构建更加完善的要素市场化配置体制机制的意见》《关于新时代加快完善社会主义市场经济体制的意见》中进一步明确了数据作为生产要素的基础和战略性地位。

2020 年 7 月，中国信息通信研究院发布的《中国数字经济发展白皮书(2020 年)》，从生产力和生产关系的视角提出了数字经济发展的“四化”框架，即数据价值化、数字产业化、产业数字化、数字化治理，如图 2-5 所示。2020 年 11 月，中共中央发布了“十四五”规划与 2035 年远景目标的建议，并强调加快发展数字经济，推进数字产业化和产业数字化，进而推动数字经济和实体经济深度融合，打造具有国际竞争力的数字产业集群。

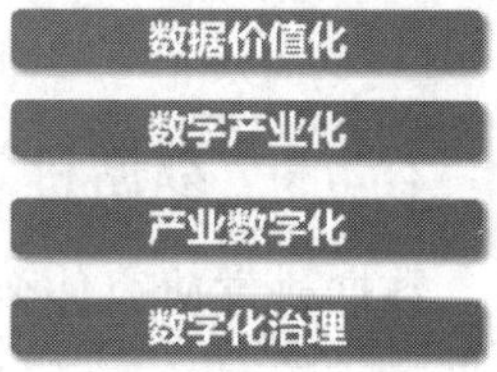

图 2-5　数字经济发展的“四化”框架

目前，随着数字技术的快速发展，数字化转型奠定了数据价值化和资源化的基础，但在具体实施上还存在诸多困难，如数据价值化的过程中，涉及数据采集汇总、数据确权等。什么是数据确权？怎样才能公平合理地实现它？经济学家哈罗德·德姆塞茨(Harold Demsetz)在其发表的《论产权理论》中提到，当确定数据产权的收益大于确定数据产权的成本时，数据就有了确权的经济基础。有学者认为，数据确权即数据产权的确定，其保护的是数据权利人对数据财产直接控制和支配的权利，实际上便是数据制造者在数据资源产生极大价值的新业态中，对社会资源分配的一种主张。虽然数据确权的概念已经被提出，但是确权仍然存在诸多困难，如少量数据资源的定价问题、数据资源使用过程中的个人隐私保护问题、数据所有权的确认问题等。这些问题需要从制度和法律层面上共同探寻解决办法。

一些行业对数据依赖极强，没有数据就无法运营，如银行业。银行最基本的运营模式是什么？收取存贷款利率之间的差价，这便是银行的利润。虽然现在银行产生了很多新的业务，但是其核心的、最基础的还是存款和贷款业务，其表现形式就是一组数据，业务处理方式就是对各项数据的增删改查。现在人们很少使用纸币，使用的都是一堆记账的符号(数字)，未来还可能使用数字货币。这个例子说明了银行从最初使用计算机技术开发信息系统实现业务的信息化到数据化、以数据流表示信息流和业务处理的过程，甚至发展到后续利用数字技术打通全部业务、实现数字化运营新生态的过程与方向。

数据在很多行业已经成为最重要的生产要素，在一些服务行业更是如此。例如，传统制造业的产品可能是有形的，如生产一个轮胎，但产品的产供销的全过程都是以数字化数据的形式表现和管理的。又如，在银行业，它的金融产品可能就是数字数据或可视化的数字数据。

因此，信息化是采用信息技术完成业务创新的过程，数据化则是信息化过程中的业务流程表示。数字化有两方面的含义：一方面是狭义的数字化，即指利用信息系统、各类传感器、机器视觉等信息通信技术，将物理世界中复杂多变的数据、信息、知识，转变为一系列二进制代码，输入计算机内部，转换为便于计算机处理的形式；另一方面是广义的数字化，即利用现代信息通信技术，如大数据、云计算、区块链、人工智能、物联网等，对组织的战略、架构、运营、管理、生产、营销等各个层面进行系统性的、全面的变革，强调利用数字技术对整个组织进行重塑，实现组织文化的变革，为组织的赋能模式创新和业务突破提供驱动力。

2.2 数据科学

2.2.1 数据科学的概念

数据科学研究什么？图 2-6 为中国人民大学的朝乐门教授编写的《数据科学》一书中对数据科学的定义。这个学科有两个特点：一是“新”；二是属于交叉学科，除了统计学、机器学习等知识以外，还涉及计算机科学，甚至与整个数据产品都有很大的关系。学习交叉学科时，学习者需要把涉及的各个学科作为基础，建立完备的知识体系。

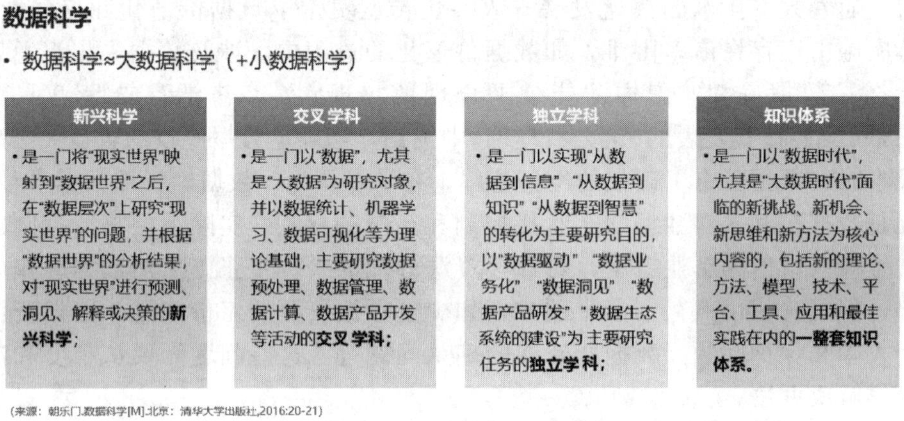

图 2-6 数据科学的定义

2.2.2 数据科学的发展历程

数据科学的主要里程碑如图 2-7～图 2-9 所示，虽然其展示的不是很全面，但由此可以大致了解这个学科的发展历史。

1974 年是计算机正在开始发展的时间，因此计算科学与数据科学是密切相关的。第一台计算机为什么叫计算机？因为它要计算数据，这大概就是数据科学最早的开始。

数据科学发展里程碑

随后出现了一些专门介绍数据科学的刊物，2003 年前后，这种期刊出现了很多。

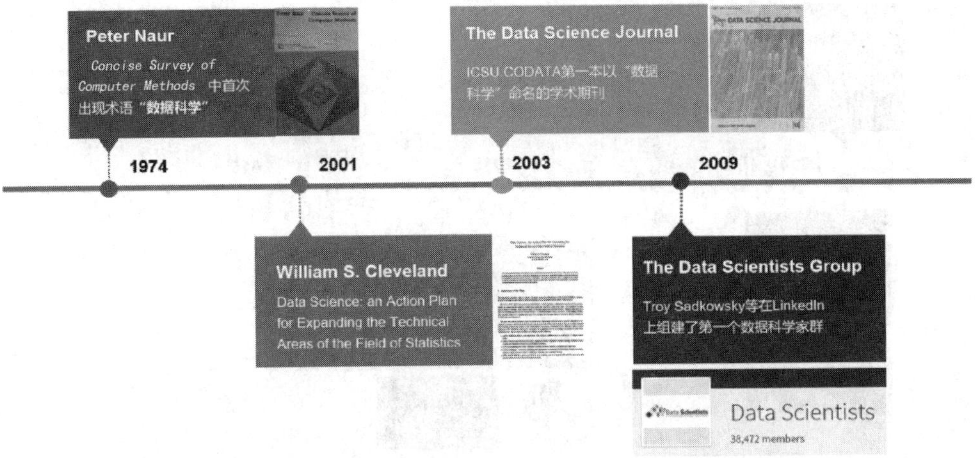

图 2-7　数据科学的主要里程碑(1/3)

学术论文怎么看？通常情况下可以先找一本书，或者找一些综述文章，先了解基本术语，再看最新的研究文献。中国计算机学会(China Computer Federation，CCF)对计算机科学的各个方向有推荐的会议与刊物，可以去推荐列表查找。另外，计算机学科的会议论文往往比期刊论文发表得早，所以中国计算机学会还很看重顶级学术会议。

2010 年，德鲁・康威(Drew Coway)提出了第一个揭示数据科学理论基础的韦恩图。为什么说数据科学是交叉学科？因为它叠加了各个学科。随后出现了一些课程，如数据科学课程。可以学习一下 IBM 公司的数据科学课程，该课程以访谈的形式讲了很多故事，也可以在清华大学线上学堂学习关于数据科学的课程，在学习强国网站上也有相关的课程。

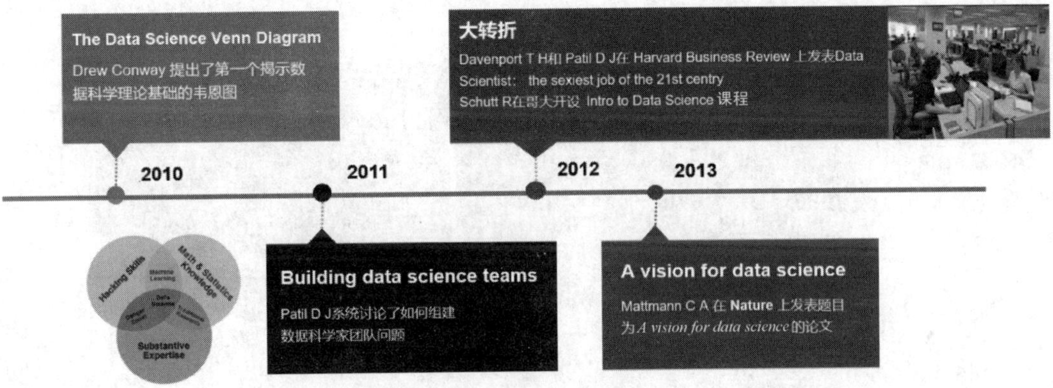

图 2-8　数据科学的主要里程碑(2/3)

2015 年，时任美国总统的奥巴马任命 DJ・帕蒂尔(DJ Patil)为白宫首席数据科学家。现在，很多公司开始设置首席数据官或者数据科学家。

目前，数据工程师、算法工程师的就业情况非常好，这部分岗位缺口很大。企业希望能够找到一些既懂业务知识，又懂数据科学、数据基础的融合型人才。可以多了解就业市场中对数据科学人才的需求情况。

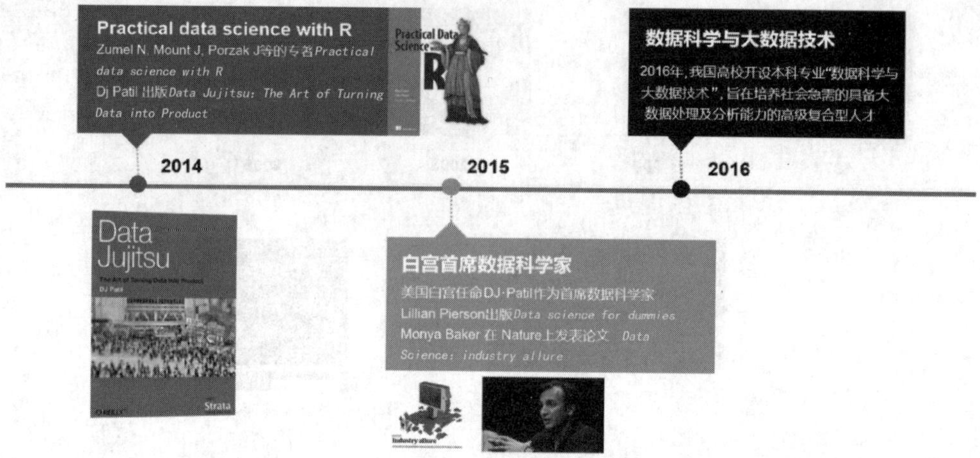

图 2-9　数据科学的主要里程碑(3/3)

2.2.3　数据科学的知识体系

朝乐门教授总结了数据科学的知识体系，如图 2-10 所示。数据科学的数据生态就是以数据为核心，数据科学的研究对象是数据，可以由数据开始讨论各个问题。

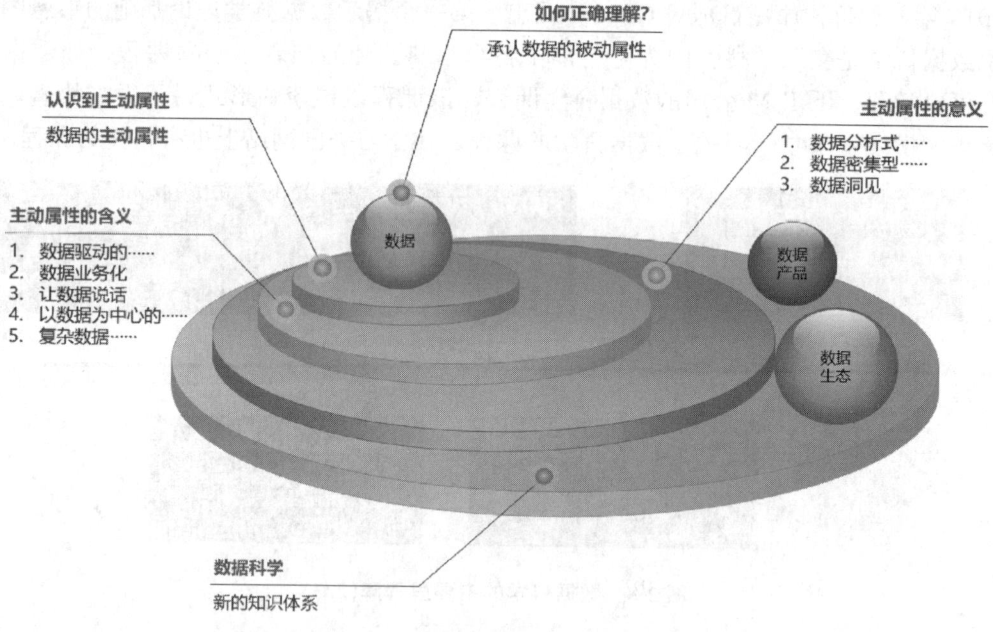

图 2-10　数据科学的知识体系

2.2.4　数据科学的研究目的与任务

数据科学的研究目的有三个：第一，要了解基础知识；第二，要能够动手做一个项目；第三，要对产业有所理解。

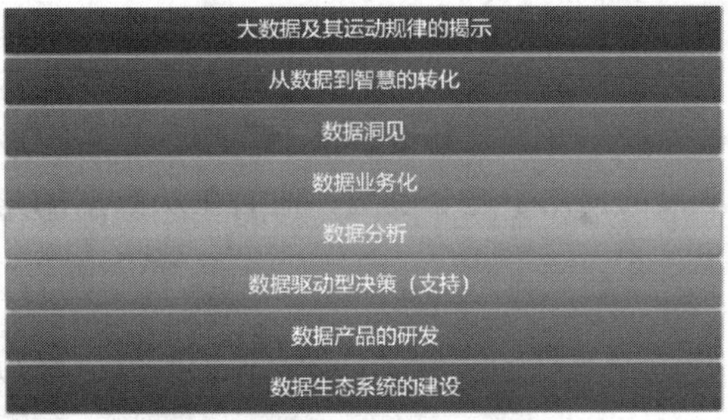

图 2-11　数据科学的研究任务

数据科学的研究任务如图 2-11 所示，从上往下看，第一个是“大数据及其运动规律的提示”，它是数据科学的基础，包括数据采集、数据的产生、数据流、数据从哪里到哪里等。这个部分可以是工程问题，可以非常具体。例如，实验室买了一个传感器，这个数据是怎么得到的？又如，想做健康医疗、想做老年人居家监护的数据分析，那么传感器的数据怎么来？装摄像头，可能隐私问题得不到保护，那装其他的传感器合不合适？穿戴在手上的设备舒服不舒服？可穿戴式设备实际上是把各个传感器装在衣服上，然后采集身体体征的数据。这部分工作需要明白数据的生命周期。

第二个是“从数据到智慧的转化”，从 DIKW 金字塔模型最下面的数据开始，最终转化为最上面的智慧。

第三个是“数据洞见”，即数据价值的发现。很多企业都有数据洞察的产品，其实就是数据挖掘。

第四个是“数据业务化”，即业务流程。“数据的业务化”跟“业务的数据化”是两个不同的概念，“什么的什么化”表示重心在第一个“什么”中，把数据变成标准业务流程也是可以的。例如，数据治理、数据标注就是其中典型的工作。现在市场上有很多的数据标注工具，这方面有很多的研究热点。

第五个和第六个分别是“数据分析”和“数据驱动型决策(支持)”。数据决策是在做数据仓库项目时会涉及的工作，这里涉及很多新的名词概念，如数据仓库、数据集市、数据立方体。如果把数据放到一个房间中，则称为数据库；如果把数据放到很多个房间里，则称为数据仓库。按照一个决策主题，如果想知道厦门地区今年流感疫苗的接种情况如何，主题是“厦门”“今年”，面向这个主题，把空间、时间、流感疫苗接种情况的统计数据从仓库中取出来，就把这些统计数据称为数据集市。有了数据集市以后，就要根据智能报表做出一个决策，称为数据驱动的决策，或者叫作商务智能(business intelligence，BI)。导出这些智能报表后，要用学过的基本方法发现一些规律，然后做出判断，这就是商务智能。

2.2.5　数据科学的研究内容

数据科学的研究内容如图 2-12 所示。统计学是从理学的角度来看，研究数学的人觉得他们才是搞大数据的，研究计算机的人觉得数学系的人靠推导计算很慢，计算机有超算功能，可以算得很快。机器学习的流派，如深度学习，包括 AlphaGo、AlphaFold，都是靠算力支撑的新研究范式。

从研究内容看，数据科学是一门典型的交叉学科，涉及从数据中洞察知识和得出结论。数据科学的研究中会用到各领域的技术，并且不断吸收新的方法和技术，广泛应用于各行各业，推动数据驱动决策和智能化发展的进程。鄂维南院士曾提出一种新的科学研究方法，就是利用数据科学，以数据驱动的研究方法为基础，再做理论提升。这里举个例子，鄂院士曾提到，大家都在研究自然语义的分析，在研究自然语言或语言的翻译，如做同声传译，从英语翻译到中文，从中文翻译到葡萄牙语等，他想知道不同语言之间的翻译有没有通用的数学模型？如果掌握了这个模型，是否可以得到一个万能的翻译？现在鄂院士及其研究团队真的提出了这个模型。他们在从数据的角度积累各种各样语料的基础理论上做了一个抽象。

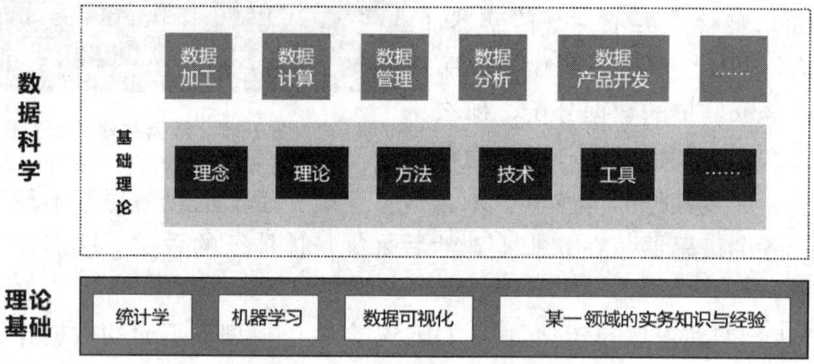

图 2-12　数据科学的研究内容

2.3 数据科学的基本流程

以银行 4.0：数字力为例，数据科学的基本流程如图 2-13 所示。

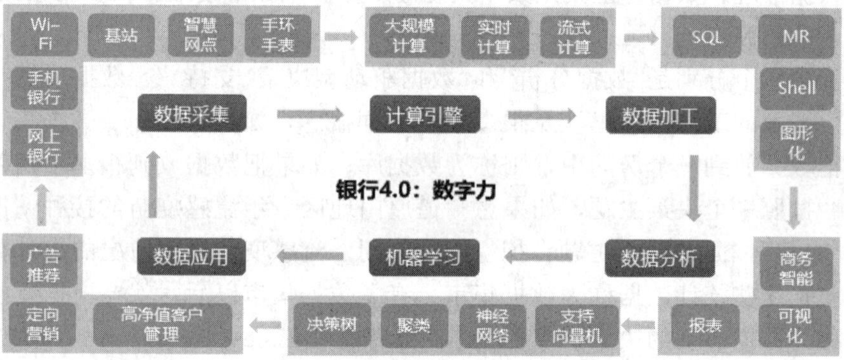

图 2-13　数据科学的基本流程

第一个环节是数据采集，其中涉及的问题是不同数据来源、不同数据结构的数据的获取方法，如有些数据来自业务系统，有些数据来自外部环境。

第二个环节是计算引擎。不同来源的数据通常会被放到不同的数据库中，现在银行的数据库系统理论上是一个混合型数据库，不全都是关系型数据库，也不全都是图型数据库，而是将各种各样的数据库放在一起。2.1.3 节提到的“铁路 12306”网站的案例，网站中有海量数据涌进来，网站会考虑使用一些新的数据计算引擎，即流式存储型数据库。实时计算要求响应必须及时，达到秒级或者毫秒级，例如，无人驾驶的汽车，它的环境感知来自摄像头、传感器，为了让汽车足够灵敏，在发生撞车时能够及时停车，这个数据的实时感知、传输必须很快。为什么 5G 的一个很重要的应用场景是无人驾驶？因为 5G 的传输速度够快，带宽够宽。这里引入了一些新的技术，即流式计算。例如，浏览微博、朋友圈产生的数据，或者产品生产线上生成的数据，都与时间有极大的关联，属于时间序列数据，要实时计算海量的视频流、图片流、信息流，就需要引入流式计算。有了数据以后，怎么把数据进行组织与存储，在这个环节就会涉及计算引擎。

数据存储以后，就会进入第三个环节——数据加工，包括基础的数据可视化、数据整理等。数据整理包括很多工作，例如，数据的冲突检测，从一个数据源得到今天的最高温度是 36.5 ℃，从另外一个数据源得到同一个时间点、同一个地点的最高温度是 37 ℃，该怎么处理？碰到数据冲突，就要做数据融合。又如，数据对齐，一个传感器系统需要记载三个传感器的值，但有些传感器的值一直丢失或者缺失，或者有些传感器传回来的值的存储格式不一样，此时就要补齐缺失值，要预估这个缺失值是什么，或者对数据进行适当的转换，转换成相同的格式。图 2-13 右上角的 MR，表示映射-化简(map reduce，MR)。如果一个人发了一个朋友圈，北京的朋友 12:00 可以查看，杭州的朋友 12:01 才可以查看，在信息查阅这个事情中，同样的动作可以分开处理。信息查阅这个动作，北京的朋友早 1 min 查看，杭州的朋友晚 1 min 查看，造成的影响应该不大，等查看完以后再合并，就是分而治之。在处理超大数据量的时候，分而治之是一个普遍的常识。例如，要做数据标注，一共要标 5 000 行，找 10 个员工每人标注 500 行，最后再把它们合并，这是可行的。

第四个环节是数据分析，商务智能和可视化都在这个环节中，它们是数据分析的基础工作。对于可视化，可以做数据统计量级的可视化，也可以做可视分析、动态分析。现在智能报表特别多，以前都是用 Excel 制作，现在用 Python 语言做的报表更漂亮，或者可以使用一些快速报表工具，报表更灵活、更快速。传统的数据挖掘和统计都在数据分析这一环节中。

第五个环节是机器学习。坦率地说，机器学习算法的突破其实是相对比较难的。但是把某个算法用到某个特殊的数据集，或者结合业务场景想出一些新的研究方向，这是很有可能得到结果的。例如，同样是决策树，用在具有层次结构的数据上，可能就是层次决策法、决策分析法。在应用机器学习算法时，要对研究对象、数据的特征有深入的理解，根据这些数据的特征选用合适的算法。机器学习中，包括常说的深度学习、深度神经网络。

第六个环节是数据应用，可以多参加比赛，多动手实践，多做一些应用，从而提升数据应用能力。

以上就是数据科学的基本流程，本书研究的很多问题也能在图 2-13 中找到踪迹。

习　题

1. 大数据的 4V 特征会带来哪些新的技术上的挑战？
2. 简述数据库、数据仓库、数据集市的概念。
3. 阅读 5 篇最近的数据科学研究综述，简述哪些内容可以作为未来的研究方向。

习题解析

第3章 Python语言快速入门

章节导航

• 了解Python语言的起源和应用领域。

• 了解Python语言的特点，掌握Python语言的基础语法，Python语言与其他编程语言的特性差异。

• 能搭建Python环境，学会在命令行、PyCharm编辑器和Jupyter Notebook等环境下编写Python代码并执行。

本章知识导图

3.1 Python语言基本简介

本节主要介绍Python语言的起源、特性和集成开发环境，目的是让刚步入数据科学领域的读者了解Python语言的应用领域，理解使用Python语言进行数据科学分析与进行软件开发的区别。

3.1.1 Python语言的历史及学习路线

Python语言是一种通用的解释型高级语言，由吉多·范罗苏姆(Guido van Rossum)于1991年发明。它具有灵活、高效、易学的特点，并包含一组功能完备的标准库，用户使用Python语言可以轻松地完成许多常见任务。

在Python语言出现之前，人们通常使用C/C++语言编写程序，C/C++语言是一种编译型语言，需要先使用编译器编译程序，然后使用解释器执行程序。相比之下，Python语言是一种解释型语言，程序按行执行，省去了编译的步骤，使得程序的运行更加简洁。然而，与C/C++语言相比，Python语言的运行速度相对较慢。

Python语言的每种数据类型都是面向对象的，并进行了良好的封装。在定义函数和命名变量时，Python语言将这些内容都隐藏起来，使其对初学者更加友好。

Python语言本身是一门相对古老的语言，经典版本有Python 2.X和Python 3.X。考虑到目前大多数数据科学工具是基于Python 3.7或更高版本构建的，建议读者使用Python 3.6～3.8版本学习。如果读者之前已经掌握了Python 2.X的使用，那么可以直接使用Python 3.X，因为Python 2.X和Python 3.X之间只有一些细小的功能差异。Python 3.X有许多版本，截至2024年6月6日，最新版本是3.12.4。

根据学习周期，学习者利用Python语言可以完成以下类型的任务。

(1)初学期(0～3 个月的学习周期)。对于零基础的初学者，通常需要 1～4 周的时间掌握 Python 语言基础语法。如果初学者已经具备 Java 语言或 C 语言的基础，那么可以直接开始接触项目。刚开始接触 Python 语言时，初学者可能会对一些概念感到困惑，但不用担心，随着学习的深入，这些概念会逐渐变得明朗。在这个阶段，可以进行一些简单的文档查找，完成初级的网络爬虫任务等。在学习过程中，除了学习 Python 语言，学习者还会接触到一些操作系统和数据结构的知识，并逐渐掌握一些 HTML、串联样式表(cascading style sheets，CSS)，甚至 Java Script(JS)语言的知识。

(2)进阶期(3～6 个月的学习周期)。在这个阶段，学习者已经开始应用 Python 语言的一些进阶功能，如网络编程、多线程等技术。开始接触一些数据科学任务或系统运维任务，能够理解数据科学项目中的大部分代码，并能够实现报表自动生成和完成较为复杂的爬虫任务。

(3)熟练期(6 个月以上的学习周期)。在这个阶段，学习者已经掌握了大部分 Python 语言的特性，熟练掌握面向对象程序设计的技术和原理，几乎可以用 Python 语言完成任何任务，如 Web 搭建、大数据分析、人脸检测、推荐系统设计、自动化测试等。

大部分人的学习时间是不连续的，可能会因为工作或升学而延长学习周期。请尽量每天花一些时间来学习这门语言，以保持对这门编程语言的“语感”。

使用 Python 语言超过 6 个月的学习者，可以开始在代码开源仓库 GitHub 上搜索一些热门的基于 Python 语言的实践应用。例如，卡耐基梅隆大学的 OpenPose 库，可用于实时检测人体姿态；Haystack 库，可用于构建智能问答应用。

3.1.2　Python 语言的特性

编译型与解释型语言

Python 语言是一门解释型语言。解释型语言更好上手，对于有编程基础的人来说，会觉得 Python 语言十分容易理解。Python 语言使用缩进规范代码块，下面是一个打开文档并读取内容的例子。

```
# 读取 data.txt 文件中的内容并打印
with open("data.txt", 'r', encoding= 'utf-8') as f:
    # Python 语言使用缩进来标识代码块
    content=f.readlines()
# 将读取的内容打印出来
print(content)
```

Python 语言拥有十分强大的第三方生态库，能够极大程度地扩展 Python 语言的应用范围。例如，通常居民区附近有生鲜超市、公园、医院、地铁、学校等设施，这意味着这个小区的居民生活便利，在程序的世界中，生态也十分重要，使用 Python 语言和一些第三方库，可以很方便地处理图像或视频，将数据持久化存储到 MySQL、SQL Server 数据库中，快速地操作 Excel 文档，使用 wordcloud 第三方库生成漂亮的词云图等。

目前，大多数的人工智能研究使用 Python 语言实现，例如，深度学习算法框架 TensorFlow 和 PyTorch，基于 Python 语言构建的深度学习模型简单易用。此外，基于 Python 语言构建的应用可以使用 Flask 或 Django 等 Web 服务框架实现接口，供其他应用调用，这种调用也成为一种微服务方式，使得 Python 语言融入 Java、C＃等语言开发的应用。如下代码所示，使用 Python 语言可以很方便地实现深度学习算法的模型创建。

```
from timm.models import create_model

model_name="pretrain_mae_base_patch16_224"
device_name="cuda: 0"
drop_path_rate=0.0
input_size=224
model_path="./model/pretrain_mae_vit_base_mask_0.75_400e.pth"
model=create_model(
    model_name=model_name,
    pretrained=False,
    drop_path_rate=drop_path_rate,
    drop_block_rate=None
)
```

凡事有利必有弊，解释型语言的执行效率低于编译型语言（C＋＋语言、Java 语言都属于编译型语言），在一些高性能处理场景下，Python 语言可能无法承担重任，但是，计算机的执行速度是很快的，使用 Python 语言搭建一个 Web 服务系统、人脸检测模块或与可编程逻辑控制器（programmable logic controller，PLC）连接提供图像检测功能，系统的响应速度也很快，对于刚入门数据科学的学习者来说，不用担心 Python 语言的执行效率。

3.1.3　常用的集成开发环境

常用的 Python 语言开发工具是 PyCharm 和 Jupyter Notebook。PyCharm 是一款功能强大、易于使用的 Python 语言开发工具，适用于各种规模的项目和开发需求。无论是初学者还是专业开发人员，都可以通过 PyCharm 提高开发效率和代码质量。而 Jupyter Notebook 是一种开源的交互式计算环境，可以在 Web 浏览器中创建和共享文档，其中包含实时代码、数学方程、可视化和说明文本。这两个工具各有优点，PyCharm 适合做工程性质的开发，有良好的代码补全、代码版本控制、项目视图工具，基于 Python 语言的 Web 项目、运维测试、复杂模型搭建脚本，需要使用 PyCharm。Jupyter Notebook 更加轻便，更适合用于数据分析挖掘，数据分析的过程都会展示在 Jupyter Notebook 中，十分方便，但它对复杂工程的支持不是很好。著名的数据科学竞赛网站 Kaggle 就以 Jupyter Notebook 为内容，方便社区用户分享自己的竞赛编码经验。感兴趣的读者请访问 www.kaggle.com。

Jupyter Notebook 介绍

这里简单讲解一下环境搭建。如果操作系统是 Windows，需要用户自行安装 Python 开发环境。Linux 操作系统和 macOS 操作系统自带 Python 开发环境，其版本一般为 Python 2，较新的 Linux 操作系统版本会自带 Python 3，如 Ubuntu 操作系统，版本号为 18.04 或者 20.04 以上，Python 语言的版本为 3.5、3.6 或者 3.7。

此外，可以通过安装一个 Anaconda 软件，降低环境搭建的难度。Anaconda 是专注于数据分析的 Python 语言发行版本，包含 SciPy、NumPy 等 190 多个科学包及其依赖项。conda 是开源包(packages)和虚拟环境(virtual environment)的管理系统。可以直接在官网下载 Anaconda 软件。

Anaconda Navigator 是 Anaconda 发行版中包含的桌面图形用户界面，是一个导航窗口，如图 3-1 所示，可以使用它启动 Jupyter Notebook 或者 JupyterLab，也可以使用它创建新的 Python 环境或安装新的第三方库。

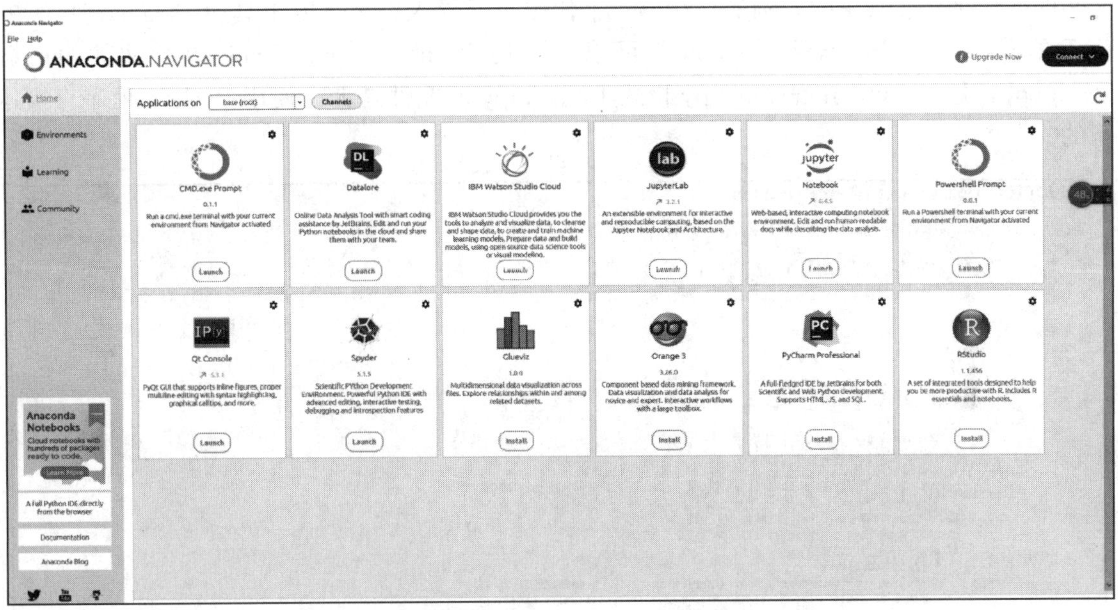

图 3-1 Anaconda Navigator 窗口

Anaconda Prompt 是包含 Anaconda 的一个数据科学计算环境的命令行终端。在这里可以运行操作系统的文件系统，可以在启动栏输入 Anaconda Prompt 启动命令行终端窗口，并使用 pip 命令安装 Jupyter Notebook 工具。安装完成后，输入 Jupyter Notebook，将进入基于 Web 的开发窗口。安装 Jupyter Notebook 的过程如图 3-2 所示。

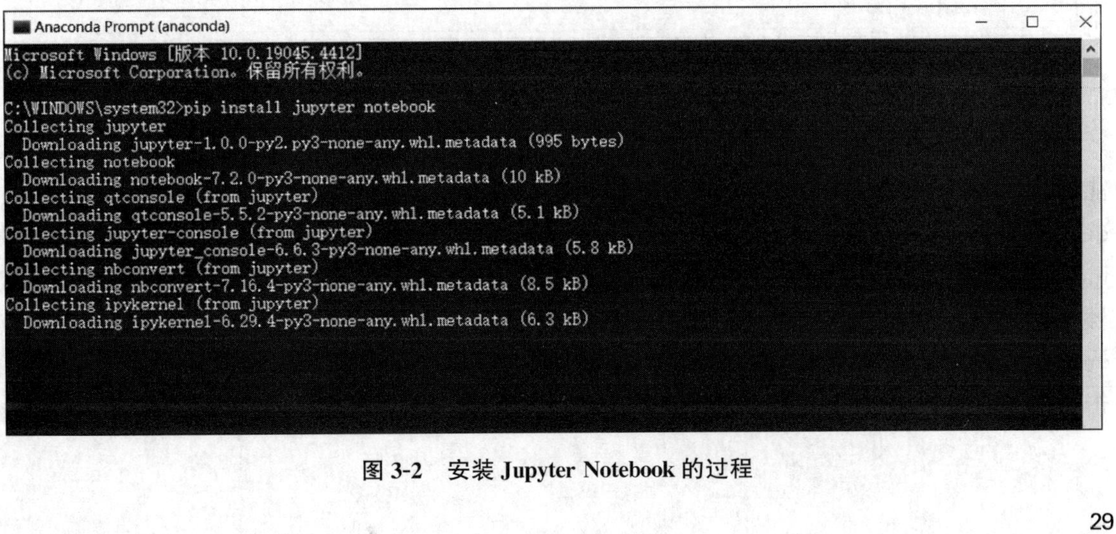

图 3-2 安装 Jupyter Notebook 的过程

Jupyter Notebook(以下简称 Notebook)的使用相对 PyCharm 来说更简单，常用于数据的探索与可视化分析，下面介绍 Notebook 的启动与使用方法。首先在 Anaconda Prompt 中启动 Notebook，程序会在默认的浏览器中打开 Notebook，可以单击窗口右上角的 New 按钮创建一个新的 Notebook，如图 3-3 所示，最上方的菜单栏用于保存文件、修改文件、切换是否启动行号等。窗口中每一个灰色的方块称为一个代码单元(cell)，每个代码单元可以单独运行，也就是说，可以跳过某个代码单元直接运行下一个。需要注意的是，代码单元之间的变量是相互共享的，例如，在第一个代码单元导入了第三方工具库 Pandas，后续的代码单元都不再需要导入 Pandas 就可以直接使用。此外，Notebook 运行文件的后缀是 . ipynb，这与 Python 程序的 . py 格式不同，. ipynb 文件是无法使用 Python 程序直接运行的。

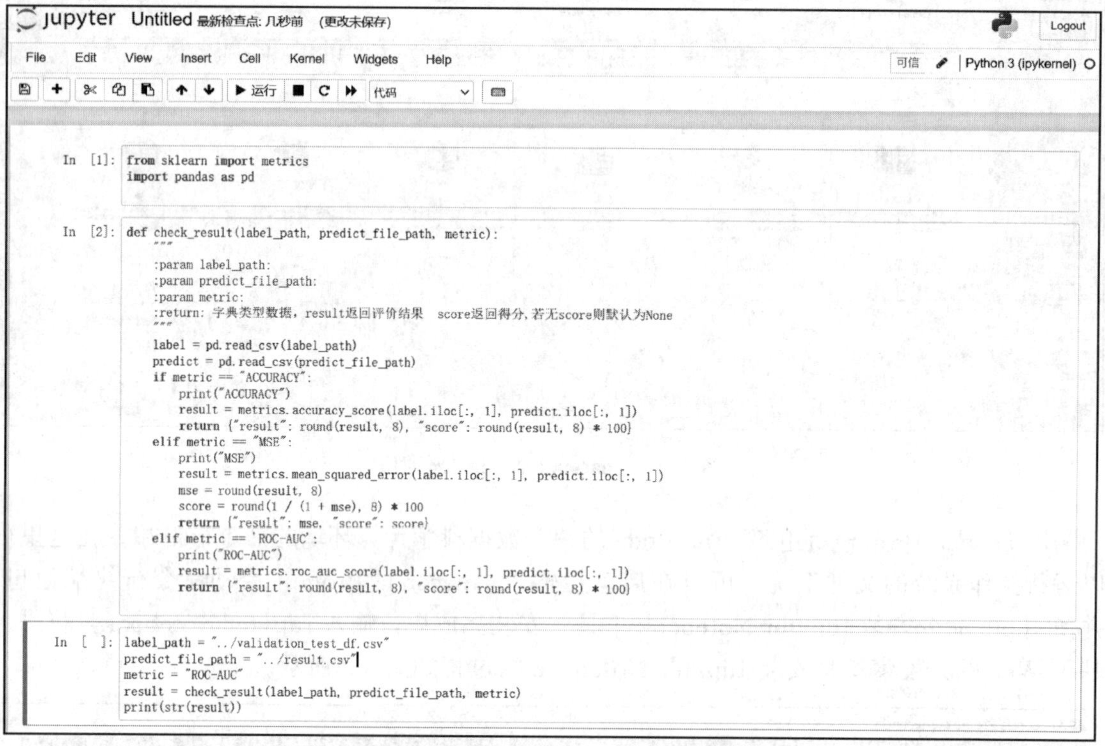

图 3-3 创建一个新的 Notebook 窗口

PyCharm 适合开发一些工程脚本。PyCharm 的功能相对 Jupyter Notebook 来说更多，能够支持代码的跳转、版本管理、编译器配置等。因此它是一款集成开发环境(integrated development environment，IDE)。此外，如果读者是学生，可以登录 JetBrains 官网申请 individual licences for students and teachers 权限，免费使用 JetBrains 开发的所有集成开发环境的 Professional(专业)版本。图 3-4 是 PyCharm 工作窗口。其中，窗口正中央是编辑代码的区域，左侧是工程文件目录，可以调整窗口中央显示的代码文件，上方是菜单栏，单击右上方工具栏的按钮可以运行与调试代码。

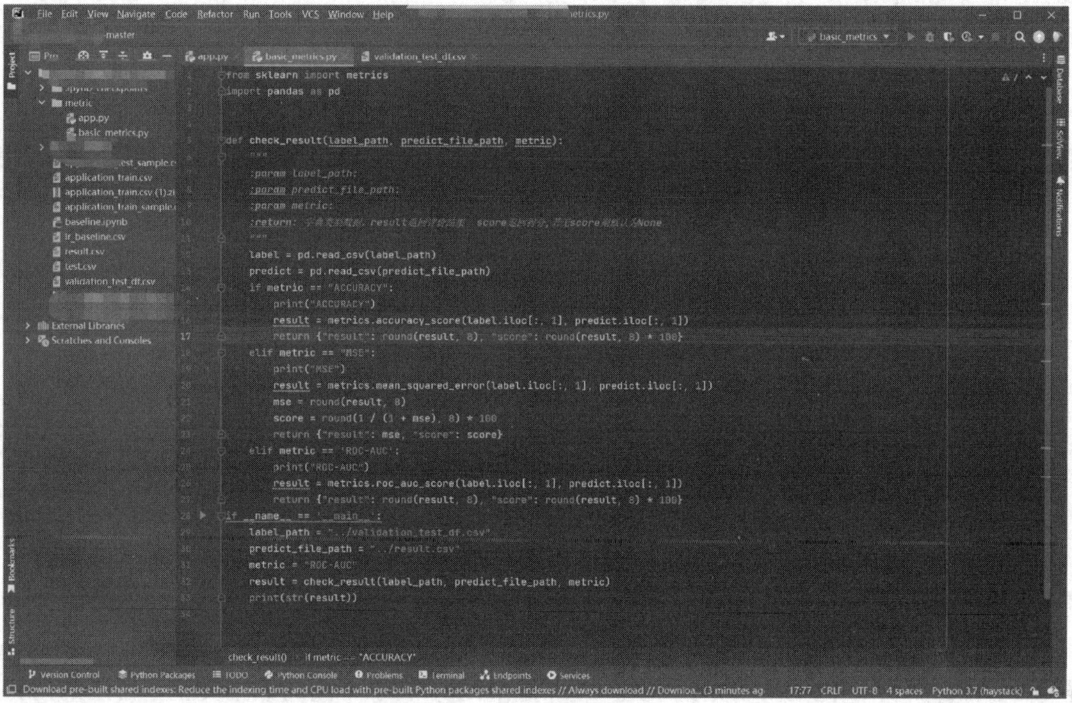

图 3-4　PyCharm 工作窗口

3.2 Python 语言的语法

本节介绍 Python 语言的语法。Python 语言的基础语法与 JS、C 语言等有很多共同之处，如数据类型、基本操作运算符、函数的定义等。通过本节的学习，读者将掌握基础的 Python 语法，并能够使用 Python 语言完成基础的文件读取与保存操作。

3.2.1　变量及其赋值

1. 变量赋值

和其他语言一样，Python 语言也使用等号(=)为变量赋值，变量名在等号左侧，需要赋值的内容在等号右侧。关于变量赋值，要注意如下几点：

(1)变量需声明再使用；

(2)不规定变量的类型；

(3)不规定数组长度。

下面代码的功能是使用 Python 语言声明变量。

```
# 此处没有显式声明创建的变量的类型
a=1
b="How Are You"
# 数组长度可变，在 Python 语言中下面的数组也称为列表
c=[1, 2, 3]
```

Java 语言(或 C 语言)是较为严格的编程语言，在声明变量时，需要声明变量的类型，在创建数组时，需要声明数组的长度。下面的代码是使用 Java 语言声明变量。

```
int a=5;
String b="How Are you";
// 数组长度不可变
int[ ] c=new int[ ] {1, 2, 3};
```

在 Python 语言中，可以使用 print( )函数在终端打印内容。

```
my_name="Tony"
print(my_name)
# 终端会输出 Tony
```

可以发现，在 Python 语言中不会显式声明创建的变量的类型，甚至在定义函数时也不需要规定变量的输入类型。Python 解释器会自动对数据的类型进行解析。

例如，数组 c=[1，2，"hello"，4，5]，若要循环打印其中的元素，即 print(c)，Python 解释器会依次解析每个元素的数据类型。因为 1 和 hello 属于不同的数据类型，占用的内存空间是不一样的，而顺序表这种数据结构要求每个元素占用的内存空间相同，因此不能用顺序表来存储 c，所以打印 c 时要依次解析每个元素的数据类型，而不能直接打印。

2. 关键字

在 Python 语言中，关键字是有特殊含义的，这些关键字不能用作函数名或变量名，如表 3-1 所示。

常见关键字

表 3-1　Python 语言的关键字

and	as	assert	async	await
break	class	continue	def	del
elif	else	except	finally	for
from	global	if	import	in
is	lambda	None	nonlocal	not
or	pass	raise	return	try
while	with	yield	FALSE	TRUE

Python 语言的关键字有自己的功能，比如，if、else 关键字用于流程控制，def、return 关键字用于定义函数。

3. 输出变量

print()函数通常是在 Python 语言中接触到的第一个函数。在 Python 程序中，把这种名称加一组圆括号的对象称为方法或函数，它可以有一个或多个输入参数。print( )函数接收一个输入字符串 Hello World，它就在终端输出 Hello World。关于方法和函数的概念，3.2.5 节和 3.2.6 节再详细说明。

3.2.2　运算符与标准库

在 Python 语言中使用运算符进行计算。例如，3＋4＋5 的操作，其中 3、4、5 称为操作数，而＋称为运算符。

```
a=3
b=4
c=5
result=a**2+b**2-c**2        # **2 表示 2 次方
print(result)                # 结果为 0
print(a*b)                   # 结果为 12
print(a/c)                   # 结果为 0.6
# 在 Python 语言中，加号可以用于连接字符串
name="Jack"
intro="My name is "+name
print(intro)                 # 结果为 My name is Jack
```

此外，如果进行更加复杂的计算，如计算半径为 2 cm 的圆的面积，又或者计算 log(12)的结果，可以借助 Python 语言的标准库 math。下面使用标准库 math 进行计算，log( )函数的底数默认为 e。

```
# 使用 import 导入标准库 math
import math
# 定义圆的半径
r=2
# 计算圆的面积 pi*r**2
area=math.pi*r**2
# 计算 log(12)
log_12=math.log(12)
```

此外，还有很多 Python 语言的标准库供用户使用，如 os 库，能够遍历文件夹、修改文件。当要解决一些数据科学问题时，需要使用一些其他社区团队开发的库，这些库称为第三方库，以数据处理库 Pandas 为例，需要在终端安装 Pandas 库后，才能在 Python 程序中使用 Pandas 库的功能。

安装方法是打开 Anaconda Prompt 终端，使用 pip 命令安装 Pandas 库，安装命令如下：

```
pip install pandas
```

3.2.3　流程控制与循环结构

1. 流程控制

Python 语言中的条件语句是通过一条或多条语句的执行结果(True 或者 False)来决定

执行的代码块。流程控制是程序执行的核心功能。

Python 语言中的流程控制一般使用 if、else 、elif(else if 的缩写)。在 Python 语言中，一条控制语句可以包含多个条件，每个条件之间可以使用 and、or 连接。

```
# 判断是否成年
age=16
if age>=18:
    print("成年了")
else:
    print("未成年")
```

上面的代码使用 if、else 判断变量的数值，如果 age 大于或等于 18，打印"成年了"，如果 age 小于 18，打印"未成年"。除了 if、else 语句之外，缩进是 Python 语言中区分代码块的重要工具，一般使用键盘上的 Tab 键或 4 个空格为一个缩进。因此，如果在 if 语句中写一个 for 循环，for 循环中的代码块就需要两个缩进。

```
# 判断成绩
score=85
if score>=90:
    grade='A'
# 在一条判断语句中可以使用多个判断条件
elif score>=80 and score<90:
    grade='B'
elif score>=70 and score<80:
    grade='C'
else:
    grade='D'
```

上面的代码根据成绩得分判断学生成绩属于 A、B、C、D 某一等级。其中使用 if、elif 语句设置多个判断条件，如果所有条件都不满足，可以使用 else 语句打印最终结果。

2. for 循环

Python 语言中的循环语句用于多次执行某一代码块。常见的自然语言处理场景中，可以使用 for 循环读取文本文件中的每一行，处理后再将文本内容保存到新的文本文件中。在视频处理中，可以读取视频中包含的每一帧图像，对图像进行处理。这些应用都需要通过循环功能实现。

```
# 遍历字符串
word="helloworld"
for letter in word:
    print(letter)
```

```
# 对数组中的元素进行遍历
fruits=["apple","banana","peach"]
for fruit in fruits:
    print(fruit)
```

for 循环还可以结合 else 语句使用，for 循环中的语句和普通语句没有区别，else 语句在循环正常执行完的情况下执行，如查找指定数字范围内的质数。

```
for num in range(11, 25):                    # 迭代 11~ 24 之间的数字
    for i in range(2, num):                  # 根据因子迭代
        if num%i==0:                         # 确定第一个因子
            j=num/i                          # 计算第二个因子
            print('%d 等于%d * %d'% (num, i, j))
            break                            # 跳出当前循环
    else:                                    # 循环的 else 部分
        print('%d 是一个质数'% num)
```

3. while 循环

while 循环与 for 循环的功能类似，但在一些场景中 while 循环更加实用。例如，读取一个文本文件，对文本文件逐行处理，可以使用 while 循环读取每一行的内容，判断字符串中内容是否全都为数字，如果全都为数字，则打印该行。

```
raw_file="data.txt"
with open(raw_file, 'r', encoding= 'utf-8')as f_data:
    line=f_data.readline()
    while line:
        if line.strip().isdigit():
            print(line.strip())
        line=f_data.readline()
```

4. break 和 continue

break 语句用来终止循环语句，即 while 循环中条件没有达到 False 或者 for 循环中序列还没被完全遍历完，也会停止执行循环语句。continue 语句用于跳过当前循环语句后续的内容，重新开始新一轮循环。

```
# 当 letter 循环到 Jack 中的 c 时，将不会打印，直接终止循环，结果是 J、a。如果将 break
# 换成 continue，将会打印 J、a、k
for letter in "Jack":
    if letter=='c':
        break
    else:
        print(letter)
```

3.2.4 数据类型

1. 列表

Python 常见数据类型的区别

列表是 Python 语言中的重要数据类型，在 JS 语言中被称为数组，Python 语言中的列表具有如下特点：

(1)列表是 Python 语言中内置的有序、可变序列，列表的所有元素放在一对方括号“[ ]”中，并使用逗号隔开；

(2)当列表元素增加或删除时，列表对象自动扩展或收缩内存，保证元素之间没有缝隙。

在 Python 语言中，一个列表中的数据类型可以各不相同。

```
# 定义列表时，不需要规定列表的长度
list_a=['chinese', 'math', 1997, 2000]    # 列表中可以包含不同类型的数据
list_b=[5, 3, 3, 4, 5]
list_c=["a","b","c","d"]
```

使用下标直接访问列表元素，使用冒号“:”分隔，可以访问列表中的多个元素，如果指定的下标不存在，则抛出异常。

```
list_a=[2, 3, 4, 5, 6]
print(list_a[0])            # 结果为 2，注意列表的下标是从 0 开始索引

# 取下标为 1、2 的两个元素，注意下标为 3 的元素不取，简单记忆为取左不取右
print(list_a[1: 3])         # 结果为[3, 4]
print(list_a[15])           # 访问超出索引值的列表元素会报错
```

错误信息如下：

```
Traceback(most recent call last):
   File"<pyshell#34>", line 1, in< module>
      list_a[15]
IndexError: list index out of range
```

列表的下标从 0 开始计数，如果要访问列表的第一个元素，下标索引是 0；Python 语言中可以使用－1 索引列表的最后一个元素，使用－2 索引倒数第二个元素，以此类推。

使用 append( )方法可以在列表的末尾增加元素。

```
list_a=[3, 4, 5]
list_a.append(6)
print(list_a)          # 结果为[3, 4, 5, 6]
```

使用 insert( )方法可以在列表的指定下标处新增元素。

```
a_List=[3, 4, 5, 7, 9, 11, 13, 15, 17]
a_List.insert(3, 6)      # 在下标为 3 的位置插入元素 6
print(a_List)            # 结果为[3, 4, 5, 6, 7, 9, 11, 13, 15, 17]
```

使用 pop( )方法可以删除元素，默认从列表的末尾删除元素，也可以删除指定下标处的元素，如果指定的下标超出索引则会报错。

```
a_list=[3, 5, 7, 9, 11]
# 使用 pop( )方法删除元素
a_list.pop( )   # 默认从列表结尾删除元素
print(a_list)   # 结果为[3, 5, 7, 9]

a_list.pop(1)   # 删除下标为 1 的元素
print(a_list)   # 结果为[3, 7, 9]
```

2. 元组

元组和列表类似，但元组属于不可变序列，元组一旦创建，用任何方法都不可以修改其元素。

元组的定义方式和列表相同，但定义时所有元素是放在一对圆括号“( )”中，而不是放在方括号中。

```
a_tuple=('a', 'b', 'c', 4, 5, 6)
# 使用 tuple( )函数将其他序列转换为元组
aList=[-1, -4, 6, 7.5, -2.3, 9, -11]
tuple(aList)  # 把列表转换为元组(-1, -4, 6, 7.5, -2.3, 9, -11)
```

元组与列表的区别如下。

(1)元组一旦定义就不允许更改。

(2)元组没有 append( )、insert( )等方法，无法向元组中添加元素。

(3)元组没有 remove( )或 pop( )方法，也无法对元组元素进行 del 操作，不能从元组中删除元素。

(4)从效果上看，tuple( )函数冻结列表，而 list( )函数融化元组。

(5)元组的速度比列表更快。如果定义了一系列常量值，而所需做的仅是对它进行遍历，那么一般使用元组，而不使用列表。

3. 集合

集合是无序、可变序列，使用一对花括号“{ }”界定，集合中的元素不可重复，同一个集合中的每个元素都是唯一的。

集合中只能包含数字、字符串、元组等不可变类型(可哈希)的数据，而不能包含列表、字典、集合等可变类型的数据。

```
a={3, 5}
a.add(7)                                          # 向集合中添加元素
print(a)                                          # 结果为{3, 5, 7}
# 使用 set( )方法将其他类型的数据转换为集合
b_set=set([0, 1, 2, 3, 0, 1, 2, 3, 7, 8]) # 自动去除重复的元素
# 删除元素
a={1, 4, 2, 3}
print(a.pop( ))                                   # 结果为 1
```

pop( )方法随机删除集合中的一个元素，并返回删除的元素。

集合支持交集、并集、差集等运算。

```
a_set=set([8, 9, 10, 11, 12, 13])
b_set={0, 1, 2, 3, 7, 8}
a_set| b_set  # 并集，结果为{0, 1, 2, 3, 7, 8, 9, 10, 11, 12, 13}
a_set.union(b_set)
# 并集的第二种写法，结果为{0, 1, 2, 3, 7, 8, 9, 10, 11, 12, 13}
a_set & b_set  # 交集，结果为{8}
a_set.intersection(b_set)
# 交集的第二种写法，结果为{8}
a_set.difference(b_set)  # 差集，结果为{9, 10, 11, 12, 13}
a_set - b_set
# 差集的第二种写法，结果为{9, 10, 11, 12, 13}
```

4. 字典

字典是无序、可变序列。定义字典时，每个元素的键和值用冒号分隔，元素之间用逗号分隔，所有的元素放在一对花括号"{ }"中。

字典中的键可以是任意不可变数据，如整数、实数、复数、字符串、元组等。

1)字典的创建

```
a_dict={'server':'db.diveintoPython3.org', 'database':'mysql'}  # 字典的创建
x={ }         # 空字典
```

2)字典元素的读取

以键作为下标可以读取字典元素，若键不存在则抛出异常。

```
aDict={'name':'Dong', 'sex':'male', 'age':37}
print(aDict['name'])                        # 结果为'Dong'

print(aDict['tel'])                         # 键不存在，抛出异常
```

错误信息如下：

```
Traceback (most recent call last):
    File"<pyshell# 53>", line 1, in <module>
  aDict['tel']
KeyError: 'tel'
```

使用字典对象的 get( )方法可以获取指定键对应的值，并且可以在键不存在的时候返回指定值。

```
aDict={'name':'Dong', 'sex':'male', 'age':37}
print(aDict.get('address'))             # 结果为 None
print(aDict.get('name'))                # 结果为 Dong
```

使用字典对象的 items( )方法可以返回由字典的键、值组成的元组；使用字典对象的 keys( )方法可以返回字典的键；使用字典对象的 values( )方法可以返回字典的值。

```
aDict={'name':'Dong', 'sex':'male', 'age':37}
for item in aDict.items( ):     # 输出字典中所有元素
    print(item)

# 结果为
#('name', 'Dong')
#('sex', 'male')
#('age', 37)

for key in aDict:      # 不加特殊说明，默认输出键
    print(key)
# 结果为
# name
# sex
# age

for key, value in aDict.items( ):    # 遍历字典
    print(key, value)
# 结果为
# name Dong
# sex male
# age 37
```

3.2.5　函数

1. 标准函数

Python 语言中的标准函数如 len( )、min( )、max( )等，分别可以计算数组长度，返回

数组中元素的最大值和最小值。

```
array_a=[3, 4, 5, 6]
len(array_a)          # array_a 包含 4 个元素，因此 array_a 的长度为 4
min(array_a)          # 结果为 3
max(array_a)          # 结果为 6
```

2. 函数的定义

对于一些更加复杂的功能，需要自行创建函数完成。可以使用 Python 语言中的 def 关键字定义函数。

```
# 定义函数 get_area( )，用于计算长方形面积
# width 和 height 是函数 get_area( ) 的输入参数，即长方形的宽和高
def get_area(width, height):
    area=width*height
    # 将计算之后的值返回
    return area

# 调用函数
area=get_area(4, 5)
print(area)  # 结果为 20
```

这里的函数和在高中课本上函数的意义基本相同，都是输入一些参数，最终获得一个结果。在 Python 语言中，使用函数的目的是快速组建更复杂的系统。例如，一个函数的功能是对一个无序的序列对象排序，不用关心这个函数到底使用了冒泡排序还是插入排序，重要的是函数能实现排序功能。

函数是组织好的，可重复使用的，用来实现单一或相关联功能的代码段。

函数能提高应用的模块性和代码的重复利用率。Python 语言中由用户自己创建的函数，称为用户自定义函数。

3. 用户自定义函数的特点

(1)函数代码块以 def 关键词开头，后接函数标识符名称和圆括号。

(2)无须定义输入参数的类型。

(3)函数内容以冒号开始，并且缩进。

(4)return[表达式]结束函数，可以返回 0 个、1 个或多个参数。不带表达式的 return 语句相当于返回 None 值。

(5)函数中定义的变量为局部变量，正常情况下在函数外不能使用局部变量。

```
# 定义一个函数，找出列表中能被 7 整除的数，将它们存储到新的列表中并返回
a=[1, 2, 4, 5, 6, 7, 11, 14, 17, 21, 28, 89]
# 使用 def 关键字定义函数
def operation(a_list):
array_a=[ ]
```

```
for a in a_list:
        if a % 7==0:
            array_a.append(a)
        # 返回数组类型的数据
        return array_a
print(array_a) # 会报错，提示无法打印结果，因为array_a未被定义，这是因为array_a是
# 函数内部的局部变量，无法作为全局变量使用
```

将最后一行语句改为如下两行代码，输出正确结果：

```
result=operation(a)
print(result) # 结果为[7, 14, 21, 28]
```

读者可以试着使用自定义函数，计算给定半径的圆的周长和面积，或者计算一组数据的方差和标准差。

3.2.6　面向对象

1. 面向对象的概念

面向对象是一种抽象化的编程思想。首先介绍以下两个概念：类和对象。

(1)类：描述事物的抽象概念，是对一系列具有相同特征和行为的事物的统称，如动物类。

(2)对象/实例：由类创建出来的真实存在的结果，是类的实例化的结果，如动物类中的鸡、牛、马等。

Python 语言是一门面向对象的语言，本节将对面向对象的特性进行详细介绍。面向对象的目的是对程序开发任务中常见的实体进行归纳总结。例如，一个班级的学生有姓名、年龄、性别等属性，学生有考试、上课等行为，那么单一的学生可以称为对象，而学生本身就是一个类。Python 语言中创建类的代码如下：

```
Class Student:
```

2. 方法与属性

方法是类定义的函数，属性是类中的变量。方法与属性有公有和私有之分，公有方法与公有属性可被外部调用，私有方法与属性一般无法被外部调用，或必须使用特殊的方法调用。下面是一个面向对象的声明方式与实例化方式。

```
class Student:
    def __init__(self, name, gender, age):
        self.name=name
        self.gender=gender
        self.age=age

    def display_student_info(self):
        print(self.name, self.gender, self.age)
```

```
tony=Student("Tony","male","23")
tony.display_student_info()          # 结果为 Tony male 23
```

代码中，第一行声明了类的名称 Student，一般类的名称的首字母大写。对于包含多个单词的类名，使用大写字母开头的驼峰命名法：每个单词的首字母大写。Student 类有两种方法，第一种方法 __init__()是一种特殊的方法，被称为类的构造函数或初始化方法，创建这个类的实例时就会调用该方法，因此后续在实例化 Student 类时，需要按顺序传入 name、gender 和 age 参数的值。第二种方法 display_student_info()是 Student 类的另一种方法，用于打印当前实例包含的变量 name、gender 和 age。除此之外，Student 类中的每种方法都传入了变量 self，self 代指实例化后的实例本身。例如，代码中的 self.age 指的是实例化后 tony 对象的 age 属性。

3. 继承

面向对象的编程带来的主要好处之一是代码的重用，实现这种重用的方法之一是通过继承机制。通过继承创建的新类称为子类或派生类，被继承的类称为基类、父类或超类。

```
class Student:
    def __init__(self, name, gender, age):
        self.name=name
        self.gender=gender
        self.age=age

    def display_info(self):
        print(self.name, self.gender, self.age)

class Teacher(Student):
    def set_teacher_salary(self, salary):
        self.salary=salary


jack=Teacher("Jack","male", 33)
jack.display_info() # 结果为 Jack male 33
jack.set_teacher_salary(5000)
print(jack.salary) # 结果为 5000
```

上面的代码中，Teacher 类继承了 Student 类，因此拥有与 Student 类相同的方法与属性，jack 是 Teacher 类的一个实例，虽然 Teacher 类没有声明 display_info()方法，但是可以直接调用该方法，是因为 Teacher 类继承了 Student 类。此外，Teacher 类可以创建新的方法 set_teacher_salary()。

issubclass()函数用来检查类的继承关系，isinstance()函数用来检查一个实例的类型。下面的代码中 Teacher 类和 Student 类的定义与上面的代码相同。

```
print(issubclass(Teacher, Student))  # 结果为 True
```

3.3 网络爬虫实践

在互联网时代，网络爬虫(简称爬虫)是被普遍运用的一项网络信息搜集技术。该项技术最早被应用于搜索引擎领域，是搜索引擎获取数据的支撑性技术之一。爬虫的目的是收集信息，为数据分析与建模提供数据。例如，一个电影推荐系统想要为用户推荐电影，它首先需要掌握用户对电影的偏好，从电影评分网站上获取各类电影的类型与评分，再基于评分数据建立推荐系统。在构建这个推荐系统的数据获取阶段，如果数据量不大，可以采用人工搜索的方式逐一获取数据，而当数据量增大且数据源不断更新时，就需要使用爬虫工具自动爬取数据。

爬取数据的网站一般带有大量的数据，如旅游网站、电商网站或电影资源网站。以豆瓣电影网站为例，豆瓣电影排行榜如图 3-5 所示，可以通过访问 https://movie.douban.com/chart 获取网站资源。上述链接称为统一资源定位符(uniform resource locator，URL)。

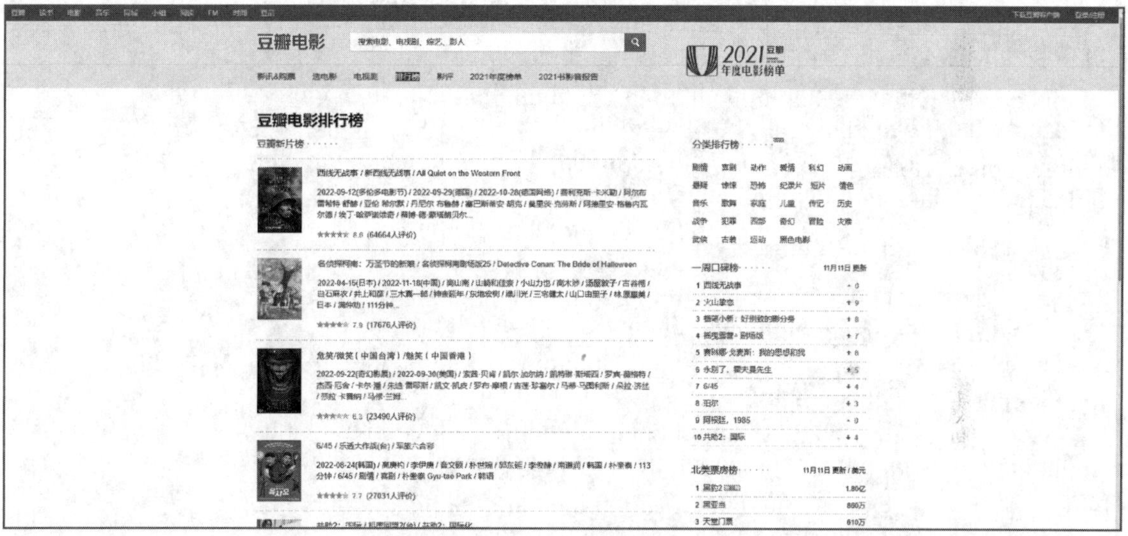

图 3-5　豆瓣电影排行榜

3.3.1 爬虫库与爬虫安全

爬虫可以帮助企业分析数据，制定业务计划。然而，网站会阻止爬虫的爬取活动，因为爬虫需要发送大量的请求，会影响网站服务器的稳定性。在使用爬虫爬取数据时，请遵循以下准则。

(1)不要一次向目标网站发送太多请求，因为这可能会引发危险信号，网站可能会屏蔽客户所在的互联网协议(internet protocol，IP)地址。如果 IP 地址被禁止访问，可以使用轮换 IP 地址并限制某个时间段的请求数量，合法合规地爬取网页内容。

(2)严格禁止通过技术手段绕过服务器的访问限制，或破解被爬网站为保护数据而采取的加密算法及技术保护措施，从而对被爬网站受保护的计算机信息系统中的数据进行爬取。

若被爬网站设定了获取数据信息的措施(包括实名认证、账号密码、内部权限等)，爬虫企业应避免通过伪造实名认证或窃取账号密码、内部权限的形式获取数据。

(3)参考网站中的 robots. txt 文件，合法爬取网站内容。很多网站都会设置 robots. txt 文件，用来规范、约束或者禁止爬虫对网站中数据的采集等操作。robots. txt 文件用于禁止爬虫访问网站的指定目录。robots. txt 文件采用面向行的语法，分为空行、注释行(以 # 开头)、规则行。规则行的格式为 Field: value。常见的规则行包括 User-agent、Disallow、Allow 行。下面是豆瓣网站的 robots. txt。Disallow 表示哪些网站目录中的资源文件是不被允许访问的，如果违反该约束就会被网站封 IP 地址。Allow 表示哪些网站目录中的资源文件是被允许访问的。

```
User-agent:*
Disallow:/subject_search
Disallow:/amazon_search
Disallow:/search
Disallow:/group/search
Disallow:/event/search
Disallow:/celebrities/search
Disallow:/location/drama/search
Disallow:/forum/
Disallow:/new_subject
Disallow:/service/iframe
Disallow:/j/
Disallow:/link2/
Disallow:/recommend/
Disallow:/doubanapp/card
Disallow:/update/topic/
Disallow:/share/
Allow:/ads.txt
Sitemap:https://www.douban.com/sitemap_index.xml
Sitemap:https://www.douban.com/sitemap_updated_index.xml
# Crawl-delay:5
```

3.3.2 爬虫流程

爬虫就是让计算机浏览网页，然后自动把感兴趣的内容以格式化的方式截取出来，并持久化地保存到文本文件或关系型数据库中。一个标准的爬虫流程可以简单地分为以下几个步骤。

(1)获取需要爬取的网页。

(2)爬取网页内容。

(3)解析爬取的内容。

(4)清洗和组织数据。

在爬取网站内容前，请浏览网站的 robots. txt 文件，确认感兴趣的内容可以被爬取，再进行爬虫操作。在使用爬虫爬取网站内容时，标准做法是先使用 Python 语言的 requests 库将网站的内容缓存到本地，requests 库可以伪装成浏览器，将网页访问请求发送给目标服务器，并获得网站的内容。由于网站的内容是半结构化的 HTML 文本，文本中包含了大量的 HTML 标签和 CSS 修饰文本，使用 Python 语言的正规表达式获取感兴趣的内容的难度较高，因此可以使用爬虫工具库 BeautifulSoup 解析缓存到本地的网页内容，把页面解析成较容易处理的对象，然后使用 BeautifulSoup 库内置的方法从中找到感兴趣的数据，并一一提取出来，然后将数据保存到文本文件或数据库中。

3.3.3　案例介绍

本节案例使用豆瓣电影排行榜的数据实现一个简单的爬虫应用，从豆瓣电影排行榜爬取排名靠前电影的名称、评分和电影介绍网页 URL。需要使用到的库有 requests 和 BeautifulSoup。

requests 库是一个用于发送超文本传送协议(hypertext transfer protocol，HTTP)请求的第三方库，它提供了一种简洁而易用的方式与 Web 服务通信，用于获取网页内容、发送 POST 请求、处理 Cookie 和 Session 等。BeautifulSoup 库是一个用于解析 HTML 和 XML 文档的第三方库，它提供了一种简单而灵活的方式来从网页中提取数据。除了 BeautifulSoup 库，还有一些与之类似的第三方库(如 lxml、pyquery、html5lib 等)可以解析 HTML 和 XML 文档，提取数据和处理网页内容。

首次使用 requests 库和 BeautifulSoup 库前，需要使用 pip 命令安装库，再导入库。

通过浏览器访问豆瓣电影排行榜，可以看到高评分电影列表如图 3-6 所示，其中，一个方框标记的电影名称及其链接 URL，另一个方框标记的电影评分是本次需要爬取的内容。

图 3-6　豆瓣电影排行榜

使用 requests 库可以获取当前页面的内容，代码如下所示。其中前两行使用 import 语句导入爬虫需要用到的库，然后定义了 headers 参数，用于保存访问网站时的请求头信息。get_url( )函数使用 GET 请求方法从服务器获取网站页面的所有内容。

```
import requests
from bs4 import BeautifulSoup
headers={
    'User-Agent':'Mozilla/5.0 (Windows NT 10.0; Win64; x64) AppleWebKit/537.36 (KHTML, like Gecko)'
    'Chrome/93.0.4577.63 Safari/537.36 Edg/93.0.961.47'
}

def get_url(url):
    response=requests.get(url=url, headers=headers)
    if response.status_code==200:
        return response.text
    else:
        print(f'状态码错误...{response}')
```

get _url( )函数返回的内容是 response. text，是字符串类型(str)，将获取的内容打印出来，部分内容如下：

```
<! DOCTYPE HTML>
<HTML lang="zh-CN" class="ua-windows ua-webkit">
<head>
    <meta http-equiv="Content-Type" content="text/HTML; charset=utf-8">
    <meta name="renderer" content="webkit">
    <meta name="referrer" content="always">
    <meta name="google-site-verification"
    content="ok0wCgT20tBBgo9_zat2iAcimtN4Ftf5ccsh092Xeyw" />
    <title>
        豆瓣电影排行榜
    </title>
    <meta name="baidu-site-verification" content="cZdR4xxR7RxmM4zE" />
    <meta http-equiv="Pragma" content="no-cache">
    <meta http-equiv="Expires" content="Sun, 6 Mar 2005 01:00:00 GMT">
```

可以看到文本内容是半结构化的 HTML 文档，和在浏览器中看到的内容差别较大，这是因为 HTML 文本需要经过标签定义与 CSS 代码渲染，才能最终变成浏览器中的内容。为了获取需要采集的数据，可以对文本内容进行搜索，一个可行的方案是使用 Python 语言自带的 re 库，用正规表达式从文本中提取每一部电影的名称、评分等，这种方法需要撰写较为复杂的正规表达式，对于初学者来说较为困难。对于 HTML 结构的文本，可以使用

lxml 或 BeautifulSoup 等库解析 HTML 结构的文本并使用它们定位 HTML 文本中的节点信息，快速获取感兴趣的数据。使用 BeautifulSoup 库解析 HTML 文本的代码如下：

```
url="https://movie.douban.com/chart"
content=get_url(url)
soup=BeautifulSoup(content, 'html.parser')
```

其中，url 变量是豆瓣电影排行榜页面的地址，get_url()函数会根据传入的网址，将访问到的信息缓存到本地，然后根据 content 变量，对豆瓣电影排行榜页面的 HTML 文本进行解析，实例化为一个 BeautifulSoup 类的对象，以便于后续采集数据。

为了获取电影名称、评分和电影介绍网页 URL，需要定位这些数据所在的位置，即观察 div 标签位置与 class 属性的内容。通过这些位置信息，使用 BeautifulSoup 库获取需要的数据。直接观察缓存到本地的文本信息不容易获取电影名称所在的位置，可以使用浏览器自带的调试工具提取位置信息。在 Chrome 内核的浏览器中，在网页上右击并在弹出的快捷菜单中选择“检查”命令，或直接按 F12 键，就可以进入调试者模式，如图 3-7 所示，单击调试工具窗口中的 elements 按钮，会显示当前网页的 HTML 代码。

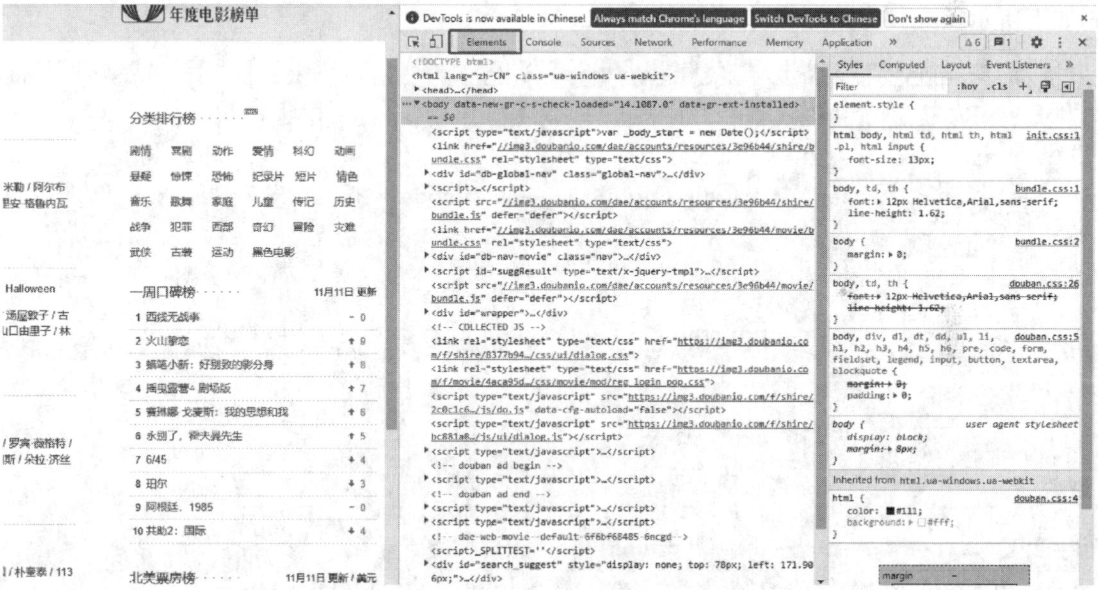

图 3-7 调试者模式

在调试工具窗口中，找到左上角的按钮，单击该按钮，然后将鼠标指针放在网页上某一位置，鼠标指针当前所在位置的 div 块会高亮，调试工具窗口的 HTML 代码中对应的 div 标签也会高亮，如图 3-8 所示。可以看到，当鼠标指针放在电影简介上时，其对应的 div 标签的 class 属性为 pl2，因此可以在网页的 HTML 文本中查找这类 div 标签，从而获取每一部电影的详细信息。随着鼠标指针的移动，可以对网页内的所有内容进行搜索，并获取对应的标签。

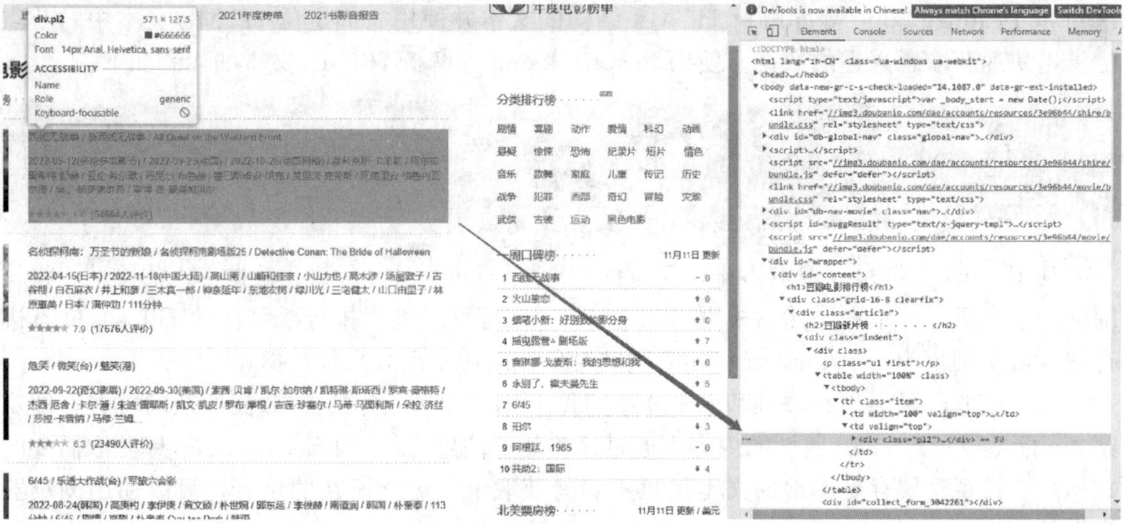

图 3-8　使用调试工具获取网页内容

根据用调试工具获取的标签信息，使用 BeautifulSoup 库提供的工具获取指定信息，代码如下所示：

```
movies_intro=soup.find_all(name='div', attrs={"class":"pl2"})
for movie_intro in movies_intro:
    title=movie_intro.find_all("a")
    rating_content=movie_intro.find_all(name="div", attrs={"class":"star clearfix"})
    if len(rating_content) ==0:
        continue
    rating_score=rating_content[0].find_all(name="span", attrs={"class":"rating_nums"})
    rating=rating_score[0].text
    movie_intro_url=title[0].get('href')
    movie_title_raw=title[0].text
    movie_title=movie_title_raw.split('/')[0].strip()
    print(movie_title+"\t"+rating+"\t"+movie_intro_url)
```

soup.find_all()方法用于获取 class 属性为 pl2 的 dir 标签的代码块。对返回的结果进行打印，部分内容如下：

```
[<div class="pl2">
<a class=""href="https://movie.douban.com/subject/3042261/">
            西线无战事
                /<span style="font-size:13px;">新西线无战事/All Quiet on the Western Front</span>
</a>
```

```
    <p class="pl">2022-09-12(多伦多电影节)/ 2022-09-29(德国)/2022-10-28(德国网络)/费利
克斯·卡米勒/阿尔布雷希特·舒赫/亚伦·希尔默/丹尼尔·布鲁赫/塞巴斯蒂安·胡克/莫里茨·克劳
斯/阿德里安·格鲁内瓦尔德/埃丁·哈萨诺维奇/蒂博·德·蒙塔朗贝尔...</p>
    <div class="star clearfix">
    <span class="allstar45"></span>
    <span class="rating_nums">8.6</span>
    <span class="pl">(64832人评价)</span>
    </div>
    </div>,
    <div class="pl2">
    <a class="" href="https://movie.douban.com/subject/35437938/">
                        名侦探柯南:万圣节的新娘
                      /<span style="font-size:13px;">名侦探柯南剧场版 25/Detective
Conan:The Bride of Halloween</span>
    </a>
    ...
```

find_all()方法会找到所有满足要求的 div 标签，并将它们存到一个列表中，列表中的每个元素对应一个满足要求的 div 标签。例如，要获取第一部电影的 HTML 文本，则需要访问 movies_intro[0]。

接下来需要逐个处理每一部电影的 HTML 文本，获取感兴趣的内容。for 循环中的两个 find_all()方法分别用于获取 a 标签(含标题和链接 URL)和 class 属性为 rating_nums 的 span 标签(含评分)。然后，rating 变量表示电影评分，movie_intro_url 变量表示电影介绍网页 URL，movie_title 变量表示电影名称。最后打印的解析结果如下：

```
西线无战事    8.6 https://movie.douban.com/subject/3042261/
名侦探柯南：万圣节的新娘    7.9 https://movie.douban.com/subject/35437938/
危笑    6.3 https://movie.douban.com/subject/35779959/
6/45    7.7 https://movie.douban.com/subject/35441582/
共助 2：国际    7.1 https://movie.douban.com/subject/35240874/
黑亚当    6.0 https://movie.douban.com/subject/26959697/
火山挚恋    9.0 https://movie.douban.com/subject/35694766/
福尔摩斯小姐：伦敦厄运    6.6 https://movie.douban.com/subject/35461749/
珀尔    7.3 https://movie.douban.com/subject/35801819/
新神榜：杨戬    7.0 https://movie.douban.com/subject/35360684/
```

习　题

1. 写出下列代码的输出结果。

```
for letter in "Jack":
    if letter=='c':
        continue
    else:
        print(letter)
```

2. 写出下列代码的输出结果。

```
list01=['python', 786, 2.23, 'john', 70.2]
print(list01[0])
print(list01[-1])
print(list01[0:3])
```

3. 简述 Python 语言中元组、列表、集合与字典的区别。如果想改变元组中的元素，可以采用什么方式？

4. 写出下列代码的输出结果，并观察其中有什么规律。

```
num_list=[ ]
for num in range(2, 100):
    for i in range(2, num):
            if num% i==0:
                break
    else:
        num_list.append(num)
print(num_list)
```

5. 使用 Python 语言中的 while 循环与 break 关键字实现一个数值猜大小游戏。程序接收数值为输入，若输入的数值大于设定值，则打印“大了”；若输入的数值小于设定值，则打印“小了”；如果输入的数值与设定值相同，则打印“猜对了”，并且程序终止。

习题解析

第 4 章 数据分析

章节导航

- 了解数据分析常用的库 Pandas，能够读取关系型数据，使用统计、组合、排序、拼接等方法处理数据。
- 了解机器学习与时间序列预测库 scikit-learn。
- 了解图像处理库 OpenCV。

本章知识导图

4.1 数据分析基础

4.1.1 读取与创建数据

进行数据建模前，首先要读取数据。常见的数据存储格式有 JSON(JavaScript object notation，JS 对象简谱)、CSV(comma separated values，逗号分隔值)、XLSX 等。CSV 数据存储格式中每行保存的内容用空格作为分隔符，行与行之间用换行符隔开，CSV 数据可以用常见的表格处理软件打开，视图内容与 XLSX、XLS 格式的文件一样，但是与实际的数据结构有很大差别。使用 CSV 数据存储格式是因为这种类型的数据制作与保存较为方便，仅使用文本编辑器就可以快速编辑。下面是使用 CSV 格式存储电影名称和评分数据的示例。

```
西线无战事 8.6
名侦探柯南：万圣节的新娘 7.9
危笑 6.3
```

类似地，还有 TSV 数据格式，这种类型的数据是用制表符分隔数据，常见于问答系统的标注文件。本质上讲，各种类型的数据交换格式只是为了更加方便地处理数据，使用最基本的 TXT 文件也可以存储与读取文件。

1. 读取数据

在 Python 语言中，Pandas 库用于处理关系型数据。使用 Pandas 库一般都是从导入库开始的，代码如下：

读取文件

```
import pandas as pd          # 为了简便，通常将 pandas 缩写为 pd
```

在如表 4-1 所示的问答对中可以看到，第二列数据是问题，第三列数据是回答，类似这样按行和列划分的数据，可以简单地将其理解为关系型数据。人们通常把关系型数据存储到数据库中。在数据科学建模时，人们通常先把关系型数据导出为 CSV 或 XLSX 文件。

表 4-1　关系型数据：问答对

编号	问题	答案
1	三国演义的作者是谁？	罗贯中
2	兔子的英文是什么？	Rabbit
3	电灯是谁发明的？	爱迪生

读取 CSV 文件可以使用 read_csv( ) 函数，读取 XLSX 文件可以使用 read_excel( ) 函数，代码如下：

```
import pandas as pd                          # 导入 pandas 库
book=pd.read_csv("book.csv")                 # 使用 read_csv( )函数读取 CSV 文件
student=pd.read_excel("student.xlsx")
```

read_csv( ) 函数包含很多参数。例如，可以指定 index_col 参数，将 CSV 文件中的某一列作为索引，设置 index_col＝"某一字段"，这样读取数据时不会再创建新的索引；又如，date_parser 参数可以将读取的数据转化为时间格式，这个方法在计算与时间相关的数据时特别重要。刚开始使用 Pandas 库读取数据时，只需指定数据文件所在目录，其余参数使用默认值即可。

读取数据后，可以使用 shape 属性查看读取的数据表的维度。

```
book.shape          # 注意这是一个属性，不带括号
```

还可以使用 head( ) 方法查看数据表的前 5 行，或使用 tail( ) 方法查看数据表的后 5 行。

```
book.head( )   # head( )方法可接受一个参数 n，n 表示显示的行数，默认为 5
book.tail( )   # head( )和 tail( )都是方法，需要带括号
```

2. 创建数据

如果要创建新的数据表，可以使用以下代码实现：

```
import pandas as pd
qa=pd.DataFrame({'question':['今天的天气', '兔子的英文怎么说'], 'answer':['晴',
'rabbit']})
```

这里使用了 Pandas 库的十分重要的一种数据类型：DataFrame。DataFrame 是一个数据表，DataFrame 中的每一个条目都是一列，条目的名字就是列名。上面的代码中，创建了一个 DataFrame 类型的数据表，表中包含两列数据，第一列是问题，第二列是答案。

另一种常用的数据类型是 Series，表示数据序列。DataFrame 是数据表，Series 是数据序列，注意不要混淆两种数据类型，这两种数据类型包含的方法是不同的。可以直接传入一个列表来构造一个 Series 对象，代码如下：

```
pd.Series([1, 2, 3, 4, 5])
```

Series 数据序列本质上是 DataFrame 数据表中的一列。

4.1.2　索引与选择

1. 获取单个数据列

在处理数据时，往往需要选取某一列、某一行的数据，或按照某种要求进行数据筛选，Pandas 库为此提供了十分便捷的选择功能。

4.1.2 节～4.1.6 节使用的数据是某网站上用户对一个影片的评论信息，包含用户的昵称、所在地、粉丝数量，以及评论的发布时间、内容、来源等。首先读取数据文件并输出前 5 行数据，代码如下：

Pandas 索引数据

```
# 读取数据
squid=pd.read_csv("Squid_Game_Netflix_Twitter_Data.csv")
squid.head()
```

squid 数据表的前 5 行数据如图 4-1 所示，数据表中包含 user_name、user_location、user_description 等字段。

```
squid.head()
```

	user_name	user_location	user_description	user_created	user_followers	user_friends	user_favourites	user_verified	date
0	the _ûndër-ratèd niggáh	NaN	@ManUtd die hard ❤❤💪💪 \n\n\nYOLO\n\n\nJ'ai b...	2019-09-06 19:24:57+00:00	581	1035	8922	False	2021-10-06 12:05:38+00:00
1	Best uncle on planet earth	NaN	NaN	2013-05-08 19:35:26+00:00	741	730	8432	False	2021-10-06 12:05:22+00:00
2	marcie	NaN	animal crossing. chicken nuggets. baby yoda. s...	2009-02-21 10:31:30+00:00	562	1197	62732	False	2021-10-06 12:05:22+00:00
3	YoMo.Mdp	Any pronouns	Where the heck is the karma\nI'm going on my s...	2021-02-14 13:21:22+00:00	3	277	1341	False	2021-10-06 12:05:04+00:00
4	Laura Reactions	France	I talk and I make reactions videos about shows...	2018-12-19 20:38:28+00:00	330	152	2278	False	2021-10-06 12:05:00+00:00

图 4-1　squid 数据表的前 5 行数据

如果需要获取数据表中某列的数据，可以直接将字段名作为数据表对象的属性来获取数据。例如，squid 数据表包含 user_name 字段，通过访问 squid. user_name 即可获取该列数据。输出结果如下：

```
0        the_ûnder-rat è d nigg áh
1        Best uncle on planet earth
2        marcie
3        YoMo. Mdp
4          Laura Reactions
......
29995      Lu Xu(Lou Shoe/徐露)
29996      See Ya, Sucker
29997      maddy earley
29998
29999      White Thunder
Name:user_name, Length:30000, dtype:object
```

另一种数据索引的方式是以字典的方式，Python 语言有字典类型的数据，DataFrame 类型的数据可以用键值对的方式索引，如 squid["user_name"]，该方法与第一种索引方法的结果相同。

上述两种获取列数据的方法，从语法上来看没有任何差别，在实际的数据科学编程中也经常看到两种方法的使用，但是以字典的方式进行索引的方法可以获取一些名称比较复杂的字段，如名称中带有空格的字段。例如，user name 字段，user 与 name 之间用空格分隔，如果使用第一种方法，squid. user name 是无法获取该字段的，只能使用第二种方法 squid["user name"]。

使用 squid["user_name"]获取的是所有的用户名，如果仅需获取第一个用户名，则可以在其后增加一个索引序号，代码如下：

```
squid["user_name"][0]
```

输出结果如下：

```
'the _ûnd ër- rat è d nigg á h'
```

Pandas 库中数据索引的方式与 Python 语言中索引列表或字符串的方式相同。

2. 获取多个数据列

在数据处理的过程中，在原始表格过大的情况下，需要裁剪出数据表中的某些列，可以使用[]以字典的方式获取数据。例如，要同时获取 squid 数据表中的 user_name 和 user_location 字段，代码如下：

```
squid[["user_name","user_location"]]  # 注意此处使用了两个方括号
```

输出结果如下：

```
        user_name                          user_location
0       the_under-ratedniggah                NaN
1       Best uncle on planet earth           NaN
2       marcie                               NaN
3       YoMo.Mdp                    Any pronouns
4       Laura Reactions             France
......
29995   Lu Xu(Lou Shoe/徐露)        Halifax, Nova Scotia
29996   See Ya, Sucker              724☠
29997   maddy earley                NaN
29998
29999   White Thunder               Somewhere
30000 rows×2 columns
```

需要注意的是，上述语句使 squid 数据表接收一个列表作为输入，返回多列数据组成的 DataFrame 数据表，因此数据的获取形式变为[[ ]]，看上去有些特殊，如果仅使用[]会报错，提示 KeyError：('user _ name'，'user _ location')，即没有这个键，因为程序将("user _ name","user _ location")看成一个键。

3. 基于索引选择数据

基于索引选择数据使用 iloc 属性，格式为 iloc[n]，想选择数据的第几行，就将 n 设置为该行的索引序号。例如，选择 user_description 列的第 4 行数据，代码如下：

```
squid["user_description"].iloc[3]
```

输出结果如下：

```
"Where the heck is the karma\ nI'm going on my school grave brb\ n# Technosupport"
```

iloc 属性默认是按行进行数据筛选，如果要选择某一列的数据，会相对麻烦一些，代码如下：

```
squid.iloc[:, 3]  # 选择第 4 列数据
```

输出结果如下：

```
0       2019-09-06 19:24:57+00:00
1       2013-05-08 19:35:26+00:00
2       2009-02-21 10:31:30+00:00
3       2021-02-14 13:21:22+00:00
4       2018-12-19 20:38:28+00:00
......
```

```
29995        2015-07-24 13:42:51+00:00
29996        2014-02-06 04:14:20+00:00
29997        2014-11-27 04:32:52+00:00
29998        2021-03-04 11:54:39+00:00
29999        2013-09-05 18:32:49+00:00
Name:user_created, Length:30000, dtype:object
```

使用上述方法的结果与使用 squid["user_created"]方法的结果相同。在上述方法中，注意到使用了冒号(:)，该符号也属于 Python 语法，表示所有内容，当冒号与其他数值一起使用时，表示选择一定范围内的数据。例如，选择 user_name 列的第 1、2、3 行数据，代码如下：

```
squid.iloc[:3, 0]
```

输出结果如下：

```
0    the_ûndër- rat è d nigg á h
1    Best uncle on planet earth
2    marcie
Name:user_name, dtype:object
```

在 Python 语言中，负数代表从结尾开始索引，这在 Pandas 库中同样适用。选择整个数据表的最后 5 行数据的代码如下：

```
squid.iloc[- 5:]
```

输出结果如图 4-2 所示。

	user_name	user_location	user_description	user_created	user_followers	user_friends	user_favourites	user_verified	date
29995	Lu Xu(Lou Shoe/徐露)	Halifax, Nova Scotia	Journalist @the_logic | Podcaster @CKDU881FM |...	2015-07-24 13:42:51+00:00	309	869	2887	False	2021-10-10 01:43:40+00:00
29996	See Ya, Sucker	724☠	NaN	2014-02-06 04:14:20+00:00	105	136	971	False	2021-10-10 01:43:25+00:00
29997	maddy earley	NaN	stay alive, friend. It's worth it.	2014-11-27 04:32:52+00:00	44	119	3135	False	2021-10-10 01:42:40+00:00
29998	S	"*Ahsen Eroglu*"	Alperen Duymaz owns me ♡ **DICBAR** | İlhan ♡\n ...	2021-03-04 11:54:39+00:00	479	153	44597	False	2021-10-10 01:42:32+00:00
29999	White Thunder	Somewhere	Royal captain of the Faire Army, Novelist, art...	2013-09-05 18:32:49+00:00	21	44	1435	False	2021-10-10 01:42:30+00:00

图 4-2　使用 iloc( )方法选择整个数据表的最后 5 行数据的输出结果

4. 基于标签选择数据

基于标签选择数据使用 loc 属性，如选择 user_name 列的第 2 行数据，代码如下：

```
squid.loc[1, 'user_name']
```

输出结果如下：

```
'Best uncle on planet earth'
```

squid.loc[1，'user _ name']的第一个参数为 1，这里的 1 表示数据表的行标签，如果 1 出现在 iloc 属性中，则表示索引序号。

loc 属性常常与 iloc 属性混淆。在使用 iloc 属性时，忽略了数据表的标签，也就是字段名和行名，直接将数据表当成一个矩阵，通过元素所在的行和列进行选择。通常情况下，在选择列数据时，每列都带有字段名，因此使用 loc 属性。

5. 条件筛选

在 Pandas 库中，可以使用条件语句对数据进行筛选，类似于 SQL 中 SELECT A FROM B WHERE CONDITION 语句的功能，但使用 Pandas 库的条件语句要方便得多。例如，需要筛选用户位置在法国的用户信息，首先需要设置筛选条件，判断用户是否在法国，代码如下：

```
squid["user_location"] =="France"
```

输出结果如下：

```
0          False
1          False
2          False
3          False
4          True
......
29995      False
29996      False
29997      False
29998      False
29999      False
Name:user_location, Length:30000, dtype:bool
```

可以看到，输出结果是一系列布尔值，当布尔值为 True 时，表示当前行满足筛选条件，当布尔值为 False 时，表示当前行不满足筛选条件。然后根据输出结果，使用 loc( )方法筛选出布尔值为 True 的数据，代码如下：

```
squid.loc[squid["user_location"]=="France"]
```

使用 loc( )方法筛选的输出结果如图 4-3 所示。

	user_name	user_location	user_description	user_created	user_followers	user_friends	user_favourites	user_verified
4	Laura Reactions	France	I talk and I make reactions videos about shows...	2018-12-19 20:38:28+00:00	330	152	2278	False
1539	Laura Reactions	France	I talk and I make reactions videos about shows...	2018-12-19 20:38:28+00:00	330	152	2278	False
6022	Nath L.	France	Le monde appartient à ceux qui rêvent trop!#It...	2010-07-25 20:14:08+00:00	1351	1146	24404	False
7074	Alcmène	France	#CastMember à @DisneylandParis depuis 2006: F...	2009-06-17 08:45:58+00:00	703	199	8638	False
7568	Sach'imi	France	Graphiste Freelance in #ILLUSTRATION #MOTION\n...	2019-07-02 12:49:16+00:00	16	152	197	False

图 4-3　使用 loc( )方法筛选的输出结果

包含多个筛选条件的筛选方法也经常用到，多个筛选条件之间使用“与”“或”“非”关联。例如，想要筛选出用户位置在法国，且粉丝数量大于 100 的用户，代码如下：

```
squid.loc[(squid["user_location"]=="France")&(squid["user_followers"]>100)]
```

使用多个条件筛选的输出结果如图 4-4 所示。

	user_name	user_location	user_description	user_created	user_followers	user_friends	user_favourites	user_verified
4	Laura Reactions	France	I talk and I make reactions videos about shows...	2018-12-19 20:38:28+00:00	330	152	2278	False
1539	Laura Reactions	France	I talk and I make reactions videos about shows...	2018-12-19 20:38:28+00:00	330	152	2278	False
6022	Nath L.	France	Le monde appartient à ceux qui rêvent trop!#It...	2010-07-25 20:14:08+00:00	1351	1146	24404	False
7074	Alcmène	France	#CastMember à @DisneylandParis depuis 2006: F...	2009-06-17 08:45:58+00:00	703	199	8638	False
10081	SUSSUCRE	France	Créateur de contenu | #TeamOL | narutoblazing	2013-07-10 10:22:12+00:00	27607	414	45626	False

图 4-4　使用多个条件筛选的输出结果

在代码中，& 表示“与”，| 表示“或”，～表示“非”。

Pandas 库中还内置了很多选择器，如果筛选条件是某个字段的值为一个列表中的任一元素，可以使用 isin()方法。例如，筛选用户位置在德国、法国或美国的用户，代码如下：

```
squid[squid["user_location"].isin(['France', 'Germany', 'United States'])]
```

使用 isin()方法筛选的输出结果如图 4-5 所示。

	user_name	user_location	user_description	user_created	user_followers	user_friends	user_favourites	user_verified
4	Laura Reactions	France	I talk and I make reactions videos about shows...	2018-12-19 20:38:28+00:00	330	152	2278	False
26	EarlyGame	Germany	Own Your Game	2019-11-13 14:56:55+00:00	49381	153	963	False
47	MyMasqueBar - Self-Care is the Best Care	United States	We are everything masks. Tag #MyMasqueBar to b...	2013-09-26 15:47:33+00:00	561	700	900	False
111	Businessbea	United States	| Educational business content. | Help oth...	2021-06-01 12:41:49+00:00	138	317	54	False
382	Cuban Spice (The 6th Spice Girl) cu	United States	I do be the preediest preediest girl, I do be ...	2009-04-24 14:11:19+00:00	317	1969	20403	False

图 4-5　使用 isin( )方法筛选的输出结果

4.1.3　统计与映射

1. 基本统计方法

Pandas 库中有很多统计方法供用户使用，使用这些方法能够快速获得数据的统计信息，如平均值、方差、标准差等统计量。例如，想要获取用户粉丝数的平均值、最大值、最小值等，可以使用 describe()方法，代码如下：

常用统计方法

```
squid["user_followers"].describe()
```

输出结果如下：

```
count      3.000000e+04
mean       1.565457e+04
std        2.525806e+05
min        0.000000e+00
25%        7.400000e+01
50%        3.190000e+02
75%        1.171000e+03
max        1.684642e+07
Name:user_followers, dtype:float64
```

可以看到，describe( )方法给出了用户粉丝数的平均值、标准差、最小值、上四分位数、下四分位数等统计量，通过该方法可以对数据的分布有初步认识。

如果要单独查看某个统计量，可以直接调用计算该统计量的方法，如计算平均值的代码如下：

```
squid["user_followers"].mean()
```

另一个较为有用的统计方法是 info( )，该方法能够输出每列数据的非空值的数量、数据类型，以及整个数据表的内存占用信息等。在数据建模时，一般要求输入特征不能为空，可以使用 info( )方法查看，代码如下：

```
squid.info()
```

输出结果如下：

```
<class 'pandas.core.frame.DataFrame'>
RangeIndex:30000 entries, 0 to 29999
Data columns(total 12 columns):
  #   Column             Non- Null Count  Dtype
---  ------             --------------   -----
  0  user_name          29999 non- null  object
  1  user_location      21378 non- null  object
  2  user_description   28186 non- null  object
  3  user_created       30000 non- null  object
  4  user_followers     30000 non- null  int64
  5  user_friends       30000 non- null  int64
  6  user_favourites    30000 non- null  int64
  7  user_verified      30000 non- null  bool
  8  date               30000 non- null  object
  9  text               30000 non- null  object
  10  source            30000 non- null  object
  11  is_retweet        30000 non- null  bool
dtypes:bool(2), int64(3), object(7)
memory usage:2.3+MB
```

注意：仅能对 DataFrame 对象使用 info( )方法，不能对 Series 对象使用该方法。

unique( )方法用于查看某一列数据中有多少个不同的数据。例如，查看用户发布评论所使用的设备有哪些，代码如下：

```
squid["source"].unique()
```

输出结果如下：

```
array(['Twitter for Android', 'Twitter Web App', 'Twitter for iPhone',
       'Buffer', 'Twitter for iPad', 'PromoRepublic', 'TweetDeck',
       'Instagram', 'Sprout Social', 'Hootsuite Inc.', 'Tweetbot for iOS',
       'dlvr.it', 'Meltwater Social', 'Twitter for Mac', ..., dtype=object)
```

value_counts()方法的作用是统计某个特征字段的不同取值的个数，该方法常用于性别统计、星座统计等。例如，对用户发布评论所使用的设备进行统计，代码如下：

```
squid["source"].value_counts()
```

输出结果如下：

```
Twitter for iPhone          13919
Twitter for Android          8851
Twitter Web App              5251
Twitter for iPad              690
TweetDeck                     354
......
TheWrap                         1
Xbox One Social                 1
Oktopost                        1
TwitPane for Android            1
BizToc                          1
Name:source, Length:133, dtype:int64
```

2. 映射

在进行数据分析时，往往会对数据进行一定程度的修改，以方便后续的建模和分析，例如，将性别为男的数据映射为 0，将性别为女的数据映射为 1。又如，对学生的成绩进行打分，将 90 分以上的数据映射为 A，将 80～90 分的数据映射为 B 等。上述操作意味着要对数据表中的数据进行批量化处理，使用 Python 语言中的 for 循环可以实现上述操作，但太过烦琐。批量化处理意味着对所有数据进行相同的操作，在 Pandas 库中有专门的方法，这就是本节介绍的映射方法。

apply()方法是 Pandas 库中功能十分强大的映射方法，该方法能够按照某一条件对某列数据进行映射。例如，根据 user_verified 字段，创建新的字段 verified，若 user_verified 字段为 False，则设置为 0，否则设置为 1，代码如下：

```
def check_verify(entry):
    if entry["user_verified"] is False:
        return 0
    else:
        return 1
squid["verified"]=squid.apply(check_verify, axis=1)
squid["verified"].value_counts()
```

输出结果如下：

```
0    28987
1    1013
Name:verified, dtype:int64
```

分析上述代码，首先定义了 check_verify( )函数，该函数接收一条数据作为输入，当该条数据中 user_verified 字段为 False 时，返回 0，否则返回 1。然后，squid. apply( )方法调用了这个函数，并将结果赋值给新的列 squid["verified"]。调用时 check_verify 不能带括号，如果带上括号就是将函数的返回结果作为输入，发送给 apply( )方法。

此外，squid. apply(check_verify，axis＝1)中参数 axis 的取值是 0 或者 1，0 代表按照每列进行计算，1 代表按照每行进行计算，此处是每次取一行数据，然后判断指定字段是 True 还是 False，因此参数 axis 需要设置为 1。

4.1.4 组合与排序

1. 组合

4.1.3 节中，使用 value_counts( )方法获得了对单列数据的频次统计，还可以使用 groupby( )方法实现上述功能，代码如下：

```
squid.groupby("source").source.count()
```

输出结果如下：

```
15 Minute Fun             2
AT Auto Tweet             1
Agorapulse app            6
Apphi                     1
Bearguin                  2
......
sankoffoncor              1
tshell- bash              1
tweetpancake              1
twitterproject122         1
www.keengamer.com         1
Name:source, Length:133, dtype:int64
```

groupby( )方法的功能与 SQL 中的聚合操作一致，都是对某一字段进行聚合统计，在上述代码中，根据 source 对用户进行分组，然后获取每组用户的 source 字段的数据，再使用 count( )方法统计其出现的次数。

也可以使用其他的聚合方法，如统计每种设备上粉丝数最多的用户的粉丝数，可以使用 max( )方法，代码如下：

```
squid.groupby("source").user_followers.max()
```

输出结果如下：

```
15 Minute Fun              269
AT Auto Tweet              361
Agorapulse app         1585950
Apphi                     8645
Bearguin                  8070
......
sankoffoncor                 7
tshell- bash              3814
tweetpancake                63
twitterprojcct122           16
www.keengamer.com        10408
Name:user_followers, Length:133, dtype:int64
```

2. 排序

对数据进行聚合统计后，得到的统计数据没有按照大小顺序排列，使用 sort_values( ) 方法可以对数据排序，代码如下：

```
max_followers=squid.groupby("source").user_followers.max()
max_followers.sort_values()
```

输出结果如下：

```
source
recurpost.com                            1
EveryoneSocial                           1
Microsoft Azure Logic Apps               1
sankoffoncor                             7
Outfy Inc                               14
......
TweetDeck                          8237104
Sprinklr                           9066758
Twitter Web App                    9207638
Buffer                            16845024
Twitter Media Studio              16846417
Name:user_followers, Length:133, dtype:int64
```

sort_values( ) 方法默认将数据从小到大排序，若要从大到小排序，可以设置参数 ascending=False。此外，如果按照多个字段排序，可以将这些字段名称组成列表，使用 by

参数传入列表，代码如下：

```
squid.sort_values(by=["user_followers","user_favourites"])
```

sort_values( )方法的输出结果如图 4-6 所示。

	user_name	user_location	user_description	user_created	user_followers	user_friends	user_favourites	user_verified
282	George .	Athens, NY	Sarcasm is my home. 👀	2021-10-05 17:04:50+00:00	0	1	0	False
349	ToDisenyo	NaN	Design, Marketing, Innovation	2021-02-19 10:23:21+00:00	0	14	0	False
616	IBADO	Metro Manila, Philippines	Selling locally manufactured brand new clothes...	2021-10-06 08:34:24+00:00	0	0	0	False
867	PixelQuack NFT	OpenSea	NFT Creator, check out my collections availabl...	2021-10-06 08:55:46+00:00	0	0	0	False
1150	IBADO	Metro Manila, Philippines	Selling locally manufactured brand new clothes...	2021-10-06 08:34:24+00:00	0	0	0	False

图 4-6　sort_values( )方法的输出结果

4.1.5　数据类型与缺失值

Pandas 库中的数据有多种类型，使用 dtypes 属性可以获取 DataFrame 数据表中每一列的数据类型，代码如下：

```
squid.dtypes
```

输出结果如下：

```
user_name                object
user_location            object
user_description         object
user_created             object
user_followers           int64
user_friends             int64
user_favourites          int64
user_verified            bool
date                     object
text                     object
source                   object
```

```
is_retweet                    bool
verified                      int64
dtype:object
```

此外，如果查看 Series 对象的数据类型，则需要使用 Series. dtype 属性。

使用 astype( )方法，可以更改数据类型，在处理包含相同字段的多个数据表时，常常会遇到不同表中同一字段名的数据类型不一致的问题。可以使用 astype( )方法修改数据的类型。这种修改方法会对一个数据表中的某一列进行批量转换，而非对单个数值进行转换。例如，将 user_followers 字段的数据类型改为 int32，代码如下：

```
squid["user_followers_32"]=squid["user_followers"].astype("int32")
squid["user_followers_32"].dtype
```

输出结果如下：

```
dtype('int32')
```

在 Pandas 库中，可以很方便地查看与处理空值，isnull( )方法用于查看数据是否存在空值，fillna( )方法常用于填充缺失值。例如，查看用户所在位置为空的数据，并将空值填充为 Unknown，代码如下：

```
unknown_loc =squid[squid["user_location"].isnull( )]["user_location"]
unknown_loc.fillna('Unknown')
```

输出结果如下：

```
0          Unknown
1          Unknown
2          Unknown
6          Unknown
8          Unknown
......
29981      Unknown
29986      Unknown
29987      Unknown
29990      Unknown
29997      Unknown
Name:user_location, Length:8622, dtype:object
```

4.1.6　数据拼接

在处理数据时，数据可能来自多个数据源。为了将多个数据源的数据拼接起来，可以使用 pd. concat( )函数，代码如下：

```
df1=squid.iloc[0:2,:]
df2=squid.iloc[5:7,:]
pd.concat([df1, df2])
```

数据拼接的输出结果如图 4-7 所示。

	user_name	user_location	user_description	user_created	user_followers	user_friends	user_favourites	user_verified	date
0	the _ûndër-ratèd niggáh🧠	NaN	@ManUtd die hard🖤🖤💪💪 \n\n\nYOLO\n\n\nJ'ai b...	2019-09-06 19:24:57+00:00	581	1035	8922	False	2021-10-06 12:05:38+00:00
1	Best uncle on planet earth	NaN	NaN	2013-05-08 19:35:26+00:00	741	730	8432	False	2021-10-06 12:05:22+00:00
5	Peyman 🅚🅐🅘	United Kingdom	Official @KardiaChain $KAI Ambassador\nMarketi...	2018-01-27 12:07:31+00:00	546	318	6265	False	2021-10-06 12:04:54+00:00
6	Aeriaaaa♡	NaN	Fujoshi 🙈/ Thai BL-obsessed/Always distracted ...	2021-06-01 14:08:10+00:00	14	110	518	False	2021-10-06 12:04:45+00:00

图 4-7　数据拼接的输出结果

第一列的标签是 0、1、5、6，分别对应源数据的第 1 行、第 2 行、第 6 行、第 7 行数据。也就是说，组合之后的结果会保留原来的编号，不会重新编号。如果设置参数 ignore_index 为 True，则拼接后的结果会重新编号，代码如下：

```
df1=squid.iloc[0:2,:]
df2=squid.iloc[5:7,:]
pd.concat([df1, df2], ignore_index=True)
```

输出结果如图 4-8 所示。

	user_name	user_location	user_description	user_created	user_followers	user_friends	user_favourites	user_verified	
0	the _ûndër-ratèd niggáh🧠	NaN	@ManUtd die hard🖤🖤💪💪 \n\n\nYOLO\n\n\nJ'ai b...	2019-09-06 19:24:57+00:00	581	1035	8922	False	1
1	Best uncle on planet earth	NaN	NaN	2013-05-08 19:35:26+00:00	741	730	8432	False	1
2	Peyman 🅚🅐🅘	United Kingdom	Official @KardiaChain $KAI Ambassador\nMarketi...	2018-01-27 12:07:31+00:00	546	318	6265	False	1
3	Aeriaaaa♡	NaN	Fujoshi 🙈/ Thai BL-obsessed/Always distracted ...	2021-06-01 14:08:10+00:00	14	110	518	False	1

图 4-8　数据拼接后重新编号的输出结果

数据分析基础总结：本节主要介绍了数据科学工具库 Pandas 的基本使用，Pandas 库主要用于操作关系型数据，使用 Pandas 库可以很方便地从持久化存储格式中读取数据，如数据库、CSV 文件、TXT 文件等。Pandas 库内置了很多计算工具，方便用户进行数据分析。在数据工程中，往往会先使用 Pandas 库读取数据，对数据做预处理，如对数据进行统计分析，再对部分数据进行映射、聚合、填充缺失值等操作，方便后续将数据输入模型进行训练。

除了阅读本书学习 Pandas 库外，推荐有英文阅读基础的读者查找 Pandas 库的官方文档，阅读更详细的函数说明。例如，pd.concat( )函数的默认参数还包括 axis、join、levels 等，每个参数在官方文档中都有十分详细的说明，阅读官方文档能够快速提升使用 Pandas 库的熟练程度。

4.2 机器学习库 scikit-learn

本节介绍 Python 语言的机器学习库 scikit-learn。scikit-learn 库是开源数据科学建模工具，主要用于构建分类模型、回归模型和聚类模型。当数据特征较多，模型无法拟合数据时，可以使用 scikit-learn 库做数据降维，以降低数据冗余度，scikit-learn 库还可用于数据预处理和机器学习模型融合。

4.2.1 构建分类模型

分类任务是数据科学分析建模中的一种有监督学习的任务，常见的分类任务如基于图像的猫狗分类、垃圾邮件分类、人脸识别等。基于 scikit-learn 库可以对关系型数据构建分类模型，一般流程如下：

(1)使用 Pandas 库等工具读取关系型数据，进行数据探索、缺失值填充；

(2)使用 scikit-learn 库对数据特征进行归一化；

(3)使用 scikit-learn 库将读取的数据拆分为训练集和测试集，其中训练集用于模型拟合数据，测试集用于验证模型的泛化性。

下面以鸢尾花数据集为例，使用支持向量机(support vector machine，SVM)算法，构建一个分类模型。鸢尾花数据集是一份经典的机器学习数据集，常被用于分类问题的研究和算法性能评估。鸢尾花数据集包含 3 个不同种类的鸢尾花：山鸢尾(iris-setosa)、变色鸢尾(iris-versicolor)和维吉尼亚鸢尾(iris-virginica)。每个样本包含 4 个特征：花萼长度(sepal length)、花萼宽度(sepal width)、花瓣长度(petal length)和花瓣宽度(petal width)。该数据集常用于初学者了解机器学习算法的基本概念和流程，也常被用来作为算法性能比较和验证的基准数据集。下面的代码使用 Matplotlib 库和 scikit-learn 库可视化鸢尾花数据集，输出结果如图 4-9 所示。

```
import matplotlib.pyplot as plt
from sklearn import datasets
# 加载鸢尾花数据集
iris=datasets.load_iris()
```

```
X=iris.data
y=iris.target
# 可视化数据集中的前两个特征
plt.scatter(X[:, 0], X[:, 1], c=y, cmap='viridis')    plt.xlabel('Sepal length')
plt.ylabel('Sepal width')
plt.title('Iris Dataset')
plt.show()
```

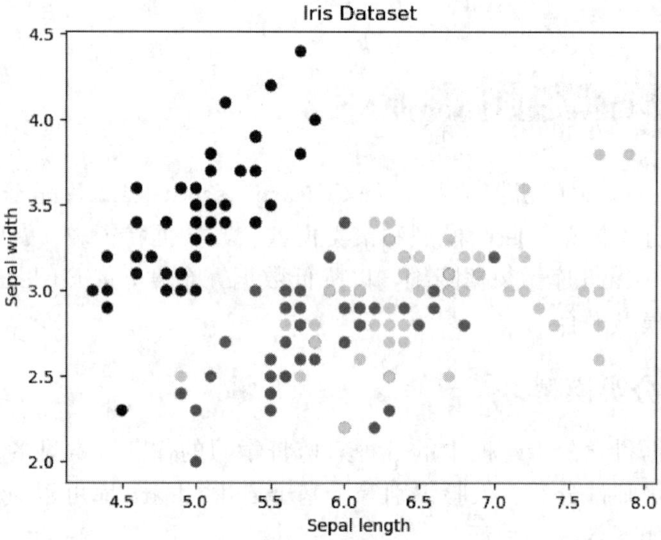

图 4-9　鸢尾花数据集中花萼长度和花萼宽度的分布

首先导入 scikit-learn 库和 NumPy 库，代码如下：

```
import numpy as np
from sklearn import datasets
from sklearn.model_selection import train_test_split
from sklearn.preprocessing import StandardScaler
from sklearn.svm import SVC
from sklearn.metrics import accuracy_score
```

然后加载鸢尾花数据集，使用 train_test_split( )函数将数据拆分为训练集和测试集，创建一个 StandardScaler 类型的对象，分别使用其 fit_transform( )方法和 transform( )方法将训练集和测试集的数据标准化，以确保每个特征的均值为 0、标准差为 1，代码如下：

```
# 加载鸢尾花数据集
iris=datasets.load_iris()
X=iris.data
y=iris.target
```

```
# 将数据集分成训练集和测试集
X_train, X_test, y_train, y_test=train_test_split(X, y, test_size=0.2, random_
state=42)
# 标准化数据
scaler=StandardScaler()
X_train=scaler.fit_transform(X_train)
X_test=scaler.transform(X_test)
```

创建一个 SVM 分类器，即 SVC 类型的对象，并使用训练集数据进行训练。最后使用测试集数据进行预测，并计算分类器的准确率(accuracy)，代码如下：

```
svm=SVC(kernel='linear', C=1, random_state=42)
# 使用训练集数据进行训练
svm.fit(X_train, y_train)
# 对测试集数据进行预测
y_pred=svm.predict(X_test)
# 计算分类器的准确率
accuracy=accuracy_score(y_test, y_pred)
print("Accuracy:", accuracy)
```

4.2.2　构建回归模型

机器学习中的回归任务是指预测连续值的预测性建模问题，其目标是为输入变量和连续输出变量之间建立一个函数关系。回归任务通常用于预测数值型数据，如房价、股票价格、销售额等。

回归任务与分类任务都是机器学习中的常见任务，但它们的目标不同。分类任务的目标是根据输入变量确定样本属于哪个类别，而回归任务的目标是预测输入变量和输出变量之间的函数关系。

以下是一个使用 scikit-learn 库进行回归任务的简单示例。这个示例中将使用加州房价数据集，该数据集是一个经典的数据集，通常用于回归问题的分析。

```
import numpy as np
from sklearn.model_selection import train_test_split
from sklearn.linear_model import LinearRegression
from sklearn.metrics import mean_squared_error
from sklearn.datasets import fetch_california_housing

# 获取加州房价数据集
housing= fetch_california_housing()
X= housing.data
y= housing.target
```

```
# 将数据集分成训练集和测试集
X_train, X_test, y_train, y_test= train_test_split(X, y, test_size= 0.2,
random_state= 42)

# 创建线性回归模型
regressor= LinearRegression()
# 使用训练数据对模型进行训练
regressor.fit(X_train, y_train)
# 对测试数据进行预测
y_pred= regressor.predict(X_test)

# 计算模型的均方误差
mse= mean_squared_error(y_test, y_pred)
print("Mean squared error:", mse)
```

4.2.3 构建聚类模型

构建聚类模型使用的是聚类算法。聚类算法是机器学习中的一种无监督学习方法，用于将数据集中的数据分成不同的聚类或组。聚类算法的目标是将相似的数据点分组在一起，使得同一聚类中的数据点相似度高，而不同聚类中的数据点相似度低。

以 k 均值(k-means)聚类算法为例，下面的代码首先使用 scikit-learn 库中的 make_blobs( ) 函数创建了一个包含 300 个样本和 4 个中心的模拟数据集。其次，创建一个 KMeans 聚类器，即 KMeans 类型的对象，并设置聚类数量为 4。然后，使用拟合函数对数据进行聚类拟合，并获取每个数据点的聚类标签。最后，使用 Matplotlib 库将聚类结果可视化，如图 4-10 所示。读者可以根据自己的实际需求对模型进行调整和优化。

```
from sklearn.cluster import KMeans
from sklearn.datasets import make_blobs
import matplotlib.pyplot as plt

# 使用 make_blobs( )函数创建模拟数据集
X, y=make_blobs(n_samples=300, centers=4, random_state=42, cluster_std=0.60)

# 创建 KMeans 模型，设置聚类数量为 4
kmeans=KMeans(n_clusters=4, random_state=42)

# 使用拟合函数对数据进行聚类拟合
kmeans.fit(X)

# 获取每个数据点的聚类标签
labels=kmeans.labels_

# 绘制聚类结果的可视化图形
```

```
plt.scatter(X[:, 0], X[:, 1], c=labels, cmap='viridis')
plt.show()
```

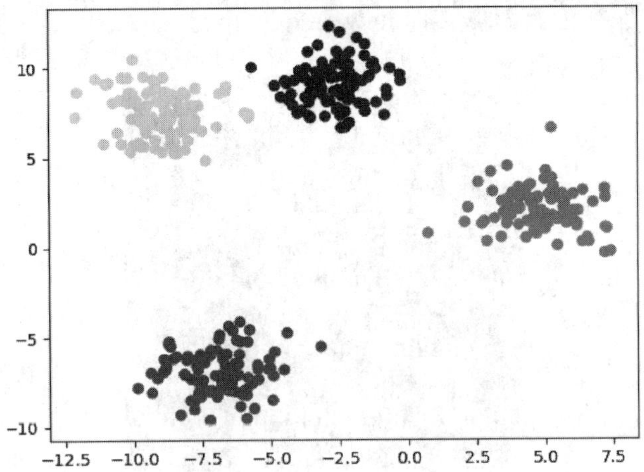

图 4-10　聚类结果可视化

4.3 图像处理库 OpenCV

OpenCV 库是一个开源的计算机视觉库，为开发者提供了一系列用于处理图像和视频的函数与工具。它被广泛应用于计算机视觉、机器学习和人工智能领域。它还可以与其他流行的机器学习库，如 TensorFlow 和 PyTorch 等进行集成。OpenCV 库具有广泛的应用领域，它被用于物体检测和识别、人脸分析和识别、手势识别、运动跟踪。在 Python 语言中，也可以使用 pillow、scikit-image 等库处理图像。

4.3.1 图像的读取与保存

在 Python 程序中使用 OpenCV 库时，需要通过 cv2 导入该库，可使用其中的 imread()函数读取图像，使用 imshow()函数显示图像，代码如下：

```
import cv2
# 读取图像
img=cv2.imread('lena.jpg')
# 显示图像
cv2.imshow('image', img)
cv2.waitKey(0)
cv2.destroyAllWindows()
# 保存图像
cv2.imwrite('new_image.jpg', img)
```

在上述代码中，首先通过名字 cv2 导入 OpenCV 库，然后使用 imread()函数读取名为

lena. jpg 的图像文件，并将其存储在 img 变量中。接下来，使用 imshow( )函数将图像显示在屏幕上，如图 4-11 所示，并使用 waitKey( )函数等待用户按下任意键，最后使用 destroyAllWindows( )函数关闭所有打开的窗口。为了保存图像，可以使用 imwrite( )函数将 img 变量中的图像保存为新图像文件 new_image. jpg。

图 4-11　使用 OpenCV 库读取图像并显示

4.3.2　图像的基本信息

使用 OpenCV 库读取的图像包含一些基本信息，常见的彩色图像有三个色彩通道，分别是 R(红)、G(绿)、B(蓝)，而灰度图像仅有一个色彩通道。对于灰度图像，每个像素只有一个颜色通道值；对于彩色图像，每个像素有三个颜色通道值(红、绿、蓝)。下面的代码使用 OpenCV 库获取图像的宽度和高度。

```
import cv2
# 读取图像
img=cv2.imread('image.jpg')
# 获取图像大小
height, width=img.shape[:2]
print('图像大小:', height, width)
```

图像的像素值大小取值在 0～255 之间。如图 4-12 所示，图像中帽子处的像素值为[58, 66, 133]，头发处的像素值为[23, 40, 83]，图像的像素值越接近 0，表示当前位置越暗，图像的像素值越接近 255，表示当前位置越亮。

图 4-12　不同位置的像素值大小

4.3.3　图像的平移与旋转变换

图像的变换通常用于数据增强，能够提升模型的泛化性。要平移图像，可以使用 cv2. warpAffine( )函数，代码如下：

```
import cv2
import numpy as np
# 读取图像
img=cv2.imread('lena.jpg')
# 定义平移矩阵，这里将图像向右移动 100 像素，向下移动 50 像素
M=np.float32([[1, 0, 100], [0, 1, 50]])
# 对图像进行平移变换
dst=cv2.warpAffine(img, M, (img.shape[1]+100, img.shape[0]+50))
# 显示平移后的图像
cv2.imshow('image', dst)
cv2.waitKey(0)
cv2.destroyAllWindows()
```

要旋转图像，可以使用 cv2.getRotationMatrix2D()函数定义旋转矩阵，然后将其与原始图像进行矩阵乘法运算，代码如下：

```
import cv2
# 读取图像
img=cv2.imread('lena.jpg')
# 定义旋转矩阵，这里将图像顺时针旋转 45 度
M=cv2.getRotationMatrix2D((img.shape[1]/2, img.shape[0]/2), - 45, 1)
# 对图像进行旋转变换
dst=cv2.warpAffine(img, M, (img.shape[1], img.shape[0]))
# 显示旋转后的图像
cv2.imshow('image', dst)
cv2.waitKey(0)
cv2.destroyAllWindows()
```

图像的平移与旋转变换结果，如图 4-13 所示。

图 4-13　图像的平移与旋转变换结果

4.3.4 图像的边缘信息提取

要使用 OpenCV 库提取图像边缘信息，可以使用 Canny 边缘检测算法。Canny 边缘检测算法是一种经典的边缘检测算法，它可以检测出图像中的强边缘，并抑制弱边缘，从而得到清晰的边缘图像，代码如下：

```
import cv2

# 以灰度模式读取图像
img=cv2.imread('lena.jpg', cv2.IMREAD_GRAYSCALE)
# 使用 Canny 边缘检测算法提取边缘信息
edges=cv2.Canny(img, 100, 200)
# 显示原始灰度图像和边缘信息图像
cv2.imshow('Original Image', img)
cv2.imshow('Edge Image', edges)
cv2.waitKey(0)
cv2.destroyAllWindows()
```

在上述代码中，首先使用 cv2.imread()函数读取名为 lena.jpg 的图像文件，并将其转换为灰度图像。然后使用 cv2.Canny()函数对图像进行 Canny 边缘检测，其中第二个和第三个参数分别为像素的低阈值和高阈值。低阈值用于边缘连接，高阈值用于强边缘检测。最后使用 cv2.imshow()函数显示原始灰度图像和边缘信息图像，如图 4-14 所示。

图 4-14 原始灰度图像和边缘信息图像

习 题

1. Python 语言中的图像处理工具除了 OpenCV 库之外，还有 pillow 工具库。使用命令 pip install pillow 安装该库，并使用 Image.open()函数读取图像，与 OpenCV 工具库的

cv2. imread()函数读取的图像进行对比，两者读取的图像数据格式是否一致？从图像大小、格式、颜色通道的角度分别进行比较。

2. 使用 Python 语言的 Pandas 工具库，可以对关系型数据进行排序，使用 pandas. DataFrame. sort_values()方法时，参数 inplace 的作用是什么？

3. Pandas 工具库不仅能从 XLS、XLSX 等文件中读取数据，还能连接数据库获取数据。下面是使用 Pandas 库从数据库中读取数据的代码，尝试使用 MySQL 创建一个数据库 StuDB，库中包含一张学生的基础信息表 stu_info，运行下列代码，并从数据库中获取 stu_info 表的全部数据。

```
import pandas as pd
from sqlalchemy import create_engine
# 初始化数据库连接
# 按实际情况依次填写 MySQL 的用户名、密码、IP 地址、端口、数据库名
engine=create_engine('mysql+pymysql://用户名:密码@localhost:3306/StuDB')
# 填写自己所需的 SQL 语句，可以是复杂的查询语句
sql_query='select * from stu_info; '
# 使用 Pandas 库的 read_sql_query()函数执行 SQL 语句，并存入 DataFrame
df_read=pd.read_sql_query(sql_query, engine)
print(df_read)
```

4. 尝试拍摄一张照片，并使用 OpenCV 库的 Canny 边缘检测算法提取拍摄照片的边缘信息。在提取图像边缘信息时，有以下两个参数可以设置。

在 Canny 算法中，minVal(最小阈值)和 maxVal(最大阈值)是两个关键参数，它们用于确定边缘的强度。这两个阈值在算法的滞后阈值处理步骤中起到决定性作用。

(1)minVal(最小阈值)：这个值定义了边缘强度的下限。如果一个像素的梯度值低于这个阈值，它将不会被考虑为边缘。

(2)maxVal(最大阈值)：这个值定义了边缘强度的上限。如果一个像素的梯度值高于这个阈值，它将被确定为强边缘。

调整 minVal 和 maxVal，查看不同阈值计算的包含边缘信息的图像差异。

5. 在 4.2.1 节中，使用 scikit-learn 库的 SVM 分类器构建了分类模型，常见的关系型数据建模库还有 LightGBM、XGBoost 等。使用 LightGBM 库建立鸢尾花分类模型，并与 SVM 分类器的分类准确率进行比较。安装 LightGBM 库的命令如下：

```
pip install lightgbm
```

建模的范例代码如下：

```
import numpy as np
import pandas as pd
from sklearn.model_selection import train_test_split
from sklearn.metrics import accuracy_score
```

```
from lightgbm import LGBMClassifier

# 假设有一个DataFrame，其中包含特征('feature1', 'feature2', ..., 'featureN')和目标
# 变量('target')
data=pd.read_csv('your_data.csv')  # 请用自己的数据文件路径替换'your_data.csv'

# 划分训练集和测试集
X=data.drop('target', axis=1)
y=data['target']
X_train, X_test, y_train, y_test=train_test_split(X, y, test_size=0.2, random_state=42)

# 初始化模型
model=LGBMClassifier()

# 训练模型
model.fit(X_train, y_train)

# 预测测试集结果
y_pred=model.predict(X_test)

# 计算预测准确率
accuracy=accuracy_score(y_test, y_pred)
print(f'Accuracy:{accuracy}')
```

习题解析

第 5 章 数据可视化

章节导航

• 了解数据可视化的概念及其分类、基本流程、常用工具与评判标准。

• 掌握 Tableau 与数据探索，实现数据可视化分析系统并进行交互。

• 掌握 Python 语言数据可视化，利用常用数据可视化工具库实现项目的可视化与提升。

本章知识导图

5.1 数据可视化概述

由于数据受众常是不具备专业数据知识的，将数据以图表的形式更直观、突出地展现与交互，有助于降低数据受众读懂数据的门槛，并进行良性互动，提高数据沟通的效率。

5.1.1 什么是数据可视化

数据可视化(data visualization)指运用计算机图形和图像处理技术，将数据映射为图形或图像形式呈现，并允许用户进行交互的理论、方法和技术。数据可视化是数据分析的基础形式，是关于数据视觉表现形式的科学技术研究。这种数据的视觉表现形式被定义为一种以某种概要形式抽取出来的信息，包括相应信息单位的各种属性和变量。基本的数据可视化展现方式有条形图、折线图、散点图(scatter plot)、饼图、组织流程图等，各类图形可以很方便地观察数据的各类型占比或变化趋势，展示数据包含的信息。此外，还有动态交互图表，以及根据非传统的数据类型进行灵活变动的可视化系统。数据可视化常用于数据的分析与探索。

美国哈佛商学院的研究数据表明，人从视觉上获得的信息量比其他感官要多，接收信息最多的途径是视觉，它对信息的接收量比其他四种感官的接收量的总和还多，如图 5-1 所示。

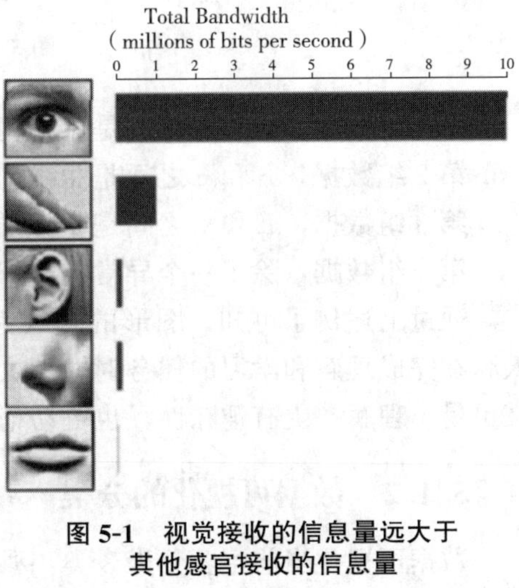

图 5-1 视觉接收的信息量远大于其他感官接收的信息量

以下是一个直观认识数据的例子。F. J · 安斯库姆(F. J. Anscombe)在 1973 年的一篇论文 *Graphs in*

Statistical Analysis 中分析散点图和线性回归(linear regression)的关系，提到了图像的表示方法对数据分析的重要性。

图 5-2 中为 4 组图像与数据分析的案例数据，每组共 11 个点，均为数字。

I		II		III		IV	
x	y	x	y	x	y	x	y
10	8.04	10	9.14	10	7.46	8	6.58
8	6.95	8	8.14	8	6.77	8	5.76
13	7.58	13	8.74	13	12.74	8	7.71
9	8.81	9	8.77	9	7.11	8	8.84
11	8.33	11	9.26	11	7.81	8	8.47
14	9.96	14	8.10	14	8.84	8	7.04
6	7.24	6	6.13	6	6.08	8	5.25
4	4.26	4	3.10	4	5.39	19	12.5
12	10.84	12	9.13	12	8.15	8	5.56
7	4.82	7	7.26	7	6.42	8	7.91
5	5.68	5	4.74	5	5.73	8	6.89

图 5-2　4 组图像与数据分析的案例数据

从数据中无法直接判断各组点之间的差异。通过采用数理统计的方法观察各组数据的特征，计算可得如下结果：

平均值(mean)：　$\overline{x}=9$，$\overline{y}=7.5$

方差(variance)：　$S_x^2=11$，$S_y^2=4.1$

相关系数(correlation coefficient)：　$Y_{xy}=0.816$

线性回归方程(linear regression equation)：　$y=3.0+0.5x$

采用常用的数理统计方法计算时，4 组数据有相同的平均值、方差、线性回归方程，此时无法判断 4 组数据之间的差异。

但当采用图形展示 4 组数据后，其散点图如图 5-3 所示，可轻易发现这 4 组数据具有完全不同的特征。

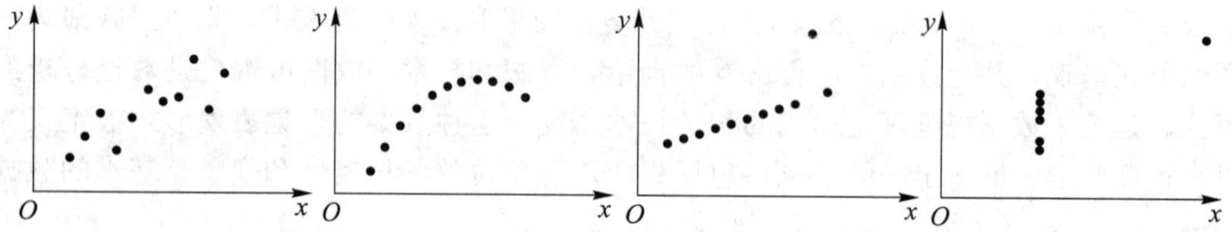

图 5-3　4 组数据的散点图

第 1 组数据，x 和 y 之间是比较弱的线性关系。

第 2 组数据，x 和 y 之间是曲线的回归关系。

第 3 组数据，x 和 y 之间是非常强的线性关系，但仍有一个异常点。

第 4 组数据，除了一个异常点以外，其他点的 x 坐标都是相同的。

通过上述例子可知，图形的直观性能够更好地帮助人们更快地找出事物的本质特征。人脑在完成理解和学习的任务时，图文搭配能够帮助读者更好地了解所需学习的内容，图文更易于理解、更有趣味性，也更易记忆。

5.1.2　数据可视化的分类

数据可视化当前主要分为 3 类：科学可视化、信息可视化、可视分析学。

1. 科学可视化

科学可视化是可视化领域最早、最成熟的一个跨学科的研究与应用领域。科学可视化主要面向科学和工程等自然科学领域的测量或计算数据，如医学、化学工程、气象环境学、机械等领域具有空间几何特征的数据。

科学可视化常处理那些具有天然几何结构的数据，如磁共振成像(magnetic resonance imaging，MRI)数据、气流。图 5-4 是科学可视化示例图形，是南海海啸波在不同时间段的实时可视化显示结果，该图形的应用需要具有专业知识的气象专家的支持。

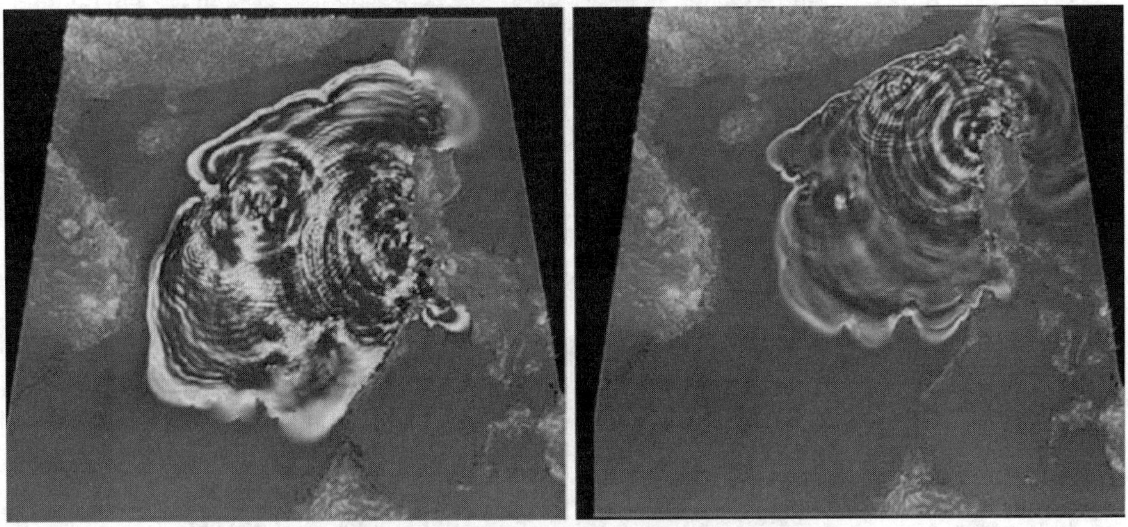

图 5-4　科学可视化示例图形

2. 信息可视化

信息可视化处理的是抽象数据结构，如树状结构或图结构。图 5-5 是信息可视化示例图形，研究美国整个国家的教育成效和收入中位数之间的相关性，左侧三张缩略图显示了美国县级教育成效和家庭收入中位数的数据，右边的地图是三组数据叠加的结果，色调和值的变化是由上面显示的数据产生的。一般来说，较暗的地区代表人群受教育程度、收入均较高，而较亮的地区代表毕业生较少、收入较低。

3. 可视分析学

可视分析学被定义为一门以可视交互为基础的分析推理科学，在交互可视界面的支持下进行分析、推理和决策，是科学可视化和信息可视化的新发展。

可视分析学尤其关注的是意会和推理。图 5-6 是可视分析示例图形，是对一个大型开放式网络课程(massive open online course，MOOC)视频的用户浏览操作情况的记录，上方的图形中，横轴是时间轴，代表视频的时长(上半部分表示前进操作、下半部分表示后退操作)；下方的图形中，用堆叠的折线图对用户的各种操作进行统计和展示，横轴是与上方的图形对应的时间轴，纵轴则是各种操作的次数，不同的亮度表示不同操作，如播放、暂停等。通过这些图表可对视频进行分析，如上述为授课视频，则视频中操作的高峰位置可能是讲授了某一关键的知识难点，引起多人重复回看。

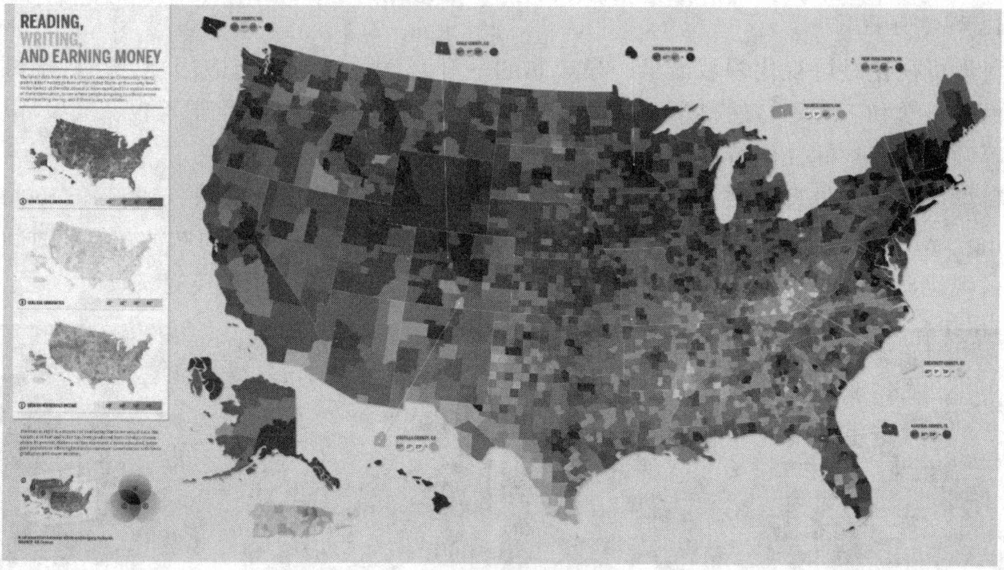

图 5-5　信息可视化示例图形

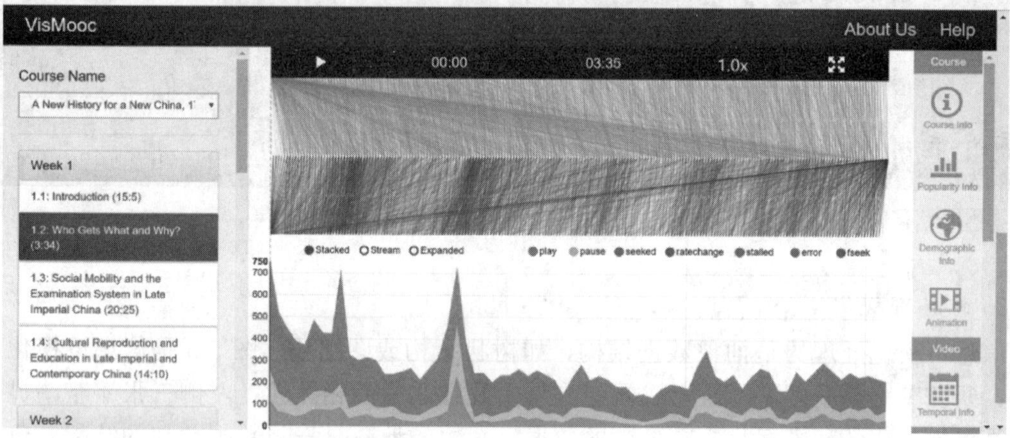

图 5-6　可视分析示例图形

5.1.3　数据可视化的基本流程

数据可视化的 3 类分别包含不同的流程。

1. 科学可视化的基本流程

图 5-7 为科学可视化的基本流程，包含串行数据处理的整个流程：原始数据经过数据分析、数据滤波、数据的可视映射和绘制，最终生成图形。

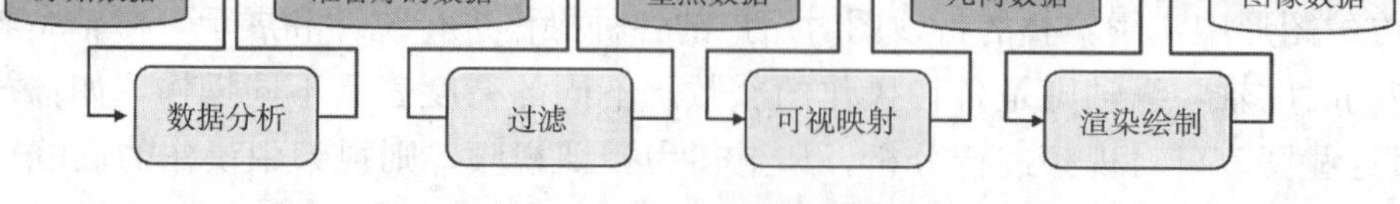

图 5-7　科学可视化的基本流程

2. 信息可视化的基本流程

图 5-8 为信息可视化的流程，与科学可视化的流水线相似，信息可视化也主要有类似的 3 个步骤：数据处理、视觉编码设计、视图生成与交互。

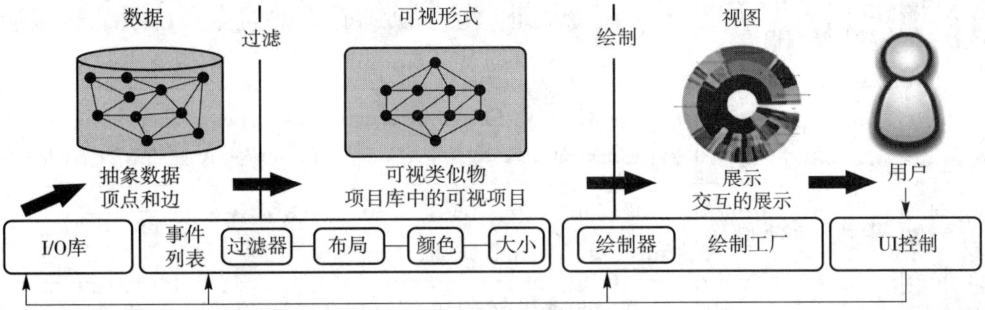

图 5-8　信息可视化的流程

数据处理包括数据清洗和数据分析等，视觉编码设计是指使用位置、尺寸、色彩、形状等视觉通道，映射要展示的每个数据维度。视图生成与科学可视化的流程不同的是，它将流水线改进成回路，并加入了用户交互的部分，且用户的交互可以出现在流程的任何阶段。

3. 可视分析学的基本流程

如图 5-9 所示，可视分析学的基本流程是，通过人机交互将自动分析和可视分析方法紧密结合。

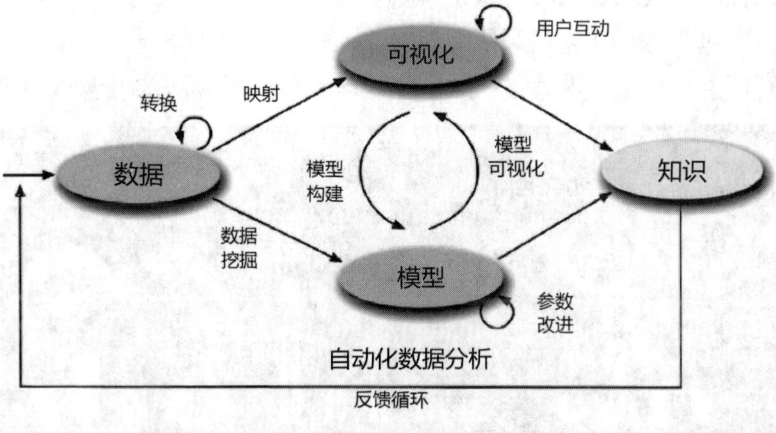

图 5-9　可视分析学的基本流程

(1)流水线的起点是输入的数据，终点是提炼的知识。

(2)从数据到知识有两个途径：交互的可视化方法和自动的数据挖掘方法。

两个途径的中间结果分别是对数据的交互可视化结果和从数据中提炼的数据模型，用户既可以交互地对可视化结果进行修正，也可以调节参数以修正模型。

5.1.4　常用工具与案例概览

大量繁杂的数据在经过可视化工具处理后，可以图形化的形式清晰直观地展现在用户面前，甚至可与用户进行交互。数据可视化工具种类繁多，如基于不同的编程语言、适用于不同的数据、适用于不同行业的工具等。表 5-1 为数据可视化常用工具。

表 5-1　数据可视化常用工具

按编程语言分类	不需要编程语言	Excel、Tableau、PS、Power BI、RAWGraphs、Infogram、ChartBlocks、iCharts、Smartbi、Visualize Free、Visual. ly
	基于 JS 语言	D3、Chart、ECharts、Highcharts、FusionCharts、Flot、Gephi、ZingChart、JavaScript InfoVis Toolkit、jQuery Visualize、Google Charts
	基于 Python 语言	Matplotlib、seaborn、pyecharts、Bokeh、Chartify、Plotly、Cufflinks、Altair、Dash、NodeBox
	基于其他语言	jpGraph(基于 PHP 语言)、Processing(基于 Java 语言)、ggplot2(基于 R 语言)、ggvis(基于 R 语言)、AntV
按处理数据类型分类	地图数据	CartoDB、Polymaps、SandDance、InstantAtlas、OpenLayers、Kartograph、Exhibit、Modest Maps、Leaflet
	金融数据	dygraphs、Highcharts
	时间轴数据	Timeline、Dipity、Timeflow
	函数与公式数据	WolframAlpha、Tangle

下面介绍几种有代表性的工具，供了解概览。

案例 5-1　Excel 图表与 Excel 高级分析。

使用办公软件 Excel 即可快速制作出专业的仪表盘。图 5-10 为 Excel 可视化看板示例。

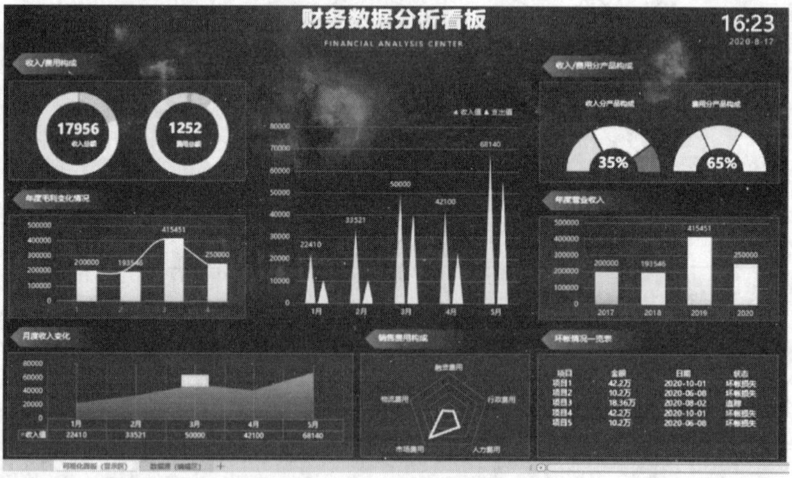

图 5-10　Excel 可视化看板示例

案例 5-2　D3。

D3 是目前流行的可视化工具库之一，它是基于数据操作文档的 JS 库，可以帮助用户使用 HTML、CSS、可缩放矢量图形(scalable vector graphics，SVG)、Canvas 展示数据，

D3 官网如图 5-11 所示，D3 提供的可视化图表如图 5-12 所示。

图 5-11　D3 官网

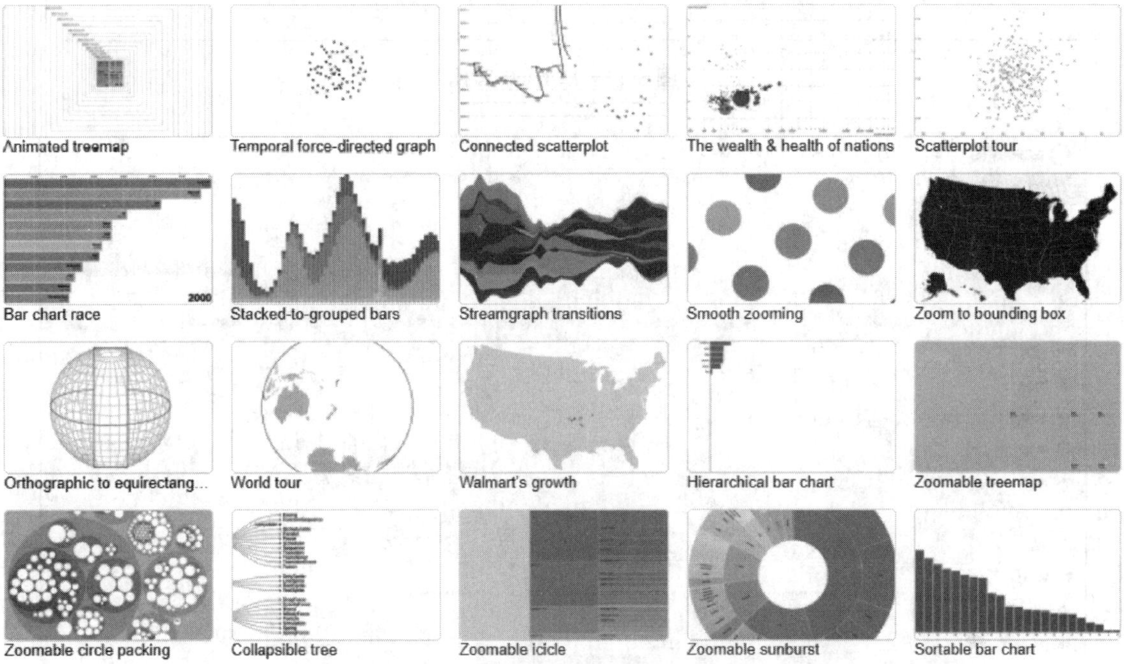

图 5-12　D3 提供的可视化图表

案例 5-3　ECharts 类库与网页数据看板。

ECharts 最初由百度团队开源，并于 2018 年初捐赠给 Apache 软件基金会（Apache Software foundation，ASF），成为 ASF 孵化级项目，ECharts 官网如图 5-13 所示。2021 年初，ASF 官方宣布 ECharts 项目正式毕业并线上发布。ECharts 是一个基于 JS 语言的图表库，它可以流畅地运行在个人计算机（personal computer，PC）和移动设备上，且兼容当前绝大部分浏览器，如 Internet Explorer（IE）9/10/11、Microsoft Edge、Google Chrome、Firefox、Safari 等，底层依赖轻量级的 Canvas 类库 ZRender，提供直观、生动、可交互、可高度个性化定制的数据可视化图表。

ECharts 目前在国内使用者众多。ECharts 提供了常规的折线图、柱状图、散点图、饼图、K 线图，用于统计的盒形图，用于地理数据可视化的地图、热力图、线图，用于关系数据可视化的关系图、树图、旭日图，用于多维数据可视化的平行坐标系，还有用于 BI 的漏斗图、仪表盘，并且支持图与图之间的混搭，如图 5-14 所示。

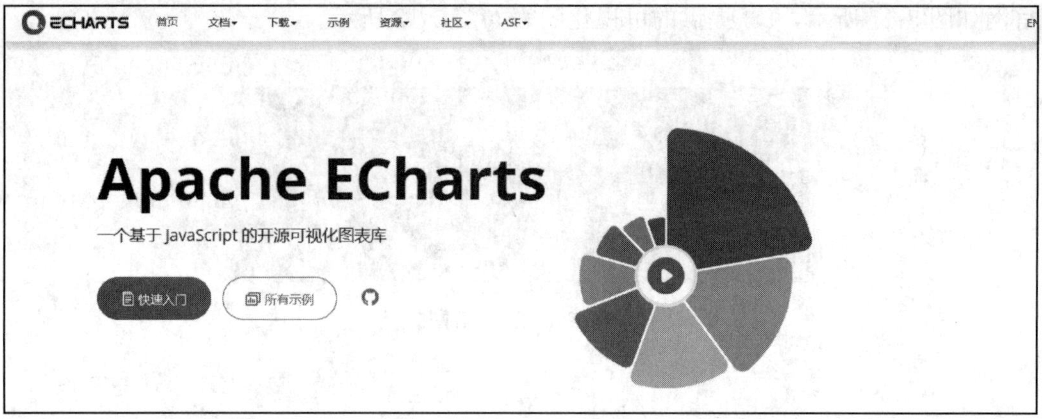

图 5-13　ECharts 官网

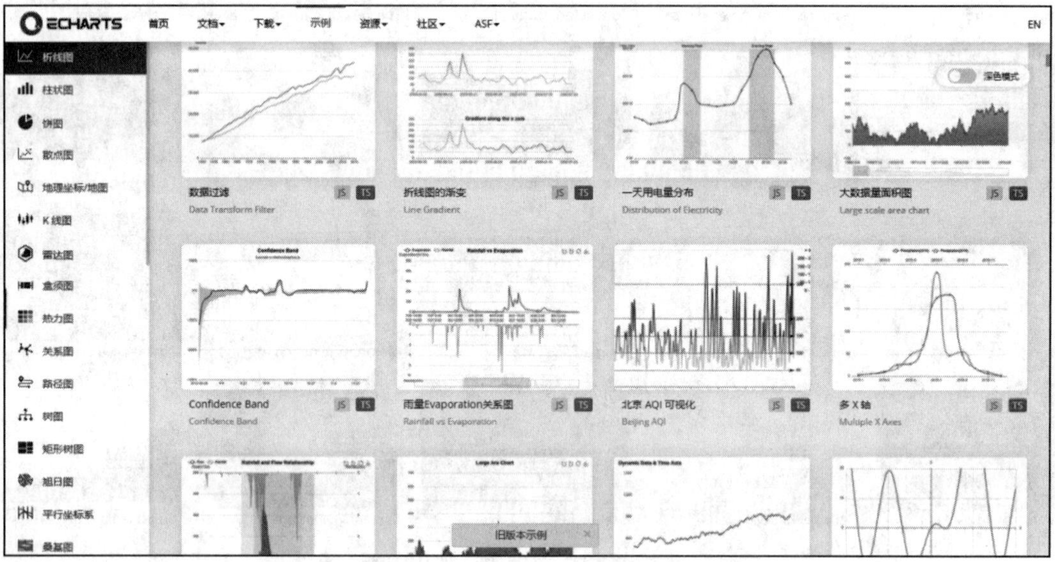

图 5-14　ECharts 提供的可视化图表

5.1.5　数据可视化案例

以下对 3 类典型的数据可视化案例进行介绍。

1. R-Map：一种基于地图隐喻的社交媒体信息转发可视化方法

社交媒体信息转发地图（R-Map），是北京大学可视化与可视分析研究小组提出的一种基于地图隐喻的信息转发可视化方法，R-Map 系统视图如图 5-15 所示。该方法利用地图上不同的元素编码转发信息的不同特征，能够直观地展示出一条社交媒体信息的转发结构、用户在转发过程中的角色，以及转发过程中语义的变化。

1）媒体信息转发

社交媒体已经成为人们分享、获取信息的重要平台。当用户在社交媒体上发出一条信息后，其他用户可以转发这条信息，在转发的信息中可以加上自己的评论，表达自己对原信息的看法。转发信息又可以再次被转发，大量用户参与的多层次转发促进了原始信息在人群中的传播。针对这样的层次结构数据，存在多种不同的可视化形式，如节点-连接图、树图等，然而这类可视化形式存在空间利用率不足或者不够直观的问题。针对信息传播可视化，已有工作主要关注大量多源信息中事件、话题的传播演变分析，但是缺乏对单条信息的转发结构，以及转发过程中语义的探索。

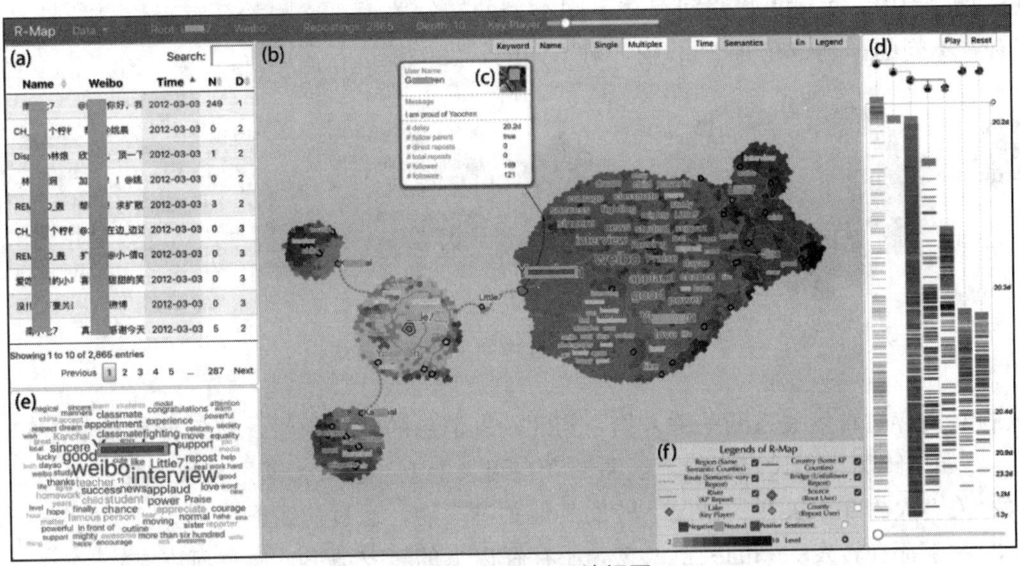

图 5-15　R-Map 系统视图

2)转发地图构建的具体步骤

针对现有技术中存在的缺陷，研究人员提出了 R-Map，一种基于地图隐喻的社交媒体信息转发的可视化方法，利用地图上不同的元素编码转发信息的不同特征，能够直观地展示出一条社交媒体信息的转发结构、用户在转发过程中的角色，以及转发过程中语义的变化。具体步骤如下。

(1)针对待分析的原始信息，获取其所有的转发信息。

(2)根据社交媒体信息的转发关系构建原始信息的转发树。

(3)从转发用户中提取关键人物，并构造关键人物之间的转发树。

(4)构造 R-Map 的布局。R-Map 构造流水线如图 5-16 所示。

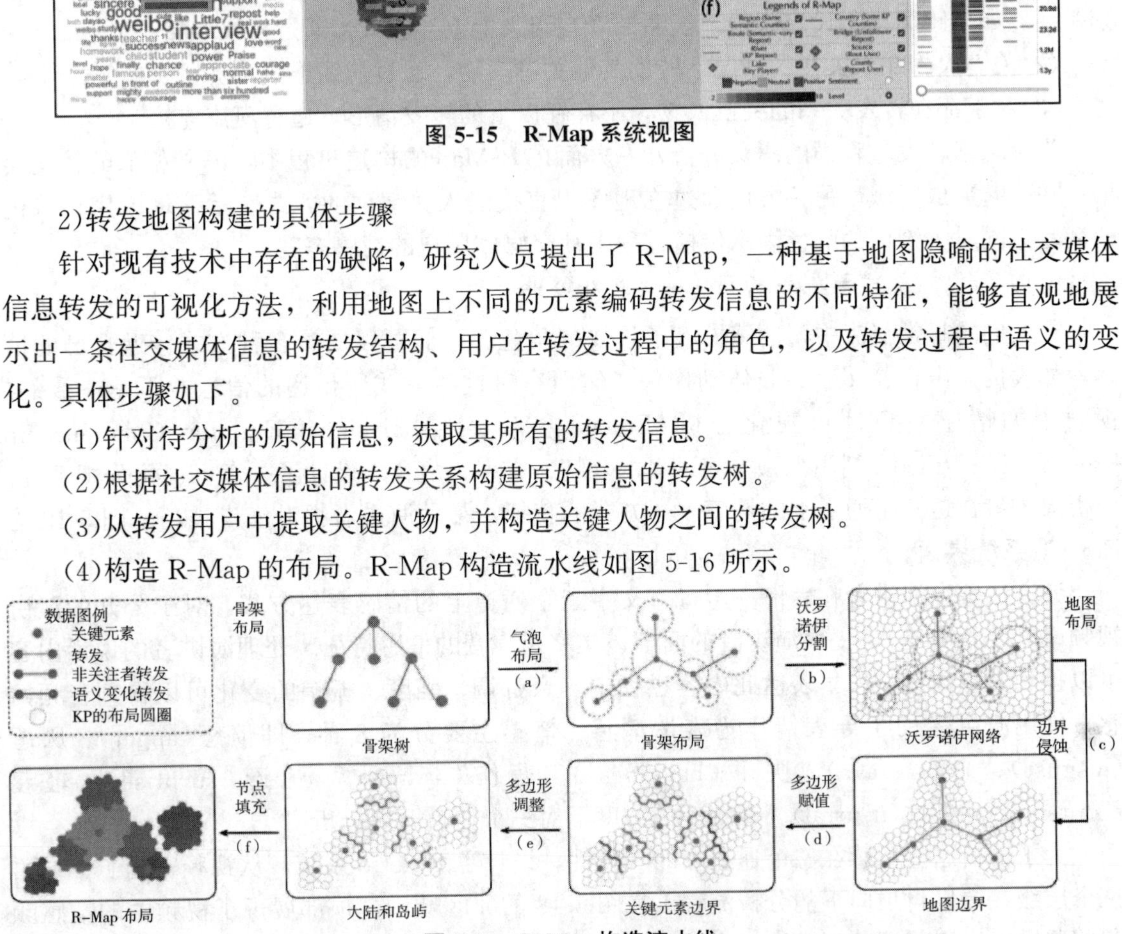

图 5-16　R-Map 构造流水线

(5)根据关键人物的不同转发关系，使用不同的方法进行连接。

(6)通过与所构建的社交媒体信息转发系统的交互，实现对原始信息转发的可视化分析。

3)转发关系与分析

图 5-17 为 R-Map 中的视觉编码方法。在地图上，对于转发的关键人物用湖泊表示。在信息转发过程中，关键人物之间存在不同类型的转发关系，这些关系对于信息的最终传播形态有着不同的影响。在 R-Map 中，对不同的转发关系进行了区分。

图 5-17　R-Map 中的视觉编码方法

(1)对于存在转发关系的关键人物，构建转发消息的特征向量，然后计算他们之间的余弦距离。如果距离小于设定阈值，表明二者在语义上差异较大，通过桥梁连接。

(2)关键人物在未关注的情况下转发其他关键人物，通过航线连接。

(3)对于存在转发关系的关键人物，不存在以上的转发情形，通过河流连接。

为了增强转发过程中的语义分析，一方面在 R-Map 的构造过程中，语义相似的转发会聚集在一起形成区域，另一方面通过在地图上直接嵌入关键词的方式表示该地区用户谈论的话题，同时关键词的颜色表示传播过程中社交媒体用户的情感态度。

2. EmoCo：视频中的情感一致性可视化分析

在人们的日常交流中，情感扮演了重要的角色。人们可以通过多种方式传递自己的情感，如表情、声音、文字、肢体动作等。然而有时这些方式所传递的信息并不是一致的。视频中的情感一致性可视化分析(EmoCo：Visual Analysis of Emotion Coherence in Presentation Videos)利用视频中演讲者的表情、文字、声音，设计了一套可视化分析系统，分析演讲者在这三个通道上的情感表达方式的特征，帮助演讲者提升演讲技巧。图 5-18 为 EmoCo 系统界面。

该方法关注演讲者在表情、声音、文字三个通道上的情感表达方式，对于公开的演讲视频(如 TED 分享)，提取演讲者的面部、文字及声音的情感特征。处理演讲者的说话内容可以得到文本情感，采集表达此内容过程中声音音调、强度、振幅的变化可以得到音频情感，使用演讲者的主导表情作为表情情感。情感主要分为 8 种，即愤怒(anger)、厌恶(disgust)、恐惧(fear)、快乐(happiness)、悲伤(sadness)、惊讶(surprise)、轻蔑(contempt)和中性(neutral)。在统一的力度下对三个通道开展分析。

为了分析这些情感在三个通道上的一致性，设计了 EmoCo 系统，从视频、句子、词语三个层级，提供自顶向下的分析流程。在图 5-18 的 a 区域中，顶部展现了视频中的情感颜色编码方式，中部视频列表展现了视频的名称、类别及总览信息，底部是原始视频的内容。

视频的总览设计采用了柱状图方式，如图 5-19 所示，横轴代表时间，每个条柱代表一句话在三个通道所表现出的情感态度，上方的折线图展示了三个通道的一致性。如果三个通道的情感态度一致，则值为 2；如果都不相同，则值为 0；只有一对相同，则值为 1。

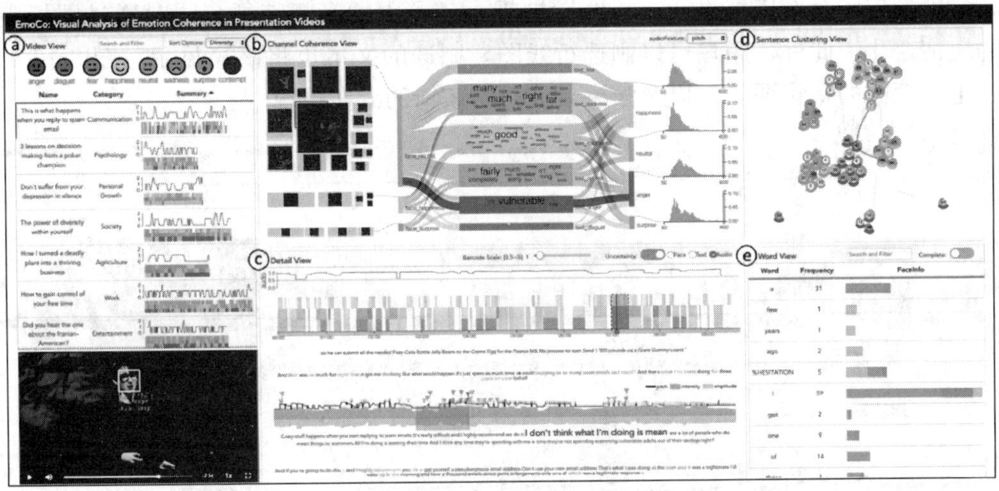

图 5-18　EmoCo 系统界面

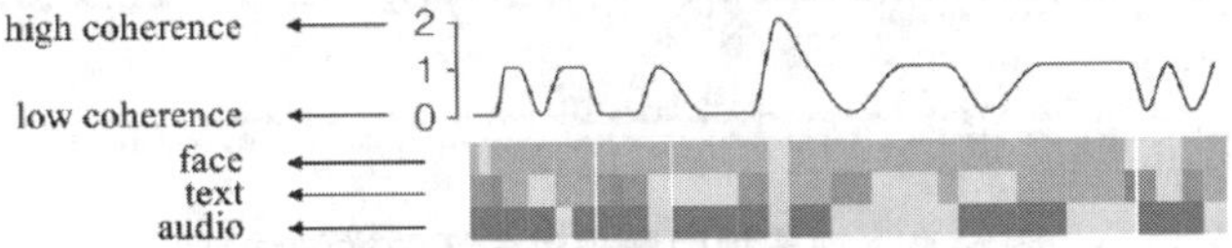

图 5-19　视频的总览设计

为了展现各个通道的具体信息，基于桑基图提出了一种新的设计方案，如图 5-20 所示。在桑基图中，每个点代表一个通道的情感类别，点与点之间的连线表示同一时间段两个通道的情感表现。在最左侧的表情通道上，添加一个树图用于表示每个点包含的不同面部表情；中间的词云展现了句子的重要关键词；右侧的直方图则显示句子的音频在音调、强度、振幅上的分布等特征。

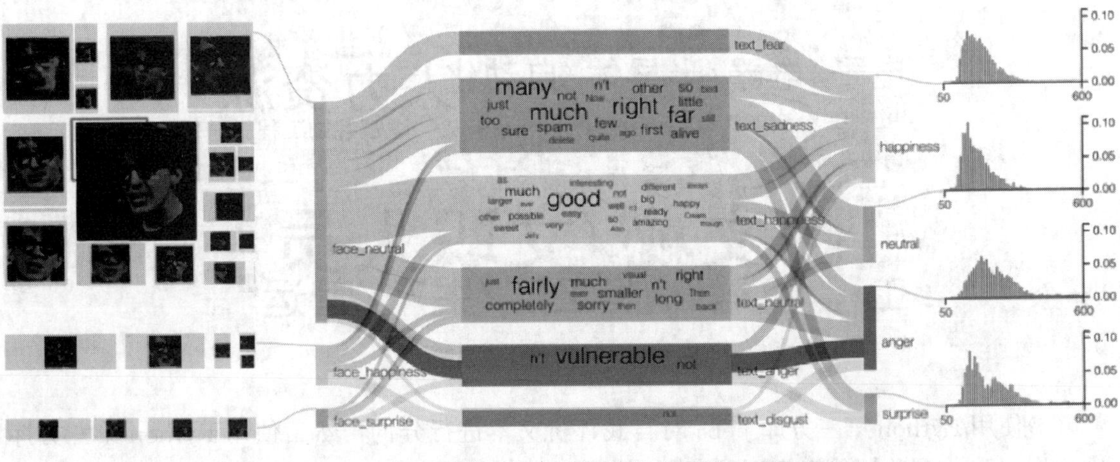

图 5-20　基于桑基图的方式展现各个通道的具体信息

在桑基图中，用户可以选择一条边查看句子的详细信息，它在图 5-18 的 c 区域和 d 区域中高亮显示。c 区域是细节视图，用于展现每句话的详细特征，如图 5-21 所示，其中，顶部是与总体视图类似的柱状图，同时用户可以选择查看详细内容，并能显示前两句及后两句，选中的句子会在底部显示，折线图展现了句子中的音频特征，同时通过图标表现演讲者的表情变化。此外，用户可以刷选折线图，刷选的文本也将高亮显示。图 5-18 的 e 区域列出了视频中的常见词汇，以及演讲者演讲时表情的分布情况。

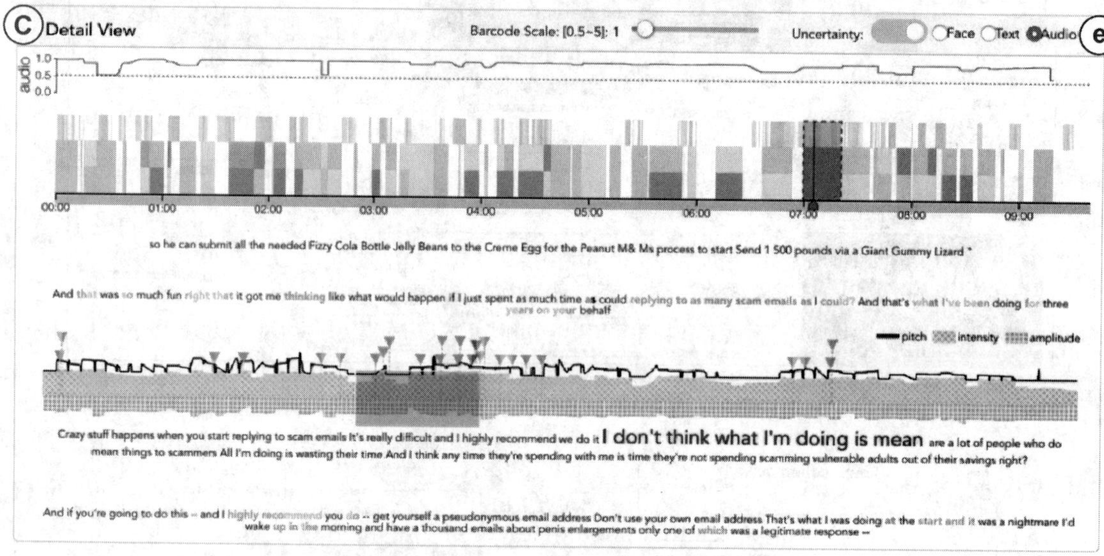

图 5-21　细节视图展现每句话的详细特征

3. 人才数据可视化综合案例

将某市人才网的人才简历、求职者登录记录等脱敏数据集作为原始数据集，开展人才数据可视化，借此了解热门职业、求职者自我评价及其分析、求职者学历及与收入间的关联、求职者近期求职意向与状态(登录频次)等信息。

(1)使用 Python 第三方库 wordcloud 制作热门职位词云图，如图 5-22 所示。

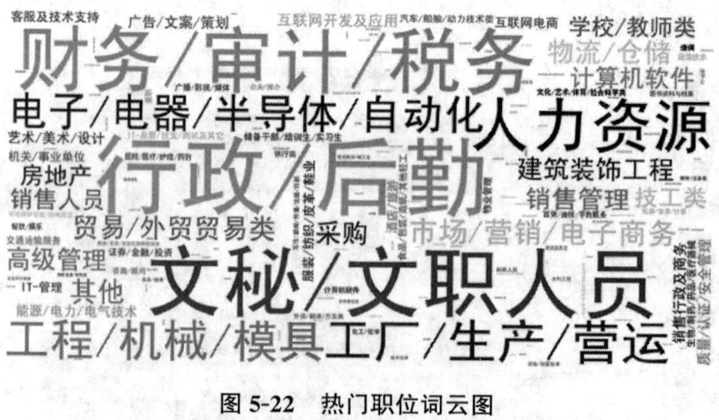

图 5-22　热门职位词云图

(2)使用 Python 第三方库 jieba 对自我评价文本进行分词，然后使用 Python 第三方库 wordcloud 制作自我评价高频词词云图，如图 5-23 所示。

图 5-23　自我评价高频词词云图

(3)将自我评价作为语料，使用 Python 第三方库 Gensim 的隐含狄利克雷分布(latent dirichlet allocation，LDA)文档主题生成模型，进行主题抽取，使用 Python 第三方库 pyLDAvis 对 LDA 模型进行可视化，如图 5-24 所示。

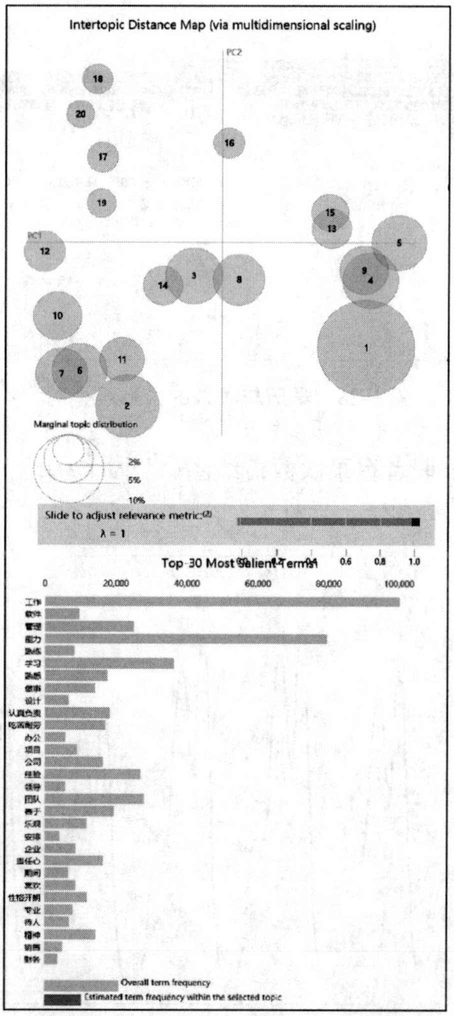

图 5-24　自我评价分析可视化图形

(4)使用 Tableau 制作求职者学历占比饼图，如图 5-25 所示。

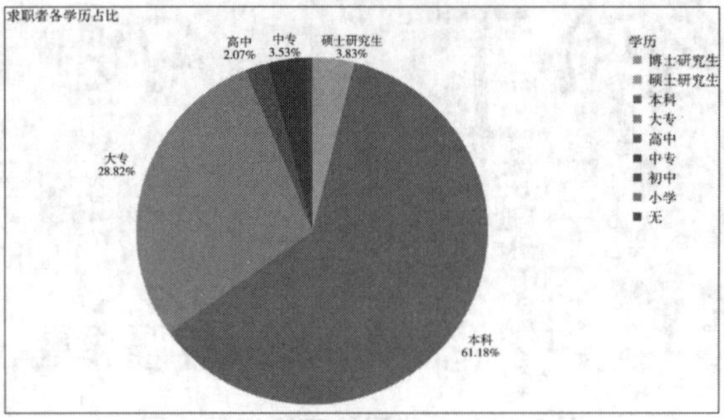

图 5-25　求职者学历占比饼图

(5)使用 Tableau 制作学历与收入的条形堆叠图，如图 5-26 所示。

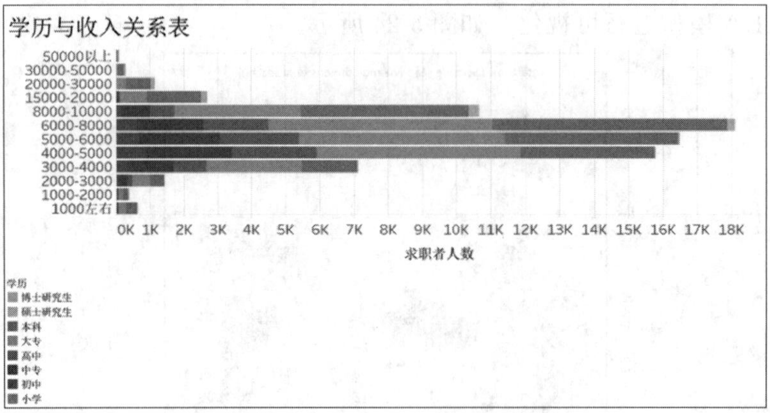

图 5-26　学历与收入的条形堆叠图

(6)使用 Tableau 制作求职者登录次数折线图(以小时为单位累积到每个月)，如图 5-27 所示。

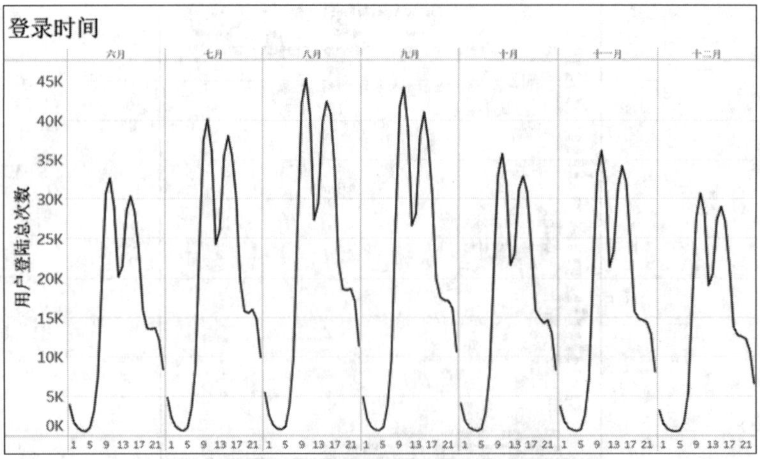

图 5-27　求职者登录次数折线图

5.2 用 Tableau 进行数据探索

Tableau 是一款功能强大的数据可视化软件，致力于帮助用户查看并理解数据。它将数据可视化为美观简洁的图表，帮助用户快速深入地探索、分析数据并分享信息。它采用拖放式界面，让数据的探索与分析变得轻松简便。Tableau 系列产品如表 5-2 所示。

Tableau 使用介绍

表 5-2　Tableau 系列产品

序号	产品	功用
1	Tableau Desktop	每个人都能使用的分析工具
2	Tableau Public	作品共享平台
3	Tableau Server	适合团队共享，管理本地解决方案
4	Tableau Cloud	适合团队共享，托管在云端
5	Tableau Reader	阅读 Tableau Desktop 文件
6	Tableau Mobile	使用平板计算机或手机进行访问和编辑

为了方便读者使用，本节主要介绍 Tableau Desktop。它的学生版可为经过认证的学术机构的学生提供免费许可证，非学生用户也可以学习，但内容无法保存到本地，不能导出图片和数据，只可上传至社区分享。

Tableau Desktop 可以制作的数据可视化结果有以下 3 种类型。

(1)工作表：编辑视图，支持计算、排序、突出显示、下钻查询、筛选等功能。

(2)仪表板：由多个相关联的视图组成。

(3)故事：汇编一系列视图，逐步引导用户探索。

其中，仪表板可以同时显示多个工作表；故事则可以给用户展示数据的发现过程，并且可通过与图表交互来浏览数据。

Tableau Desktop 制作图表的操作步骤如下。

(1)连接到数据。在“连接”窗格中提供如下选项。

①连接到文件型数据：例如连接到存储在 Excel 文件、文本文件、Access 文件、JSON 文件、PDF 文件、空间文件、统计文件等中的数据。

②连接到服务器型数据：例如连接到存储在 Tableau Server、SQL Server、MySQL、Oracle、Amazon Redshift 或其他服务器上的数据。

(2)选择图表类型：如条形图、折线图、树图、地图等。

(3)编辑、调整图表并探索数据。

(4)图表生成与导出，例如生成与导出为图像、PDF 文件或 Tableau 工作簿。其中 Tableau 工作簿中可以包括多个工作表，其特点是可交互、包含底层数据、可编辑更新。

本节以重要火山喷发数据集为例，使用 Tableau 制作仪表板，如图 5-28 所示，并对 Tableau 的使用进行介绍。

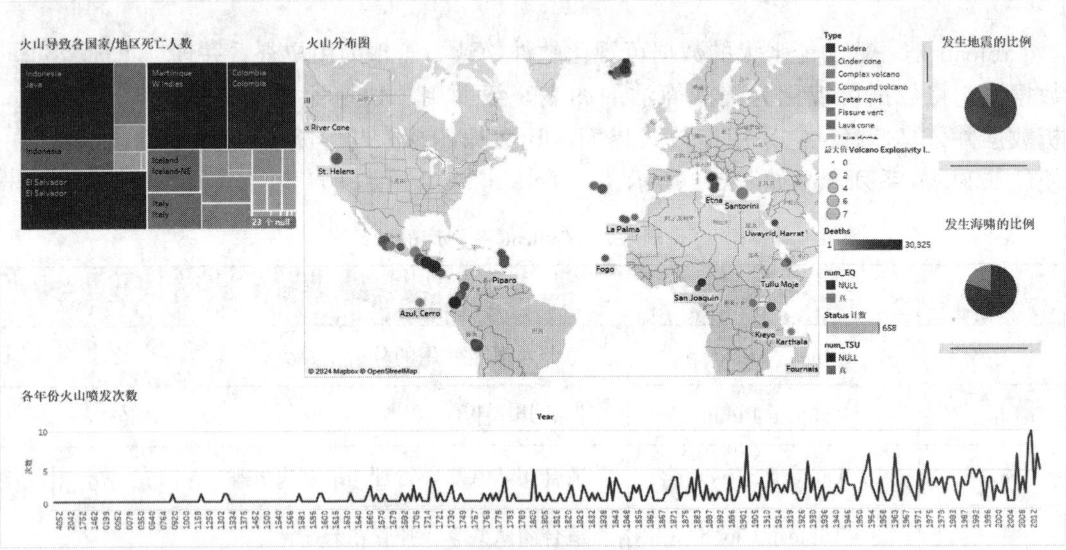

图 5-28　Tableau 仪表板

操作实现步骤如下。

步骤 1：连接数据源。

可以根据数据源类型的不同，在左侧菜单栏选择连接不同类型的文件/服务器，如图 5-29 所示。

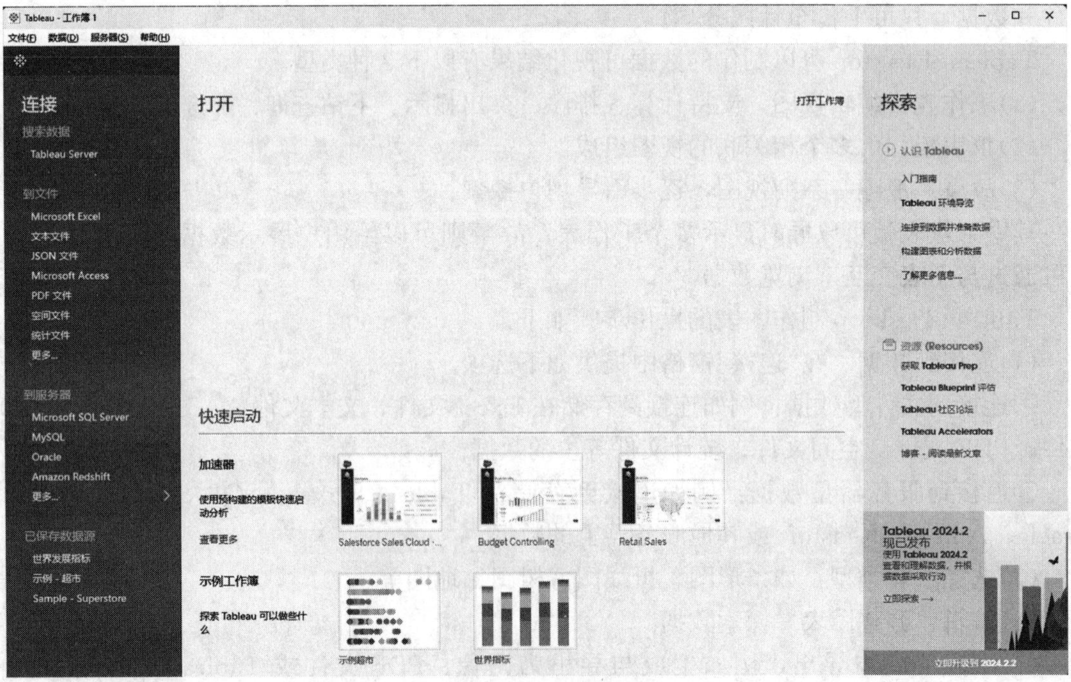

图 5-29　连接数据源

这里选择连接到数据文件 significant_volcano_eruptions. xlsx，如图 5-30 所示。

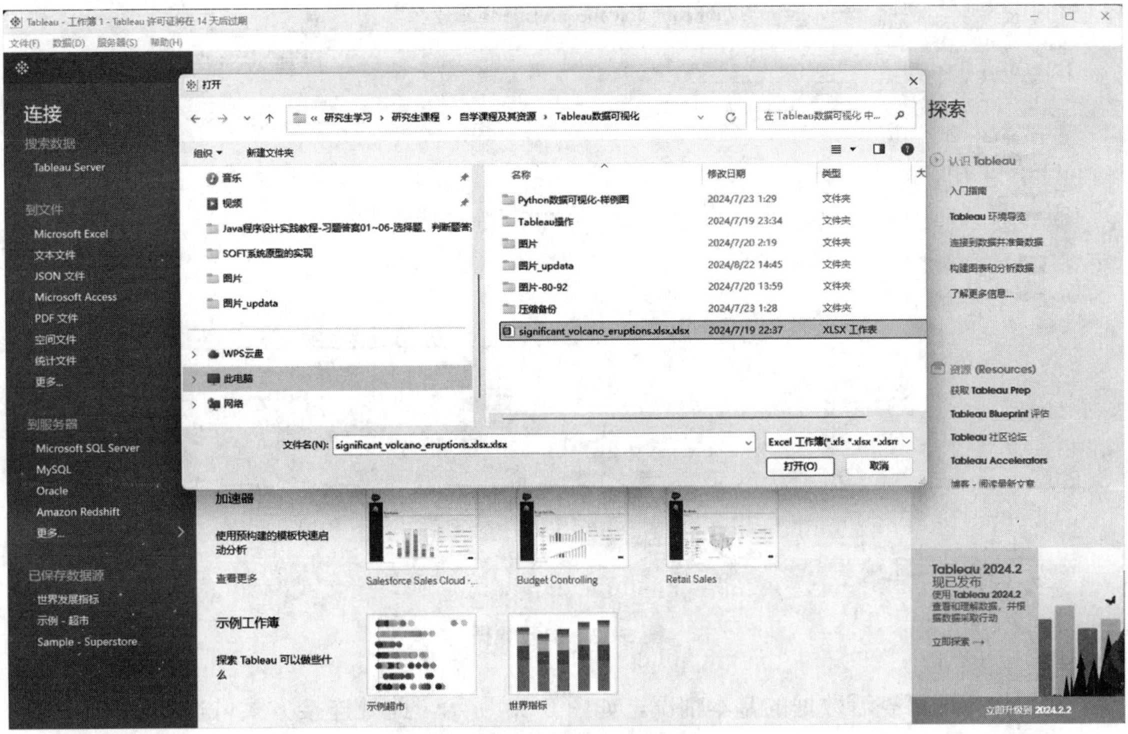

图 5-30　选择连接到数据文件

导入数据，如图 5-31 所示，将左侧的工作表 volerup 拖动至中间的工作区，如图 5-32 所示，加载数据。

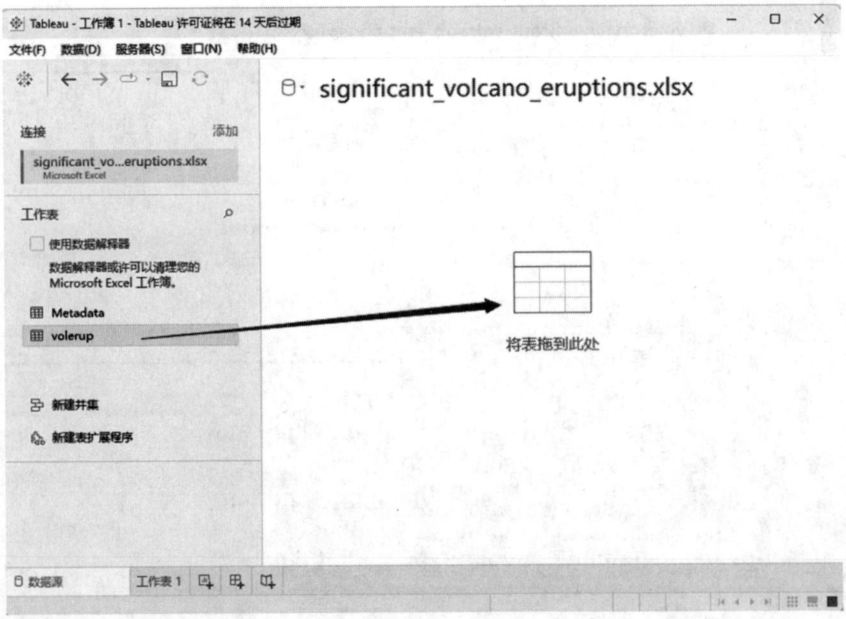

图 5-31　导入数据

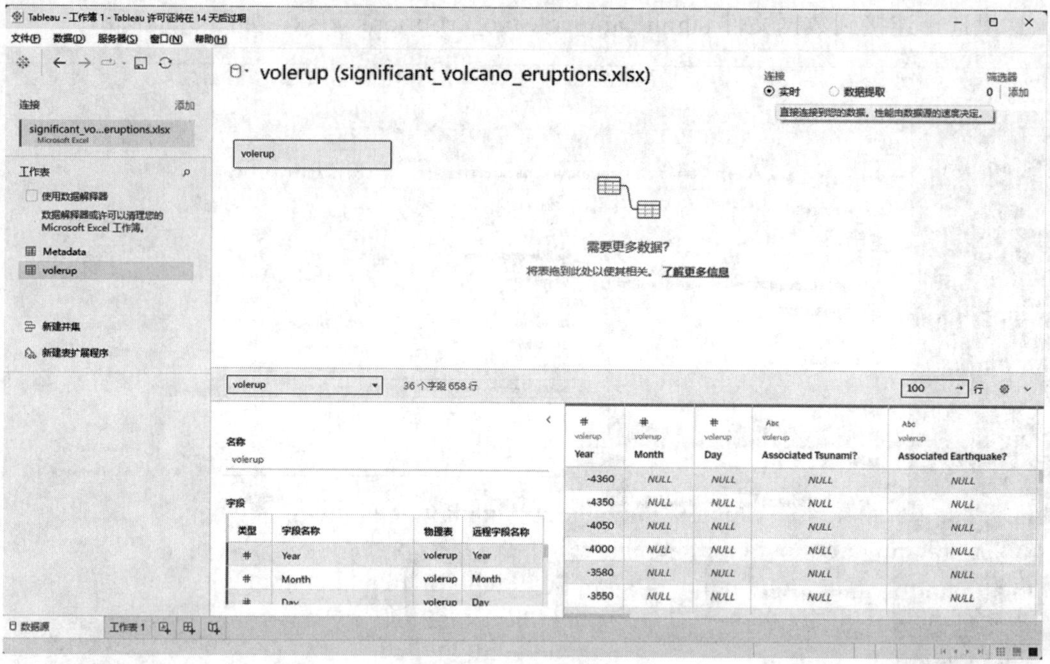

图 5-32　加载数据

在工作区即可查看数据的基本情况，如图 5-33 所示，此处连接方式可选择使用“实时”或者“数据提取”方式。如果存储在数据库中的数据有变动需求，且实际应用时对数据实时性的要求较高，建议选择“实时”方式；如果数据为离线数据，或者实际应用时需要综合考虑运算速度平衡等问题，则采用“数据提取”方式更合适。

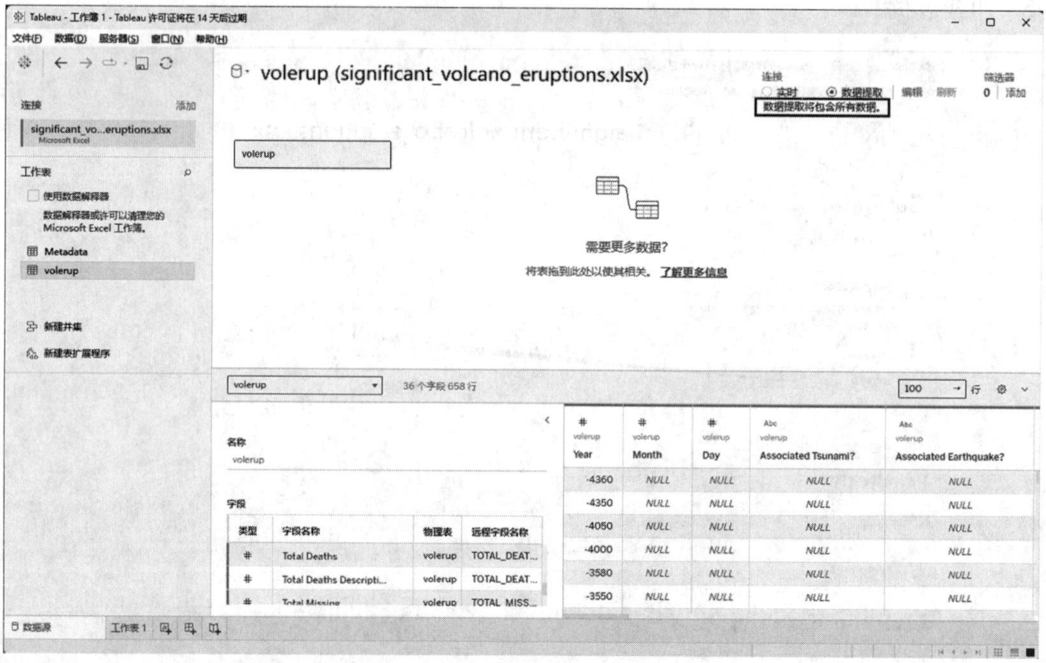

图 5-33　查看数据的基本情况

新建工作表，如图 5-34 所示，当前界面即为工作表制作界面。

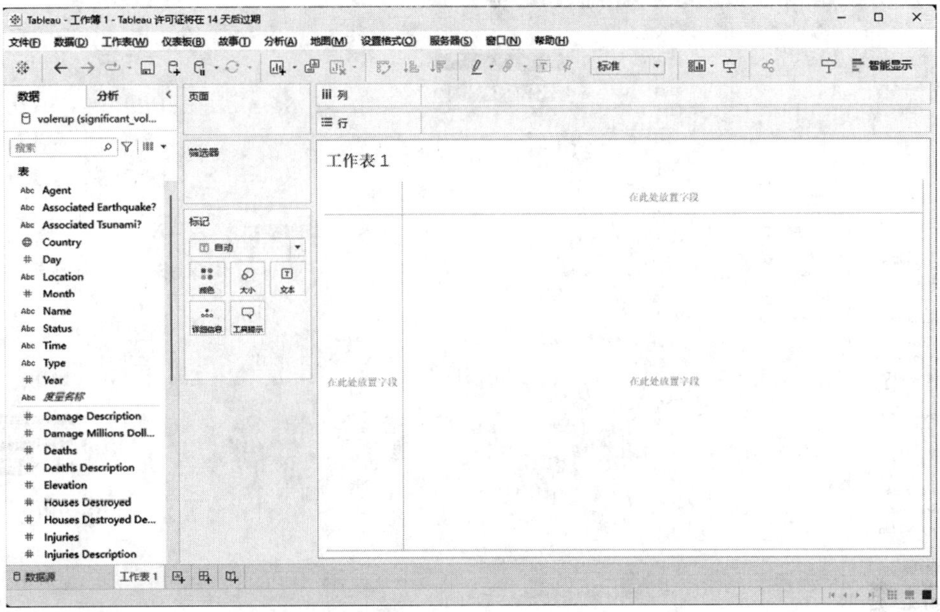

图 5-34　新建工作表

步骤 2：创建火山分布图工作表。

在左侧菜单中，数据主要分为维度、度量两种类型。维度是文本类型的离散值，例如，形容某人是本科生或研究生。度量是数值类型的数据，例如，某人身高 175 cm，体重 70 kg 等。

在此将经度、纬度数据分别设置成 Tableau 特有的地理角色的类型，如图 5-35 所示。将经度、纬度数据分别拖动至工作区的列和行，Tableau 将自动生成一张地图，如图 5-36 所示。

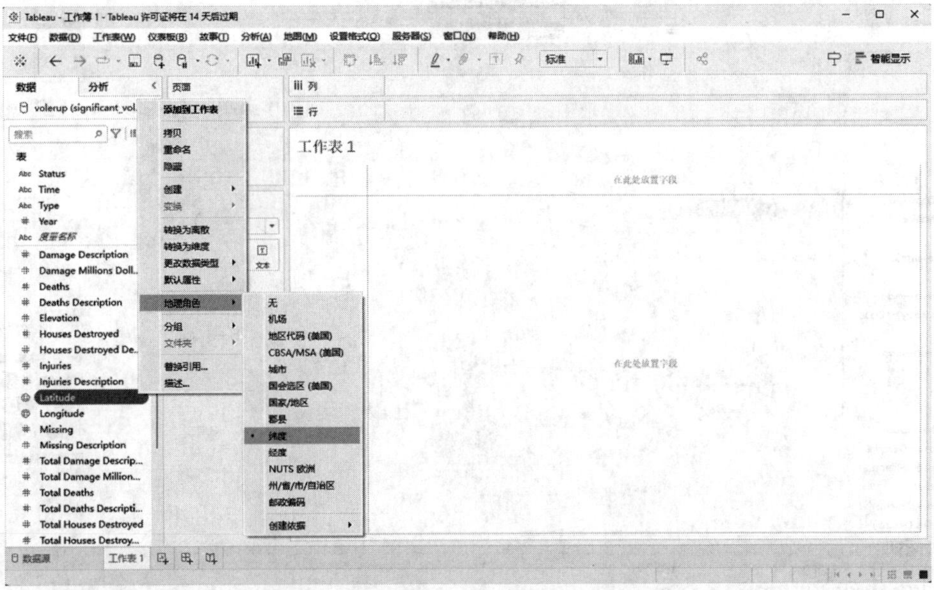

图 5-35　将数据设置成地理角色的类型

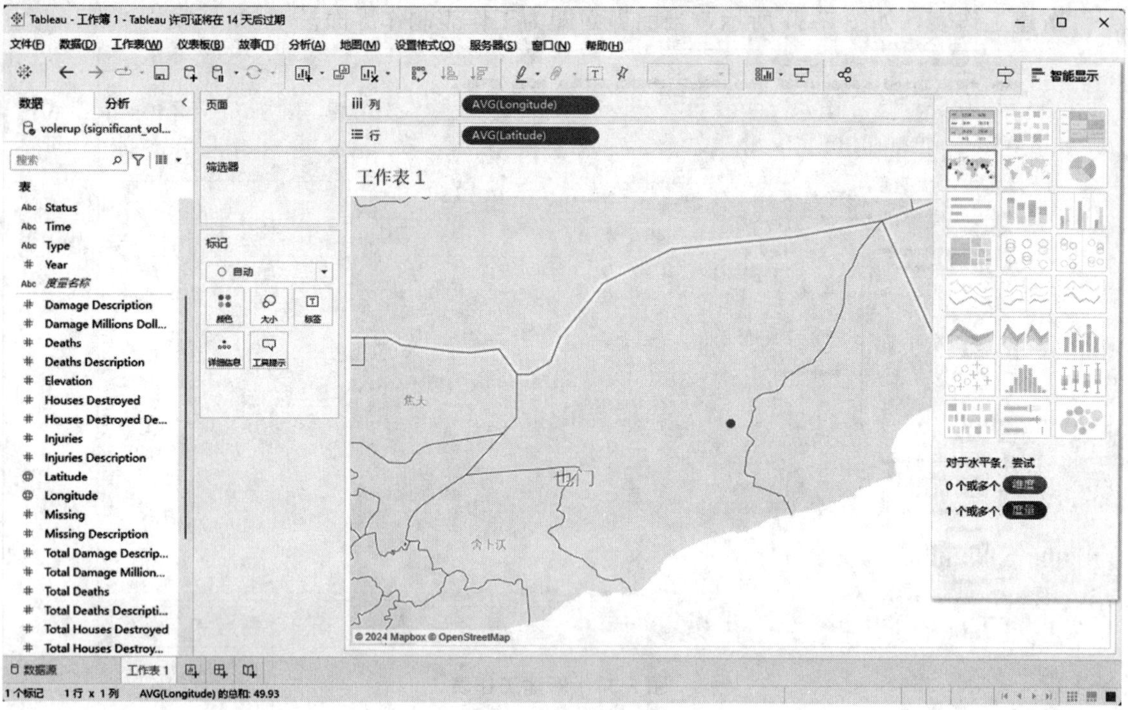

图 5-36　生成地图

将左侧维度中的 Type 拖动至标记中的“颜色”项。Tableau 将根据火山的类型，把不同的火山显示为不同颜色的点，如图 5-37 所示。

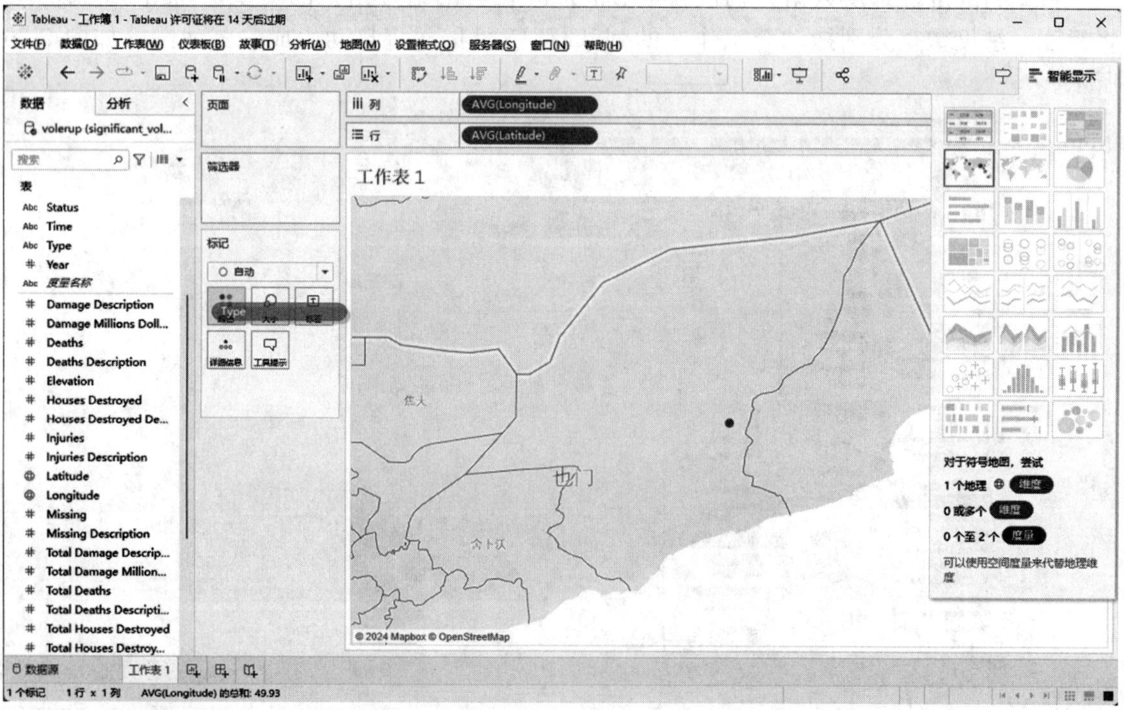

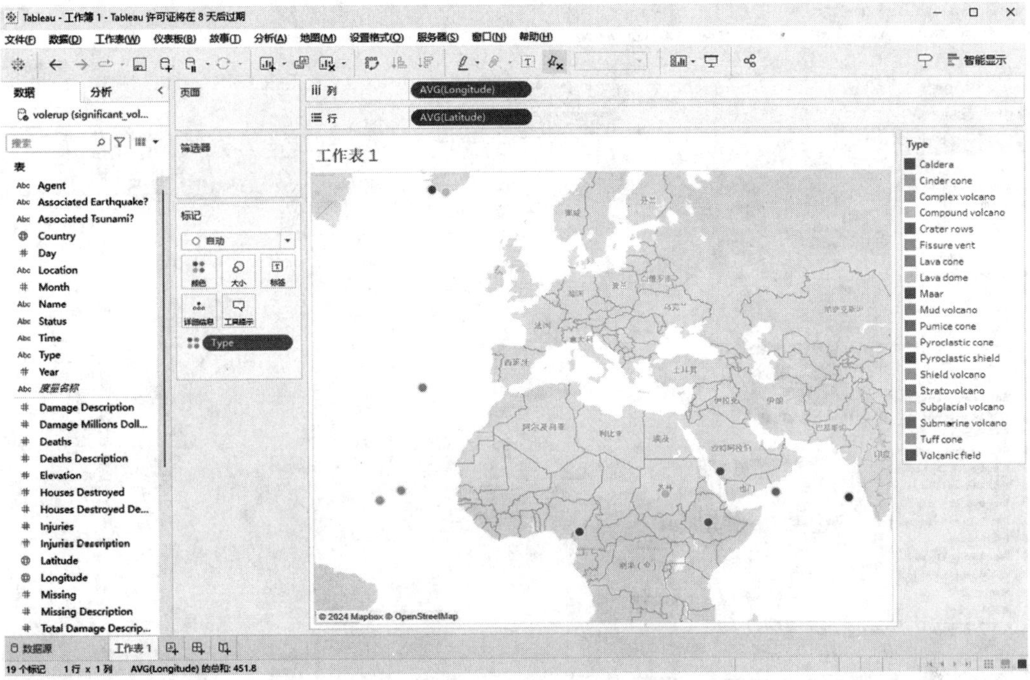

图 5-37　根据火山的类型设置不同颜色的点

同样地，将 Volcano Explosivity Index（火山爆发指数，VEI）拖动至标记中的“大小”项，将其度量类型从“总和”改为“最大值”，Tableau 即可显示不同大小、不同颜色的圆点标记，如图 5-38、图 5-39 和图 5-40 所示。

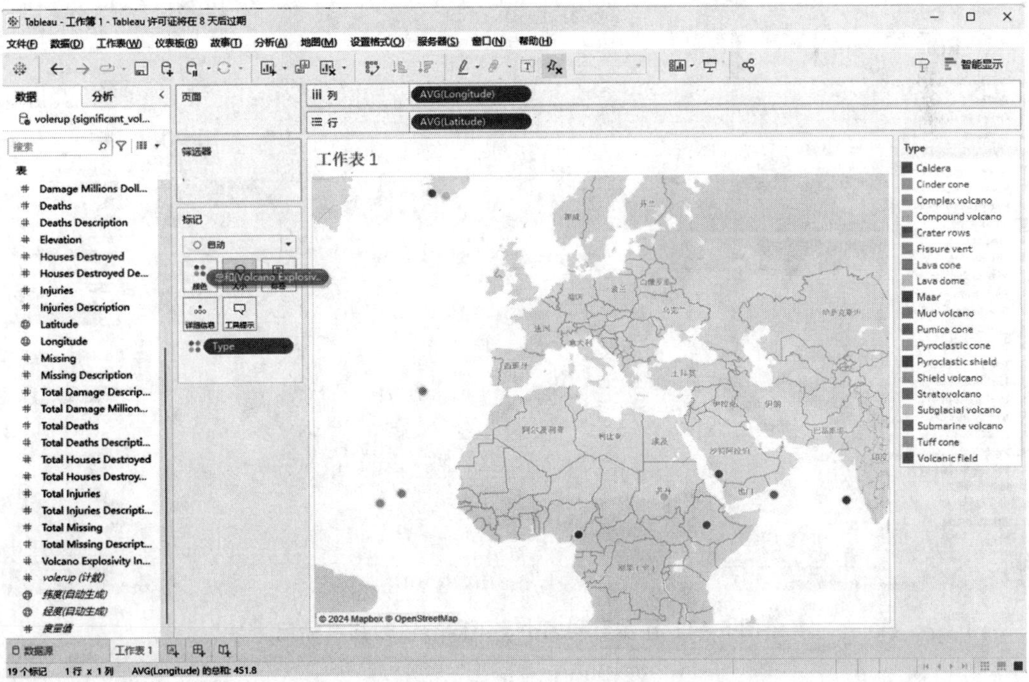

图 5-38　设置采用圆点标记

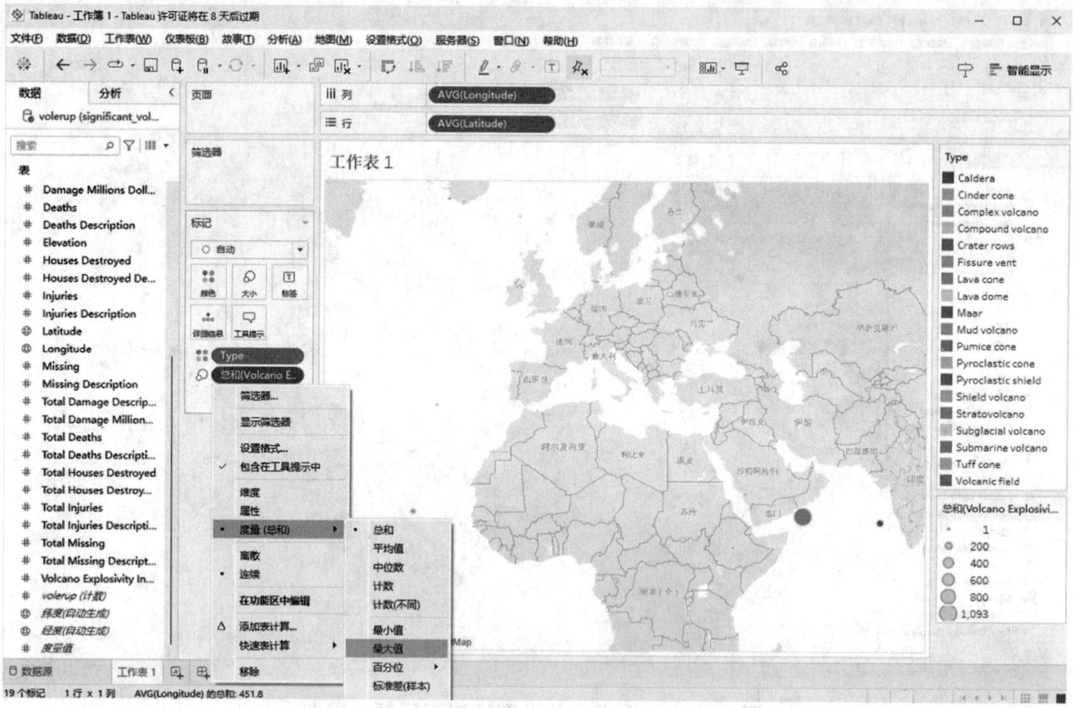

图 5-39 将度量类型从“总和”改为“最大值”

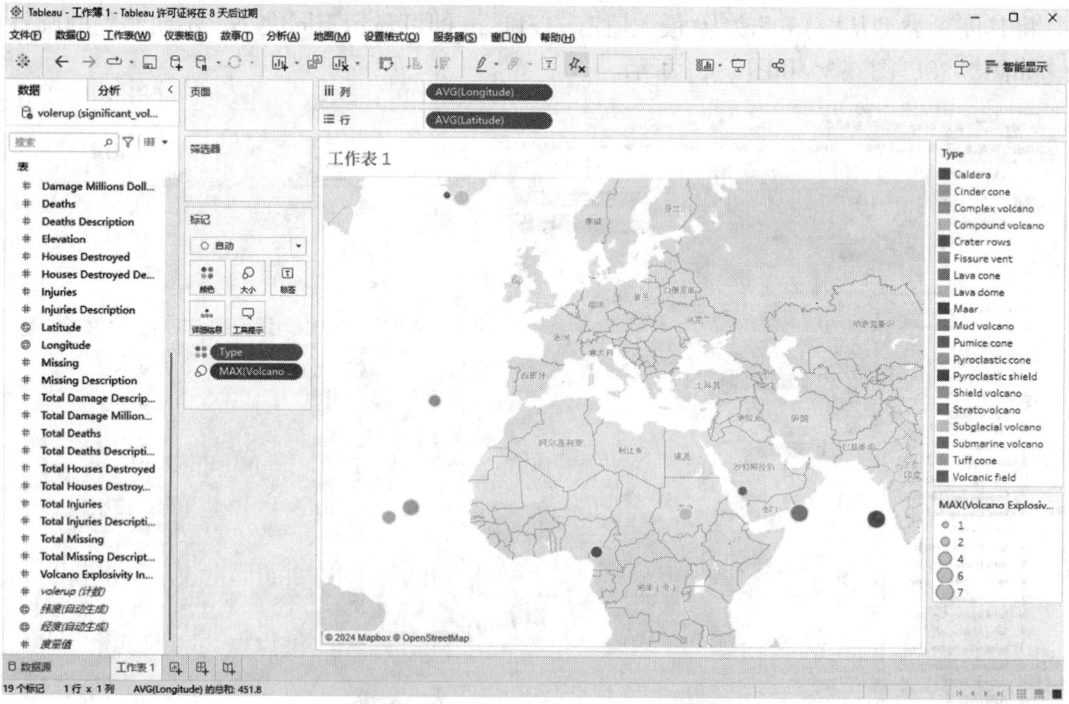

图 5-40 显示不同大小、不同颜色的圆点标记

将 Name 拖动至标记中的“标签”项，地图上即可显示火山名称，如图 5-41 所示。

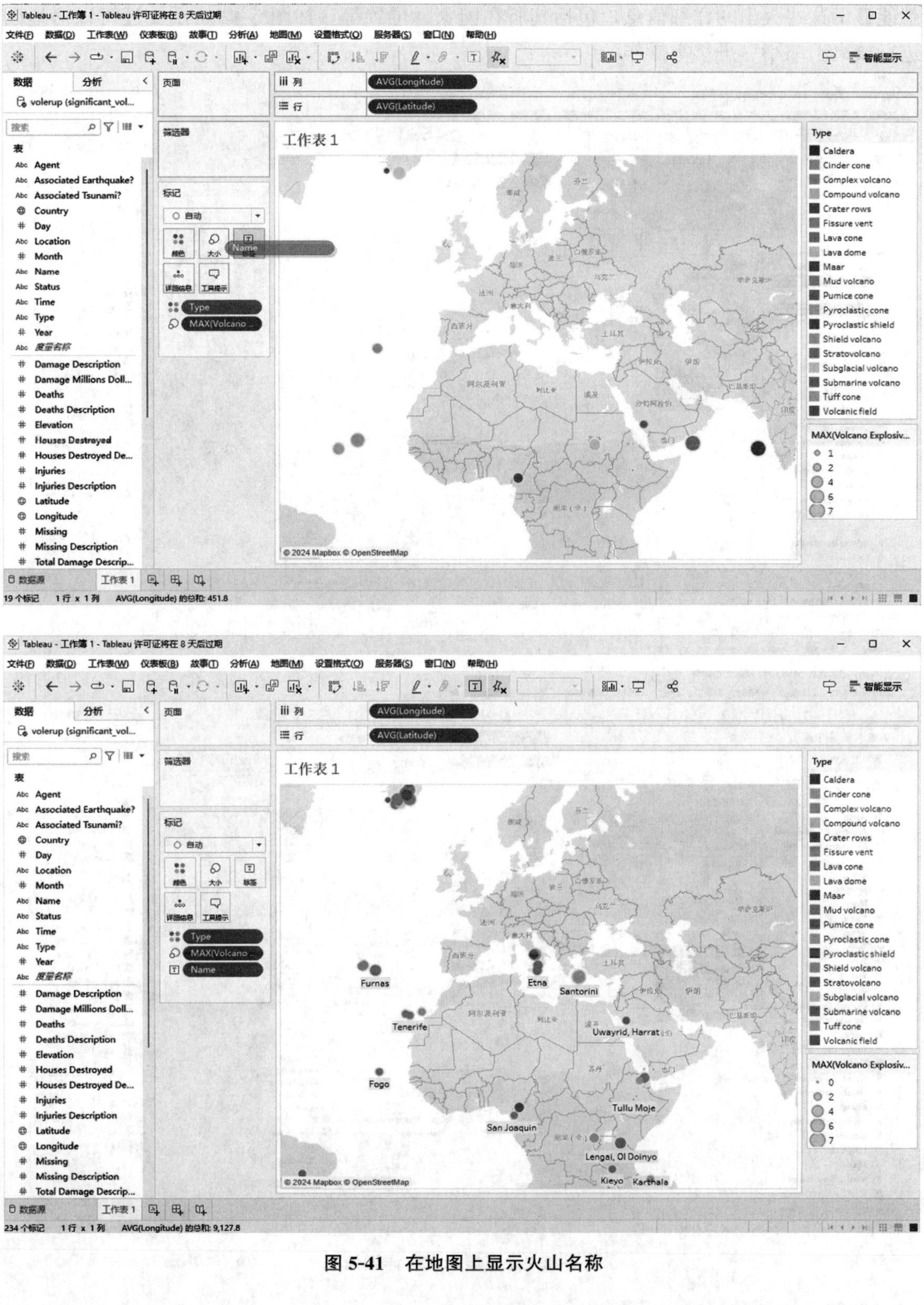

图 5-41　在地图上显示火山名称

再将 Country、Location 拖动至标记中的“详细信息”项，当鼠标指针悬停在这些点上时就能显示这些火山的详细信息，包括其所在国家、位置等，如图 5-42 所示。还可以对地图进行放大、缩小、平移等操作。

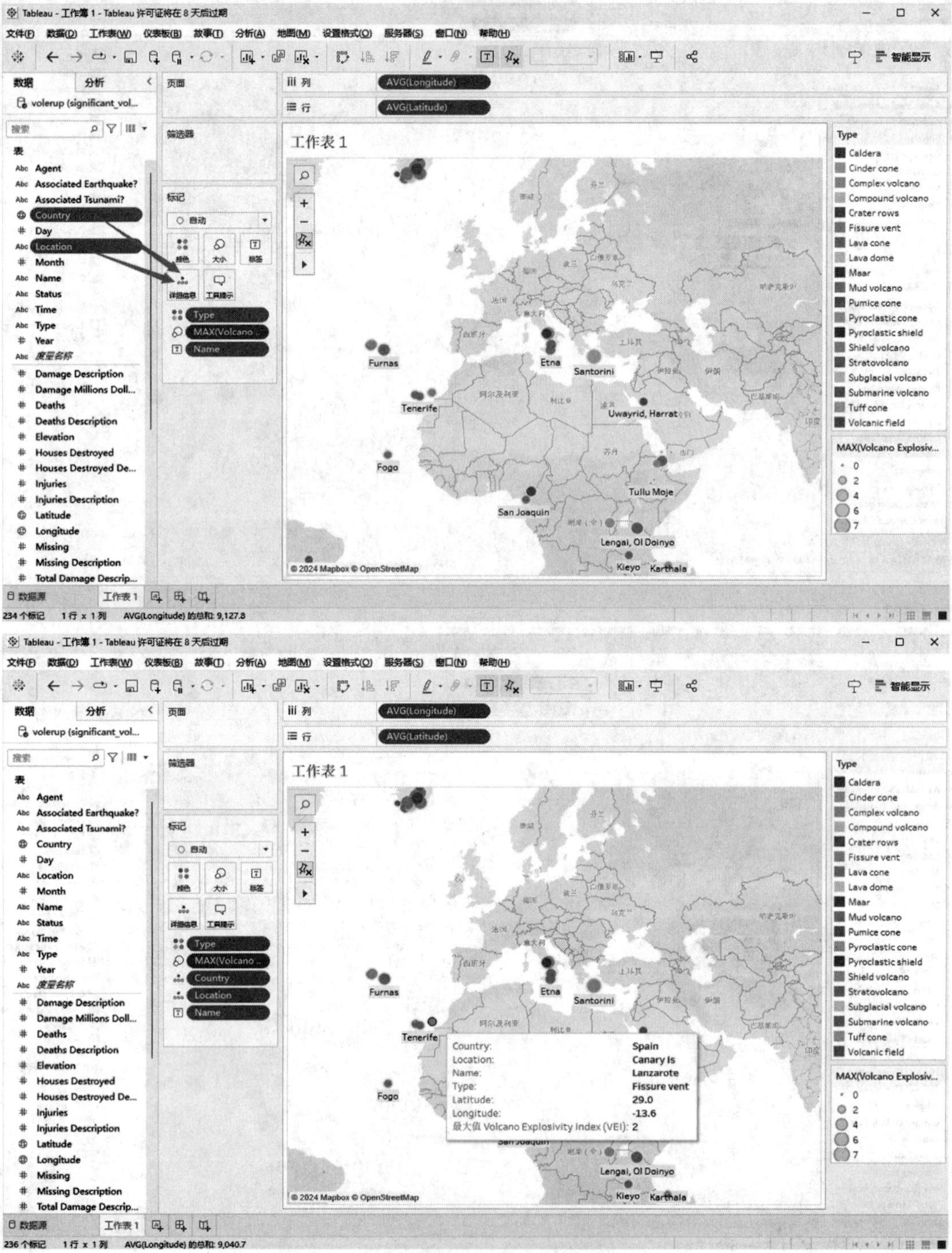

图 5-42　设置显示火山详细信息

双击工作表标题，可以修改工作表标题并设置其格式，如图 5-43 所示。

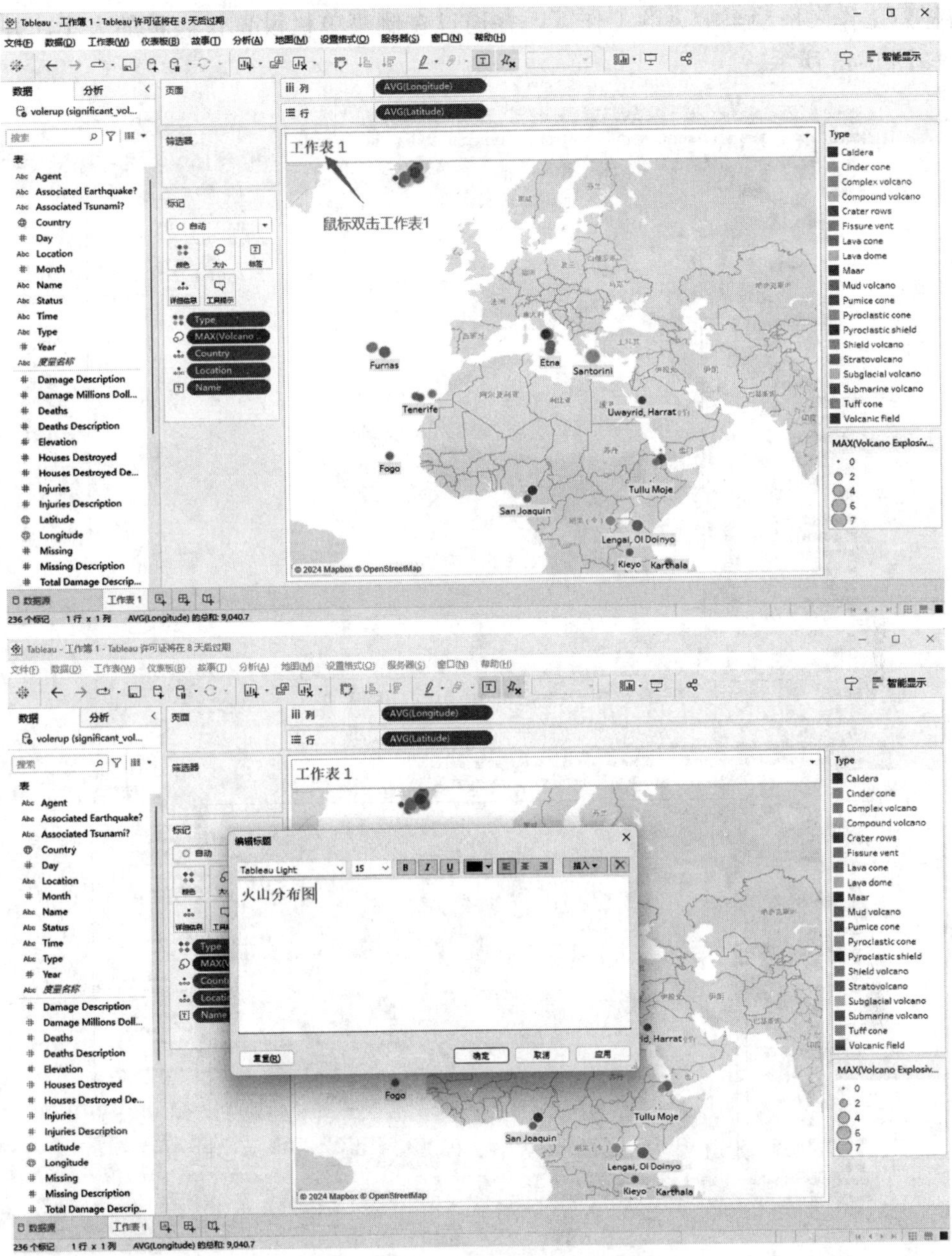

图 5-43　修改工作表标题并设置其格式

单击下方表的标签名也可修改工作表名称，如图 5-44 所示。

图 5-44　修改工作表名称

可仿照上述方法完成树图、折线图、地震比例、海啸比例等 4 张工作表。

步骤 3：创建仪表板。

创建多个工作表图表后，可以将这些图表整合为总的仪表板。已制作完成的工作表将显示在左侧工作表的菜单栏。

将任意工作表拖动至中央的工作区，并通过左侧菜单栏设置仪表板的大小，并创建仪表板，如图 5-45 所示。

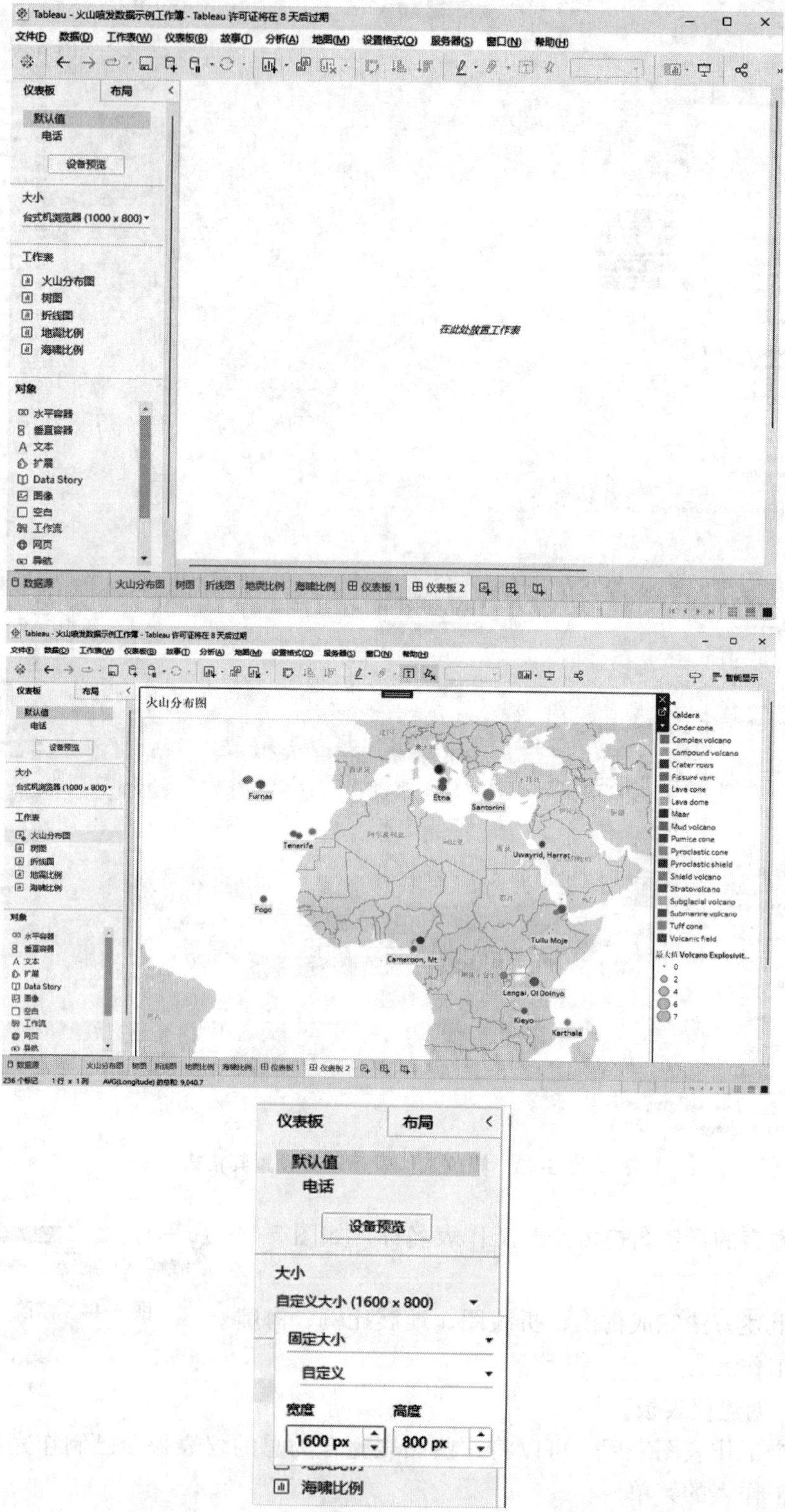

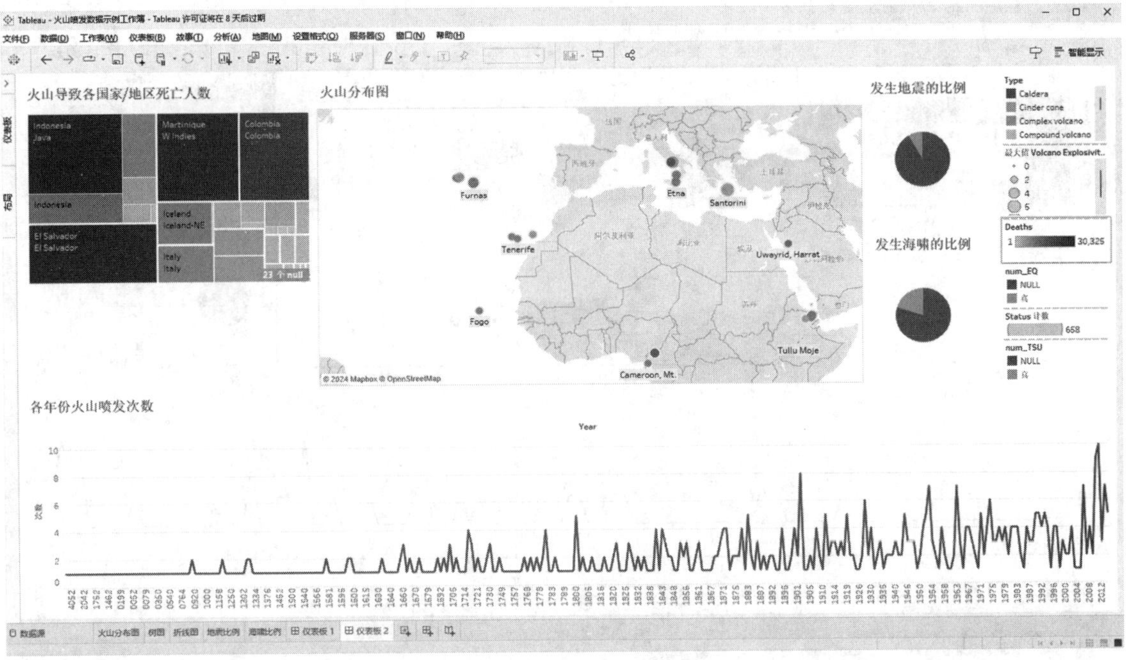

图 5-45　创建仪表板

还可以将仪表板中的工作表用作筛选器，如图 5-46 所示，选中其中部分数据块，仪表板中其他工作表的数据也会被筛选并发生变化。

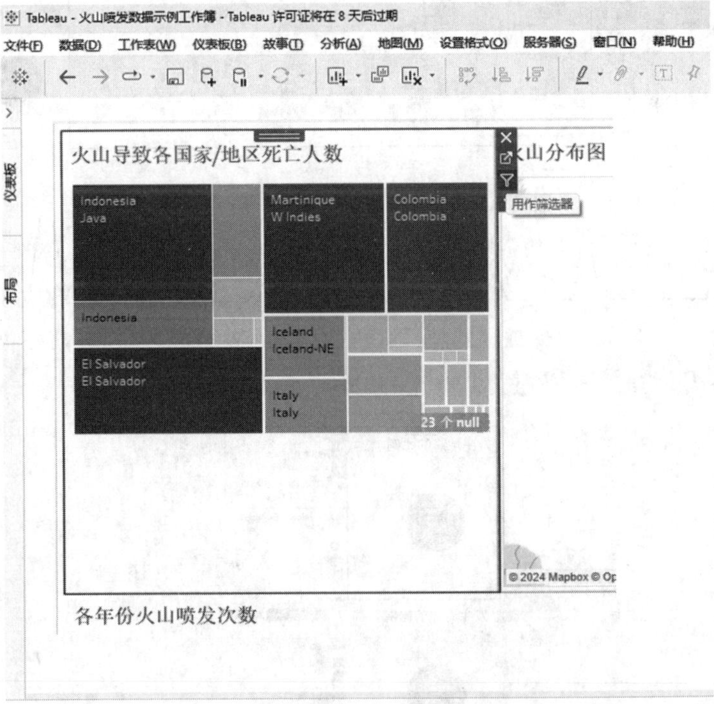

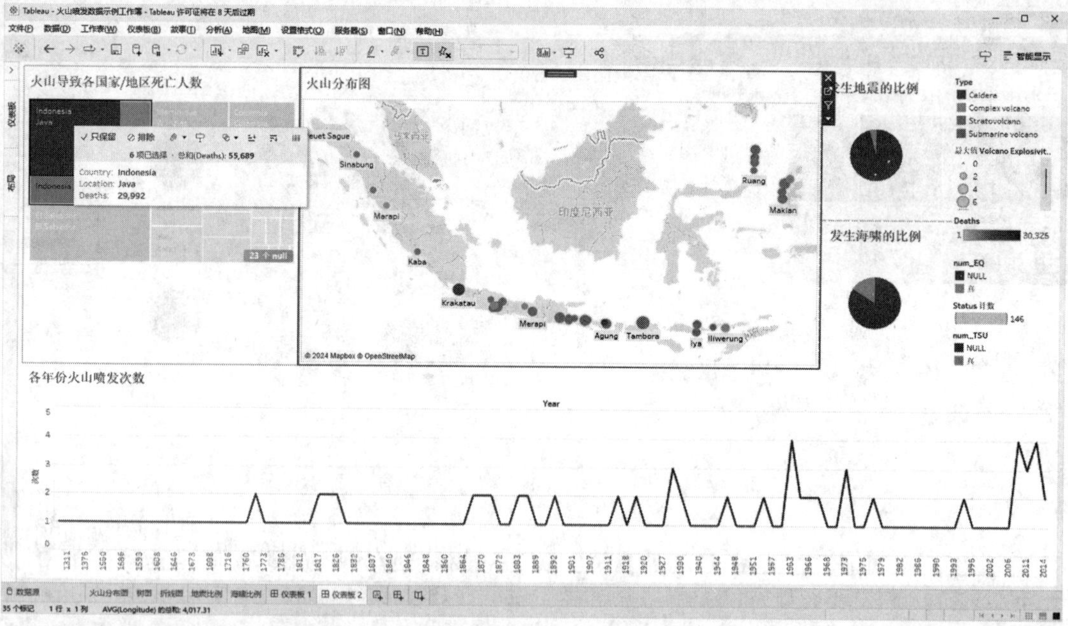
火山导致各国家/地区死亡人数
火山分布图
发生地震的比例
发生海啸的比例
各年份火山喷发次数
Year
Type
Caldera
Complex volcano
Stratovolcano
Submarine volcano
Deaths
num_EQ
NULL
Status 计数
146
num_TSU
NULL

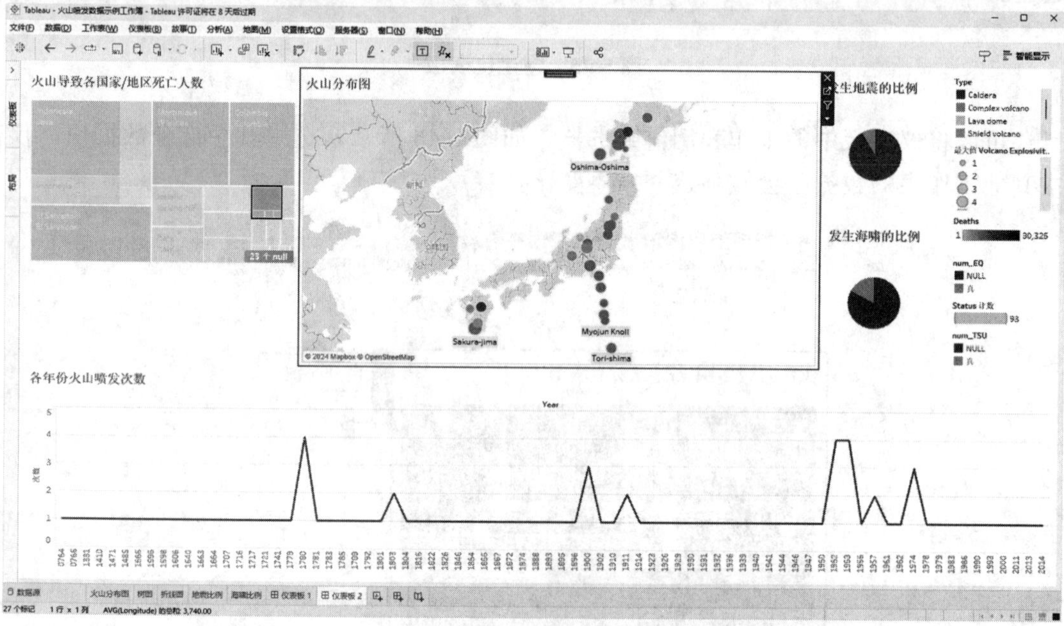
火山导致各国家/地区死亡人数
火山分布图
发生地震的比例
发生海啸的比例
各年份火山喷发次数
Year
Type
Caldera
Complex volcano
Lava dome
Shield volcano
Deaths
num_EQ
NULL
Status 计数
93
num_TSU
NULL

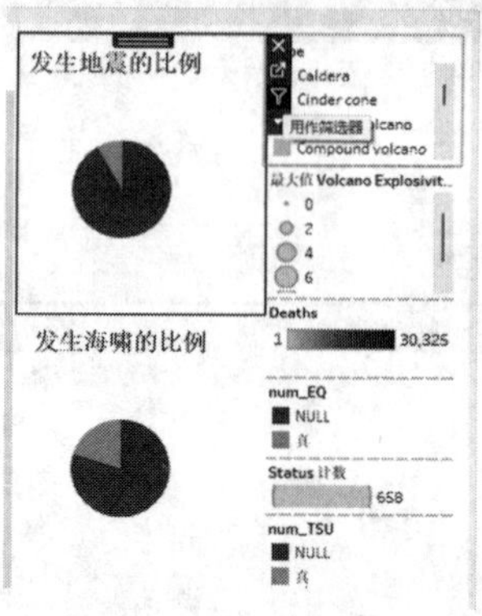
发生地震的比例
发生海啸的比例
Caldera
Cinder cone
用作筛选器
Compound volcano
Deaths
30,325
num_EQ
NULL
Status 计数
658
num_TSU
NULL

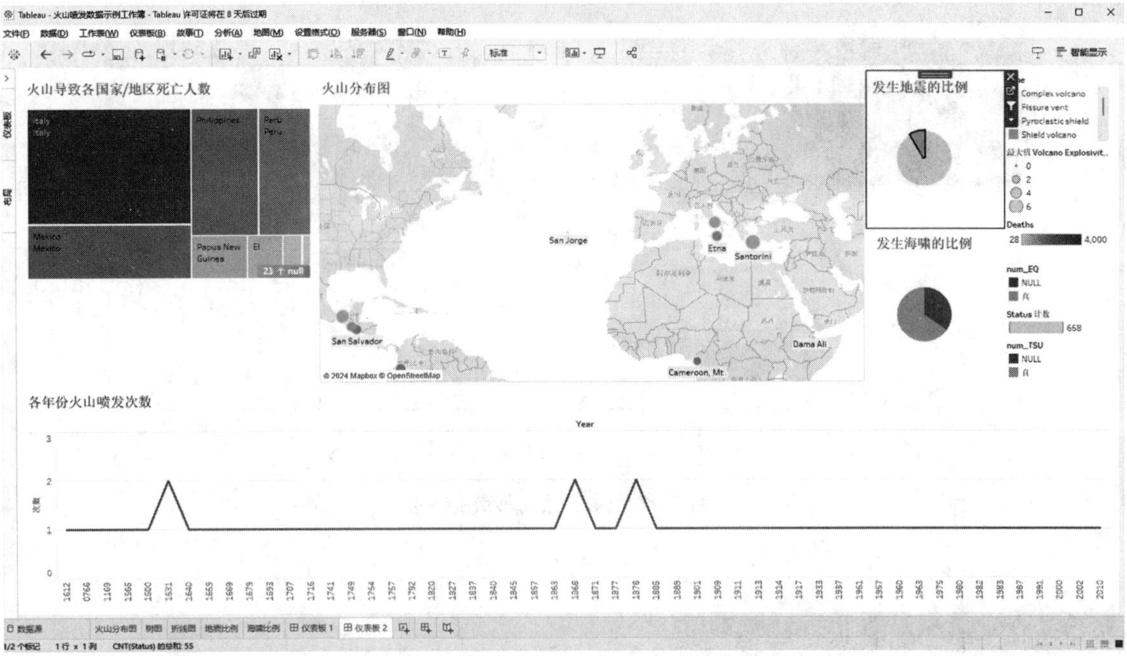

图 5-46 将工作表用作筛选器

至此，完成仪表板的制作，效果如图 5-47 所示。

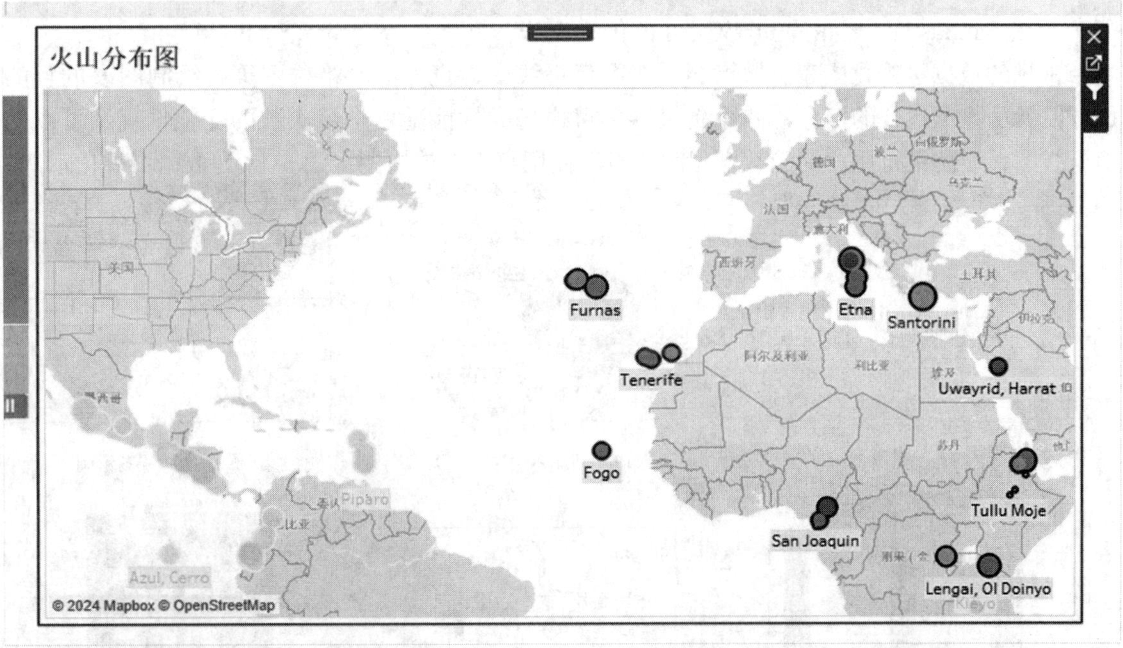

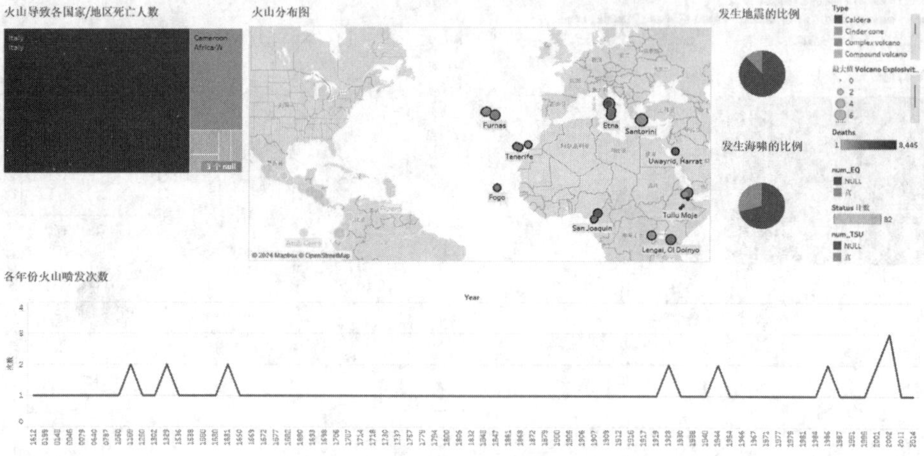

图 5-47　仪表板的最终效果

5.3 Python 数据可视化

5.3.1　Python 数据可视化简介

在 Python 语言中，有大量的数据可视化工具库供调用，常见的有 Matplotlib、seaborn 等库，在 Pandas 库中也内置了数据可视化的方法。

常见的数据可视化图表有散点图、饼图、折线图、直方图、箱线图等，绘制图表的目的是方便展示数据包含的信息，如绘制机器学习模型的性能随着学习次数的变化情况，可以使用折线图；绘制银行用户的受教育程度，可以使用直方图或饼图。图 5-48 为数据可视化示例。

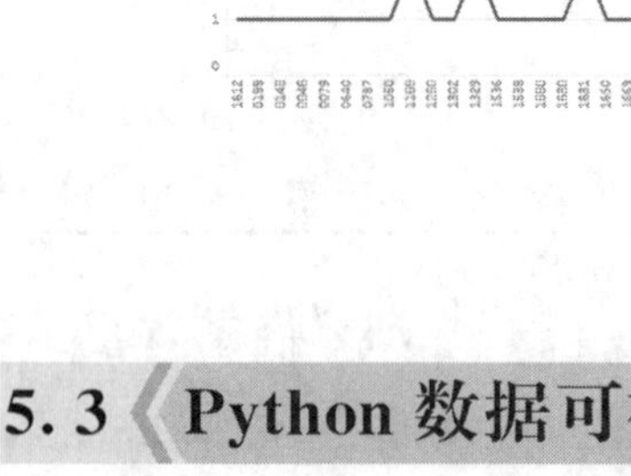

（a）散点图示例

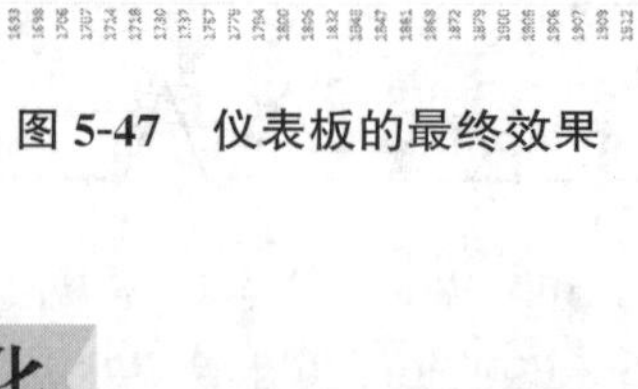

（b）饼图示例

（c）折线图示例

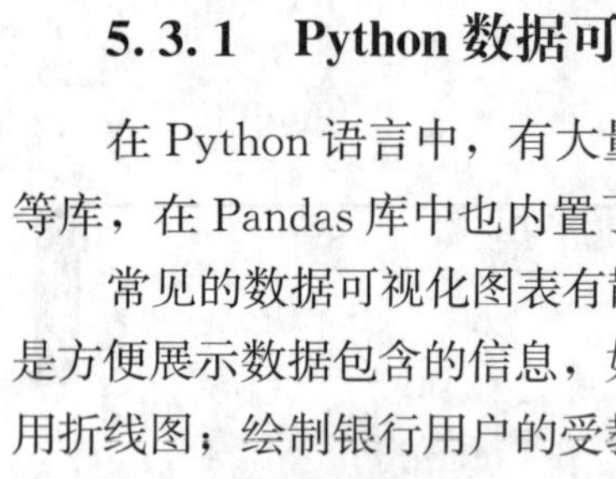

（d）直方图示例

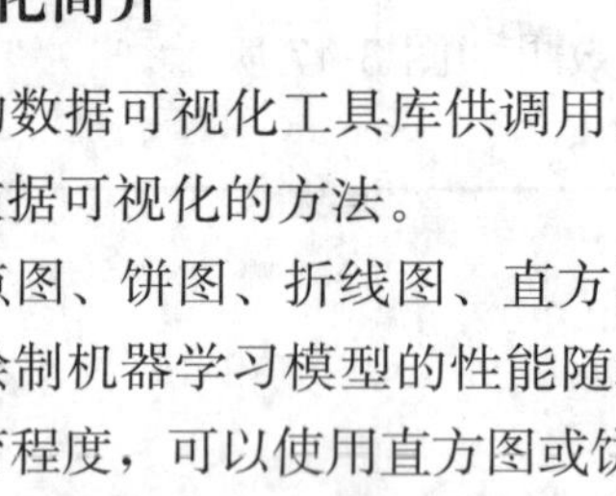

（e）箱线图示例

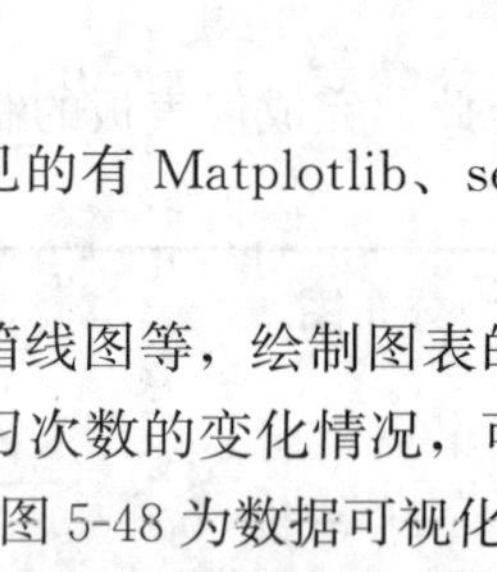

（f）热力图示例

图 5-48　数据可视化示例

5.3.2　常用的数据可视化工具库

本节介绍常用的数据可视化工具库，包括 Matplotlib、seaborn、Folium 等库。

Matplotlib 库绘图介绍

1. Matplotlib 库

Matplotlib 库是 Python 语言中非常受欢迎的数据可视化工具库之一，支持跨平台运行，它是 Python 语言常用的 2D 绘图库，同时它也提供了一部分 3D 绘图接口。Matplotlib 库通常与 NumPy、Pandas 库一起使用，是数据分析中不可或缺的重要工具之一。

如果用户使用过 MATLAB 这款数据科学分析工具，就可以轻松上手使用 Matplotlib 库。Matplotlib 库提供了一套面向对象绘图的应用程序接口(application program interface，API)，它可以轻松地配合 Python 语言的图形用户界面(graphical user interface，GUI)工具库(如 PyQt、wxPython、Tkinter)在应用程序中嵌入图形。

可以使用如下 pip 命令在命令行窗口中安装 Matplotlib 库：

```
pip install matplotlib
```

使用 Matplotlib 库绘制一个正弦曲线的代码如下，其输出结果如图 5-49 所示。

```
from matplotlib import pyplot as plt
import numpy as np
import math
x=np.arange(0, math.pi*2, 0.05)
y=np.sin(x)
plt.plot(x, y)
plt.xlabel("angle")
plt.ylabel("sine")
plt.title('sine wave')
plt.show()
```

代码首先导入了 Matplotlib、NumPy 和 math 库，其中 math 库是 Python 语言自带的数学计算工具库。plt.plot()函数用于绘制折线图，plt.xlabel()和 plt.ylabel()函数分别用于在图像的 x 轴和 y 轴上添加标签，plt.title()函数用于添加标题，plt.show()函数用于展示图形。

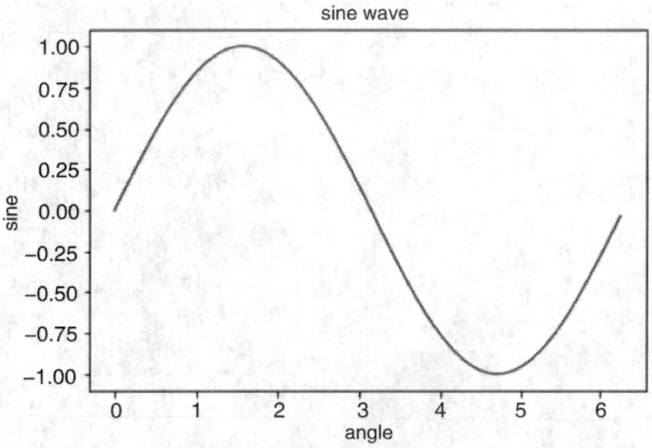

图 5-49　绘制一个正弦曲线

2. seaborn 库

seaborn 库是一个基于 Matplotlib 库的 Python 语言数据可视化库。它提供了一个高级界面，用于绘制有吸引力且信息丰富的统计图形。seaborn 库是对 Matplotlib 库的封装，其绘图函数接收的参数更少，且绘制的图形更加美观。

seaborn 库帮助用户探索和理解数据。它的绘图函数在包含整个数据集的数据表和数组上运行，并在内部执行必要的语义映射和统计聚合，以生成信息丰富的图表。使用 seaborn 库让用户更关注绘图内容，而不是关注如何绘制图表的细节。

可以使用如下 pip 命令在命令行窗口中安装 seaborn 库：

```
pip install seaborn
```

seaborn 库的绘图方法将在 5.3.3 节做具体介绍。

3. Folium 库

Folium 是地理可视化工具库，可结合 Flask 库搭建地理可视化 Web 服务。Folium 库是地理信息可视化库 Leaflet.js 为 Python 语言提供的接口。可以通过在 Python 程序编辑器窗口中编写代码操纵数据，调用 Leaflet.js 的相关功能，基于内建的开放街道地图（open street map，OSM）或自行获取的 OSM 资源和地图元件进行地理信息内容的可视化，通过不断添加图层元素定义一个 Map 对象，最后以几种方式将 Map 对象展现出来。

可以使用如下 pip 命令在命令行窗口中安装 Folium 库：

```
pip install folium
```

通过 Folium 库可以导入在线地图，并在地图上绘制标记点，用于展示数据信息，如图 5-50 所示。

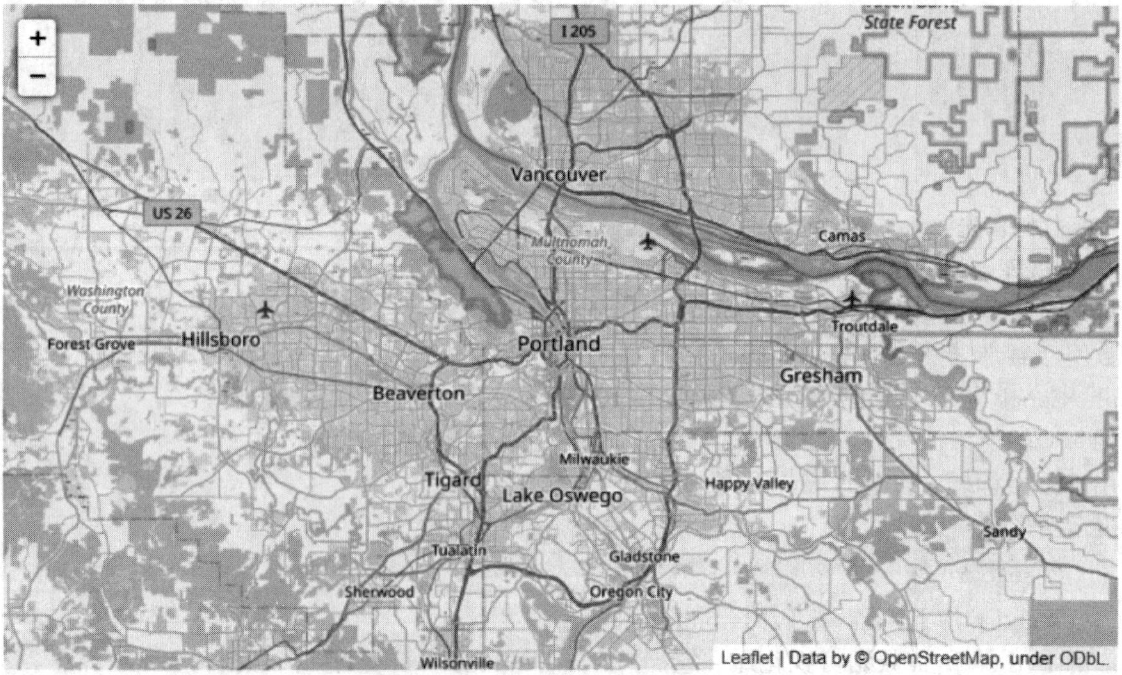

图 5-50　使用 Folium 库在地图上展示数据

4. NetworkX 库

NetworkX 是 Python 语言的一个库，用于构建和操作复杂的图结构，提供分析图的算法。图是由顶点、边和可选的属性构成的数据结构，顶点表示数据，边是由两个顶点唯一确定的，表示两个顶点之间的关系。顶点和边也可以拥有更多的属性，以存储更多的信息。利用 NetworkX 库可以用标准化和非标准化的数据格式存储网络、生成多种随机网络和经典网络、分析网络结构、建立网络模型、设计新的网络算法、进行网络绘制等。

可以使用如下 pip 命令在命令行窗口中安装 NetworkX 库：

```
pip install networkx
```

使用 NetworkX 库可视化图结构数据的代码如下：

```
import networkx as nx
import matplotlib.pyplot as plt
G=nx.petersen_graph()
subax1=plt.subplot(121)
nx.draw(G, with_labels=True, font_weight='bold')
subax2=plt.subplot(122)
nx.draw_shell(G, nlist=[range(5, 10), range(5)], with_labels=True, font_weight=
'bold')
plt.show()
```

其可视化结果如图 5-51 所示。

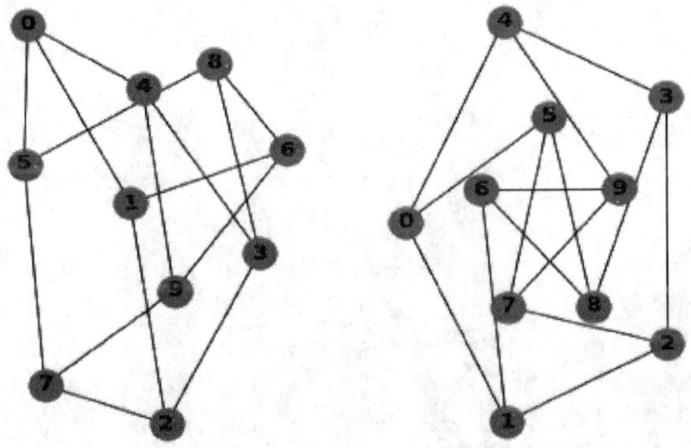

图 5-51 使用 NetworkX 库的可视化结果

5.3.3 统计数据可视化

1. 条形图

本节采用 seaborn 库实现统计数据信息的可视化，其中使用的是美国航空公司航班的延误数据。

```
import pandas as pd
import matplotlib.pyplot as plt
```

```
import seaborn as sns
# 设置文件地址
flight_filepath="flight_delays.csv"
# 读取文件
flight_data=pd.read_csv(flight_filepath, index_col="Month")
# 设置图形大小
plt.figure(figsize=(10, 6))
# 添加图题
plt.title("Average Arrival Delay for Spirit Airlines Flights, by Month")
# 使用条形图绘制各月份航班延误时间
sns.barplot(x=flight_data.index, y=flight_data['NK'])
# y 轴标签
plt.ylabel("Arrival delay(in minutes)")
```

首先导入 seaborn 库，并使用 Pandas 库读取数据，通过 plt 对象进一步设置绘图参数，plt.figure( ) 函数用于调整图形的大小，sns.barplot( ) 函数用于绘制条形图，结果如图 5-52 所示。

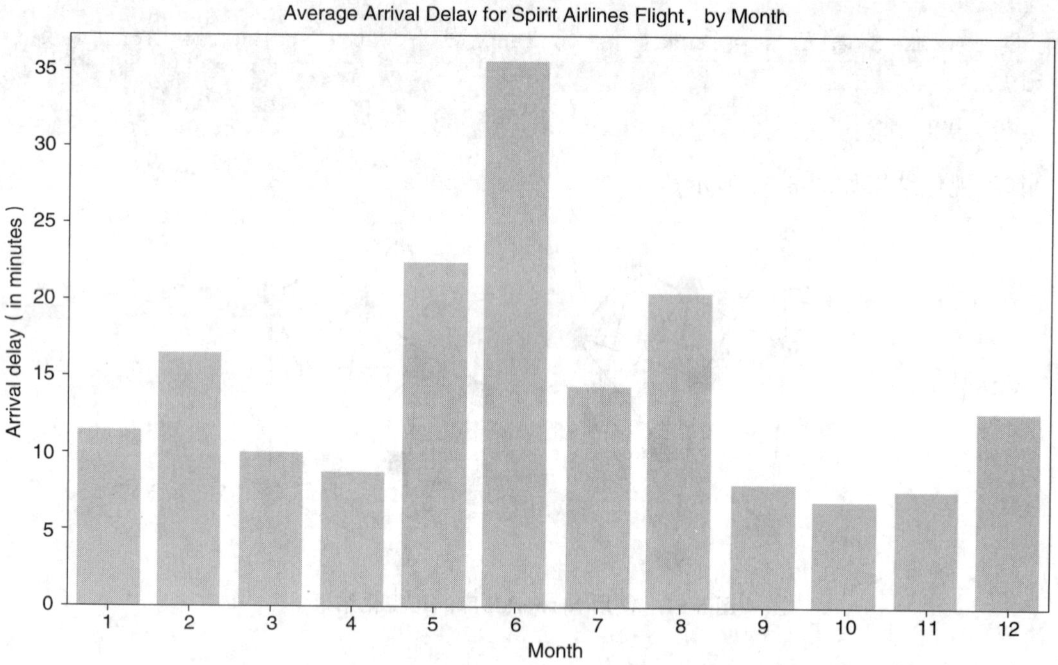

图 5-52　各月份航班延误时间的条形图

从如图 5-52 所示的条形图中可以发现，5—8 月是飞机延误的高峰期，而 9—11 月飞机延误的时间较短。想要到美国旅行可以考虑 9—11 月前往。

2. 热力图

sns.heatmap( )函数用于绘制热力图，通过热力图可以观察样本的分布情况。下面同样使用美国航空公司航班延误数据来绘制热力图，代码如下：

```
plt.figure(figsize=(14, 7))
plt.title("Average Arrival Delay for Each Airline, by Month")

# 可视化每个航班公司延误时间的热力图
sns.heatmap(data=flight_data, annot=True)
# x 轴标签
plt.xlabel("Airline")
```

输出结果如图 5-53 所示。

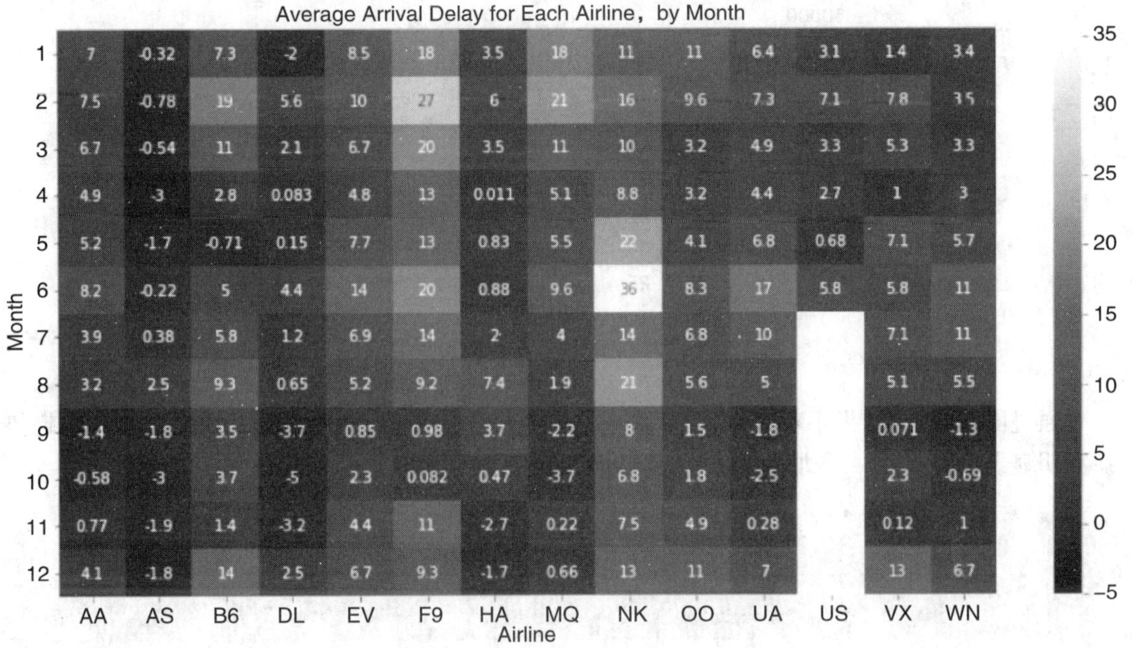

图 5-53　各月份航班延误时间的热力图

在图 5-53 中，热力图中的色块颜色越深，说明飞机提前到达的时间越早，色块的颜色越浅，说明飞机延误的时间越长。从热力图中可以发现，MQ、F9 型飞机的航班较容易延误，而 AS 型飞机的航班延误的概率相对较低。

3. 散点图

散点图通常用于观察离散数据的分布情况，根据数据的分布情况，可以挖掘数据所属类别，进行启发式分类。例如，在聚类算法中，经典的二维与三维 k 均值聚类算法很适合使用散点图进行可视化展示。

本节使用购买保险的用户信息来绘制散点图，其中 bmi 字段表示身体质量指数(body mass index，BMI)，也称体重指数，它是一种常用的衡量人体体重与身高之间关系的指标，charges 字段表示用户的保险费用，代码如下：

```
import pandas as pd
import matplotlib.pyplot as plt
import seaborn as sns

insurance_filepath="insurance.csv"
insurance_data=pd.read_csv(insurance_filepath)
sns.scatterplot(x=insurance_data['BMI'], y=insurance_data['charges'])
```

上述代码中，sns.scatterplot()函数用于绘制散点图，输出结果如图 5-54 所示。

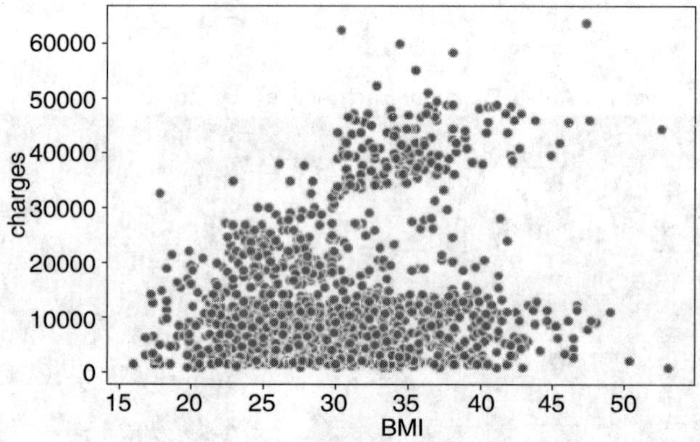

图 5-54　用户的 BMI 值与保险费用散点图

通过图 5-54 的结果不难发现，BMI 值越大的用户，保险费用越高，但数据的变化趋势并不明显。为此，进一步加入用户是否吸烟的特征来绘制散点图，代码如下：

```
sns.scatterplot(x=insurance_data['BMI'],
                y=insurance_data['charges'],
                hue=insurance_data['smoker'])
```

同样使用 sns.scatterplot()函数绘图，通过设置参数 hue，巧妙地在二维坐标轴上绘制了三维信息，输出结果如图 5-55 所示。

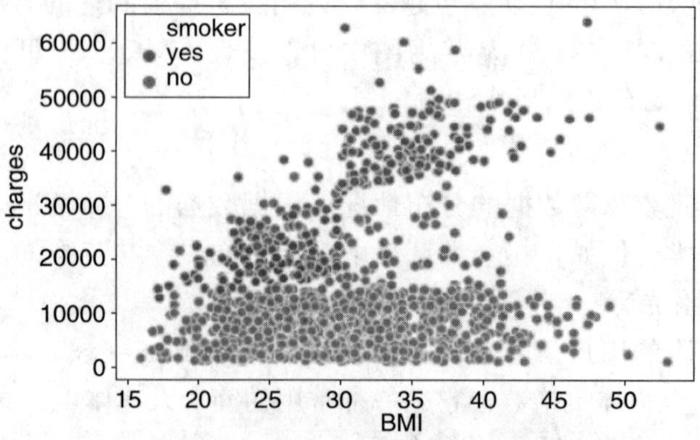

图 5-55　使用参数 hue 绘制包含三维信息的散点图

从图 5-55 中不难发现：如果用户吸烟，则保险费用会随着 BMI 值的增大而增多。

在此基础上，可以使用 seaborn 库内置的线性回归算法对已有数据做回归分析，代码如下：

```
sns.lmplot(x="bmi", y="charges", hue="smoker", data=insurance_data)
```

输出结果如图 5-56 所示。

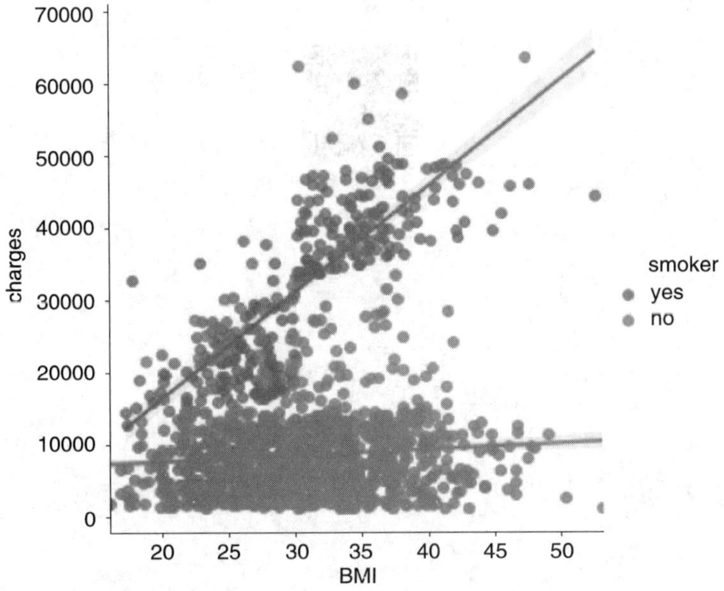

图 5-56　对数据进行回归分析并可视化

习　题

1. 描述散点图、条形图、折线图分别适用于哪些场景。

2. 学习 Tableau 基础入门系列视频，使用 Tableau 和超市数据来制作工作表与仪表板，视频网址为 http://www.tableau.com/zh-cn/learn/training。

(1)下载 Tableau Desktop(在 https://www.tableau.com/下载免费试用版，在 https://www.tableau.com/zh-cn/academic 验证学生身份可免费使用一年)或 Tableau Public 软件。

(2)下载数据集(网址为 https://www.tableau.com/zh-cn/learn/tutorials/on-demand/getting-started)，如图 5-57 所示。

图 5-57　下载数据集

(3)按照培训视频的指导，制作工作表和仪表板。

3. 运用 Python 的 Seaborn 库和 Spotify 数据集，完成以下操作：

(1)使用折线图函数 lineplot( )绘制不同乐曲的浏览量。

(2)使用 set_style( )方法将图形的底图色彩修改为 dark。

(3)使用 plt. figure( )方法修改图形的大小为(14，6)，并添加图题为 Daily Popular Songs。

习题解析

第6章 监督学习常用算法

章节导航

- 了解经典机器学习及监督学习的基本概念。
- 掌握 k 近邻、支持向量机、朴素贝叶斯、决策树等算法的核心思想。
- 掌握常用线性回归算法的核心思想。
- 掌握分类模型和回归模型的常用评价方法。
- 能够使用相应算法解决实际问题。

本章知识导图

机器学习致力于研究如何通过计算手段和经验改善系统自身的性能。图 6-1 是机器学习的基本过程，机器学习算法可以从过去已知的数据(样本)中学习数据隐藏的规律(模型)，使用这些规律，当给定某些输入(新样本)时，可以给出预测结果。

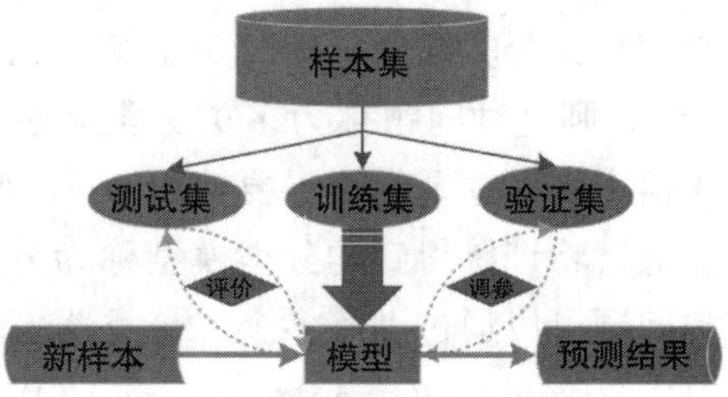

图 6-1　机器学习的基本过程

这里先给出一些机器学习中常用的概念和术语。那些过去已知的数据称为样本；用于学习数据隐藏规律的样本所组成的集合称为训练集；在学习过程中用于确定某些参数(调参)的样本集合称为验证集；在学习完成后，用于测试学习效果的样本集合称为测试集；学习到的规律在新数据上的表现称为泛化能力。具有一定的泛化能力是机器学习模型的基本要求。

有了这些概念，机器学习过程可以描述如下。

机器学习的终极目标是通过学习的方式得到模型，当有数据输入模型时，可以输出用户期望的结果，以解决实际问题。获得模型的过程也称为训练模型。

为了让机器拥有某项功能(如手写体识别功能、人脸识别功能)，首先要根据问题搜集尽可能多的数据(样本)。

得到的数据往往不能直接用于训练，需要提取合适的特征。为了使计算具有可行性，机器学习中的特征必须是用数字描述的向量。提取的特征往往会直接决定最终模型的预测效果，所以特征提取也是一项非常重要的工作。在学习过程中真正参与计算的是这些特征，如果没有特别说明，本章所提及的样本即样本的特征。

通常会将样本集分为训练集、验证集和测试集 3 部分。训练集、验证集用于模型训练阶段，使用训练集训练模型，使用验证集判断当前模型是否满足要求，满足要求便停止训练模型，不满足要求则调整策略继续训练模型。测试集用于对最终模型进行测试，给出模型的评估结果。

模型通过测试后，便可以投入使用。此时，给模型输入新样本，就会输出预测结果。

在机器学习过程中，如果用到数据的标注信息，则这种学习方式称为监督学习。如果不需要标注信息，则这种学习方式称为无监督学习。监督学习中经典的两个问题是分类和回归。如果模型输出的是连续值，那么该问题是回归问题；如果模型输出的是离散值，那么该问题是分类问题。

本章主要介绍监督学习，第 7 章介绍无监督学习。

6.1 分类问题

分类是机器学习中最重要的一类任务，其利用有类别标签的数据训练一个模型，当输入新样本时，可以输出该样本的类别标签，该模型也称分类模型。此时，标签是离散值，训练得到的模型输出的是离散值，对应的问题常称为分类问题。

在分类问题中，如果当前问题的类别总数是 2，这种问题称为二分类问题，如垃圾邮件分类就是二分类问题，此时对于给定的样本，模型只需输出“是”或者“否”；如果类别总数大于 2，则这种问题称为多类分类问题，如手写体数字识别，此时共有 10 类样本(0～9)，对于给定的样本，模型需要输出 10 个类别标签中的某一个。

通常将训练得到的分类模型称为分类器，针对二分类问题的模型称为二分类器。多类分类问题可以通过训练多个二分类器来解决，通常有两种方法：一对其余(one versus rest，OVR)法和一对一(one versus one，OVO)法。

一对其余法也称一对多法。假设有 N 类样本，该方法依次将一个类别的样本作为一类，将其余类别的样本作为另一类，训练一个二分类器，该二分类器可以预测样本是否属于该类。这样可以依次获得 N 个二分类器，最终组成多类分类器。在测试阶段，N 个二分类器同时预测，最终类别由预测结果为属于该类的分类器确定。

一对一法与一对其余法的思路类似，但方法不同。仍然假设有 N 类样本，每次从中选取两个类别的样本，训练一个二分类器，该二分类器可以预测样本属于这两类中的哪一类。这样可以得到 $\mathrm{C}_N^2=\dfrac{N(N-1)}{2}$ 个二分类器，最终组成多类分类器。在测试阶段，所有二分类器同时工作，最终通过投票进行类别预测。

比较一对其余法和一对一法，可以看出它们各有优劣。一对其余法需要训练的分类器个数为类别个数 N，比一对一法的分类器个数 $\dfrac{N(N-1)}{2}$ 少很多，从而运算量较少。但是一对其余法存在训练集不均衡的问题，这会影响每个二分类器的分类效果。另一方面，虽然一对一法的运算量较大，但是只要各类样本数量相当，该方法便没有样本不均衡的问题。在实际使用时，如果样本数量不大，或者对运算速度要求不高，可以优先使用一对一法。

针对多类分类问题，总是可以将其转化为二分类问题。因此，本章主要针对二分类问题来介绍一些常用的经典分类算法。

6.1.1 k 近邻算法

分类的目标是预测新样本的类别。一种朴素的思想是在已知的训练集中，寻找一个与待预测样本最相似的训练样本，将该样本的类别作为预测的类别。相似性可以使用距离度量，距离越小，相似性越大。为此，在样本特征确定的情况下，可以在训练集中寻找与测试样本距离最近的训练样本，用该训练样本的类别作为测试样本类别的预测结果。这种朴素的分类方法是一个经典的机器学习算法——最近邻(nearest neighbor，NN)算法。该算法的基本思想是：为了预测未知样本的类别，以全部训练样本作为代表点，计算未知样本与所有训练样本的距离(特征之间的距离)，选出特征最接近的样本，输出这个样本的类别作为未知样本的预测结果。

特征之间的距离可以使用闵可夫斯基(Minkowski)距离度量，其公式为

$$\rho(\boldsymbol{x},\ \boldsymbol{y})=\sqrt{|x_1-y_1|^p+|x_2-y_2|^p+\cdots+|x_n-y_n|^p}$$

其中，$\boldsymbol{x}=(x_1,\ x_2,\ \cdots,\ x_n)$，$\boldsymbol{y}=(y_1,\ y_2,\ \cdots,\ y_n)$，$p\geqslant 1$。当 $p=1$ 时，该距离称为曼哈顿(Manhattan)距离。当 $p=2$ 时，该距离称为欧几里得(Euclidean)距离。当 $p\to\infty$时，$\rho(\boldsymbol{x},\ \boldsymbol{y})=\max\{|x_1-y_1|^p,\ |x_2-y_2|^p,\ \cdots,\ |x_n-y_n|^p\}$，称为切比雪夫(Chebyshev)距离。

最近邻算法的思想简单明了，易于实现，但是对噪声非常敏感。噪声对最近邻算法的影响如图 6-2 所示，假设三角形样本是一类，正方形样本是一类，其中箭头所指的正方形样本受噪声干扰，比较靠近三角形样本。现在有一个用圆形表示的新样本，如果用最近邻算法预测，由于圆形样本与箭头所指的正方形样本的距离最近，所以输出结果为正方形样本这一类。但从图 6-2 来看，圆形样本更应该属于三角形样本这一类。

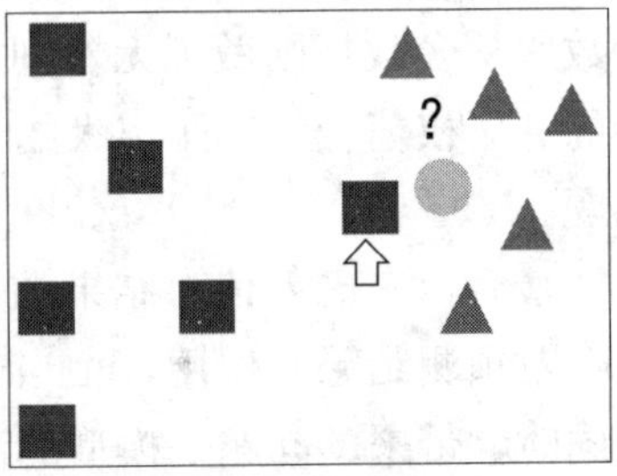

图 6-2 噪声对最近邻算法的影响

仔细分析上述问题，最近邻算法出错的根源在于其只选取一个距离最近的样本来决定输出结果。如果选择若干个接近的样本共同决定输出结果，那么算法就会更为稳健。这正是 k 近邻(k-nearest neighbor，kNN)分类算法的基本思想。k 近邻算法是最近邻算法的一种延伸，后面简称为 kNN 算法。

kNN 算法的基本步骤如下。

(1)计算待分类样本与各个训练样本之间的距离。

(2)按照距离的递增关系进行排序。

(3)选取距离最小的 k 个训练样本。

(4)确定前 k 个训练样本的类别的出现频率。

(5)返回前 k 个训练样本中出现频率最高的类别作为预测的分类结果。

kNN 算法的示意图如图 6-3 所示，当 $k=3$ 时，距离测试样本(圆形)最近的 3 个样本(圈起来的部分)中有 2 个三角形和 1 个正方形，三角形出现了 2 次，正方形出现了 1 次。依照 kNN 算法的第(4)步和第(5)步，此时测试样本的输出结果为三角形。这一结果与实际情况吻合。

kNN 算法可以有效避免最近邻算法对噪声敏感的问题，但是随即也会带来另外一个问题。如图 6-4 所示，当样本不均衡时，即一个类的样本数量很大，而其他类的样本数量很小时，很可能导致测试样本的 k 个接近的邻居中大数量类的样本占多数，但是这类样本并不接近目标样本，而数量小的这类样本更靠近目标样本。

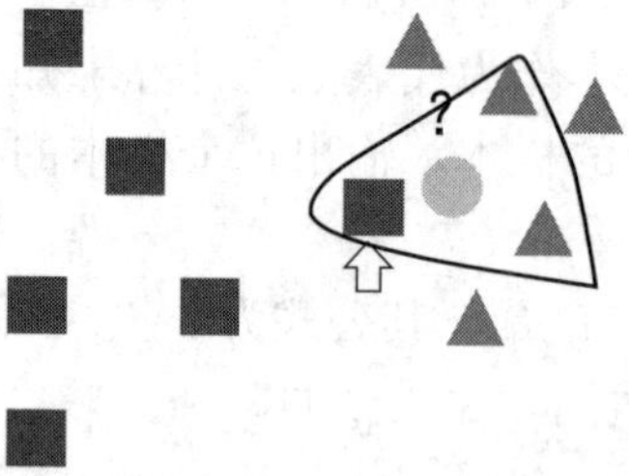

图 6-3　kNN 算法的示意图

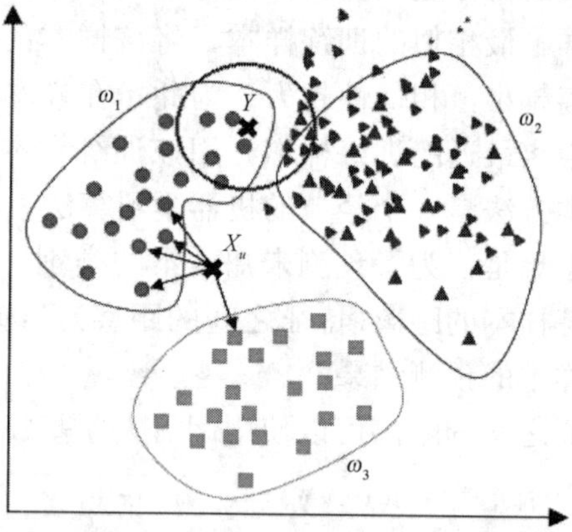

图 6-4　样本不均衡带来的问题

以上问题的根源在于在预测阶段没有考虑 k 个邻居与目标样本的距离差异，直接使用少数服从多数规则做了无差别投票。如果在投票时对 k 个邻居的话语权进行加权，让距离小的邻居权值变大，距离大的邻居权值变小，就可以在一定程度上解决样本不均衡带来的问题。

最后，考虑 k 值对结果的影响。k 值较小时，只有与测试样本较近或相似的训练实例才会对预测结果起作用，相当于用较少的训练样本进行预测，训练误差会减小。但是，与此同时，带来的问题是模型的泛化能力下降，模型容易受到噪声的干扰；k 值较大时，会有更多的训练样本参与预测，这时模型对噪声的抗干扰能力有所提升，但与测试样本较远的(不相似的)训练样本也会对预测起作用，使预测发生错误，导致训练误差增大。

考虑极端情况，当 $k=1$ 时，kNN 算法会变为最近邻算法；当 k 取所有训练样本数时，模型只有一个输出，即样本数最多的类。这两种情况都不是最优的，也就是说肯定存在另一个比较合适的 k 值。那么，在解决实际问题时如何选择 k 值呢?

在 kNN 算法中，k 值在训练之前就已确定，并不是通过学习得到的。这类参数称为超参数，确定超参数的过程称为调参，可以使用超参数搜索方法实现。超参数搜索方法通过调整 k 值，观察模型在验证集上的表现来获取最优 k 值。根据经验，一般情况下 k 值取 5～7 的整数值可以获得良好的效果。

此外，从 kNN 算法的描述中可以得知该算法没有明显的训练过程，不需要预先学习训练样本所蕴含的规律，这种学习方式常称为急切学习，也称积极学习。与之相对的另外一种学习方式，需要通过训练样本学习一个具体的模型，这种学习方式称为惰性学习，也称消极学习。本章后面介绍的学习方式均为惰性学习。

与惰性学习相比，急切学习方法来测试阶段往往需要消耗大量的计算资源。以 kNN 算法为例，当需要预测新样本的输出时，需要计算测试样本与所有训练样本之间的距离，并对所得距离进行排序。计算距离并排序非常耗时，特别是当训练样本数量庞大时，计算成本非常高。改进这种暴力搜索方式以提升运行速度的策略是预先定义某种特殊的数据结构来存储训练样本，当搜索最近邻样本时，利用这种特殊结构，无须计算所有的距离也能预测出新样本的类别，从而节约时间。kd(k dimensional)树是这种算法的经典实例，在提升运行速度方面效果显著。

6.1.2　支持向量机算法

训练模型的第一步是要提取合适的特征。这里假设特征的维度为 2，即每个样本有 2 个属性，分别用 x_1 和 x_2 表示。如图 6-5 所示，用横轴表示 x_1，用纵轴表示 x_2，则每个样本绘制到坐标平面后就是一个点。这里用形状对类别加以区分：位于坐标系左下角的三角形是一类，位于坐标系右上角的圆形是另一类。

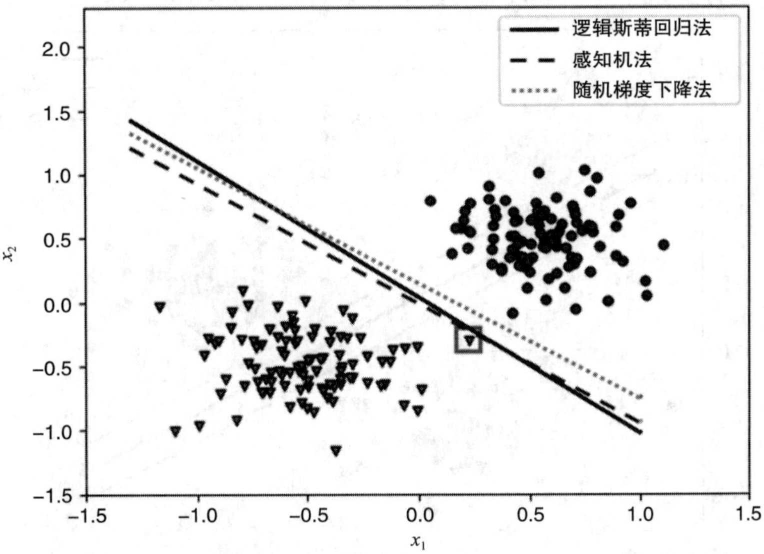

图 6-5　线性分类器示例

对于图 6-5 中的样本，只需求得一条直线，使得这两类样本位于该直线的两侧即可，预测时只要判断目标样本位于直线的哪一侧便可以得到其类别：样本位于直线下方，归到三角形一类；样本位于直线上方，归到圆形一类；样本正好在直线上，归到哪类均可。

这条直线便是要学习得到的分类模型，称为线性模型。图 6-5 中的两类样本可以完全被某条直线分开，这种情形的分类问题称为完全线性可分问题。

针对完全线性可分问题，可以使用逻辑斯蒂回归(logistic regression，LR)法、感知机(perceptron，Perc)法和随机梯度下降(stochastic gradient descent，SGD)法等经典方法进行求解，求解结果如图 6-5 所示，分别对应 3 条直线段。可以看出 3 条直线均能正确地将给定的两类样本完全分开，也就是说能够把这两类样本完全分开的直线并不唯一。

那么，这些直线有没有优劣之分？比较图 6-5 中的 3 条直线，正方形框起来的三角形样本非常接近逻辑斯蒂回归法和感知机法对应的直线，这意味着如果对该样本做一个非常小的扰动，比如测量或统计带来的误差，那么该样本将跨过直线到达另一侧，从而导致分类错误，也就是说模型对误差非常敏感。相比而言，随机梯度下降法好一些，但是在圆形样本中也有距离该直线较近的样本点，这在一定程度上也会导致模型对误差较为敏感。

因此，针对完全线性可分问题，如何判定分类模型的优劣是首先要考虑的问题。直观来看，如果两类样本均尽可能地远离模型，也就是模型正好位于所有样本中间，那么模型就将两类样本分得最开，从而最大限度地降低噪声的影响。

支持向量机正是基于这一考虑，以间隔最大化作为目标函数，以此求出能将两类样本分得最开的直线模型。针对图 6-5 中的样本，训练的线性支持向量机模型如图 6-6 所示，其中位于样本边界的两条直线之间的间隔正是最大间隔，位于该间隔正中央的直线正是最佳分类直线模型。此外，位于边界直线上的样本称为支持向量，本例共有两个支持向量，分属于两类样本。直观上来看，支持向量是确定支持向量机模型的核心。

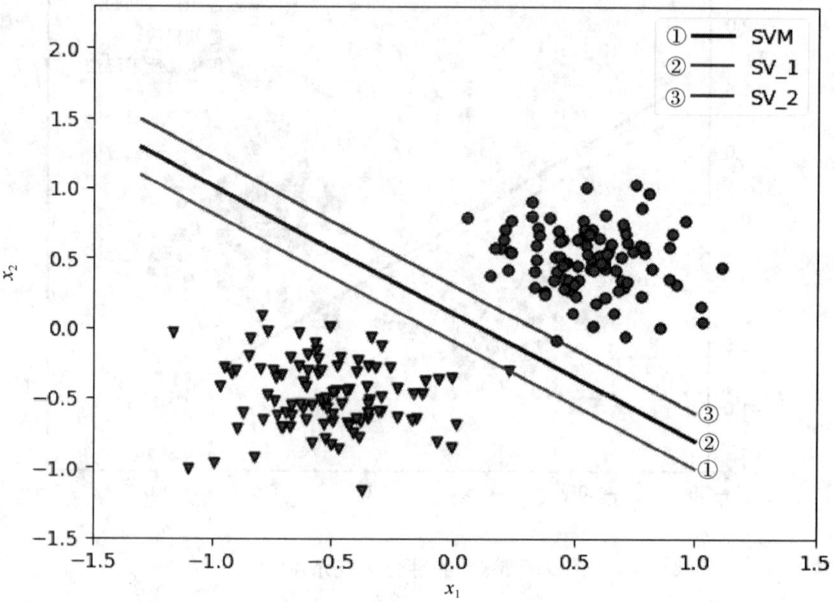

图 6-6　线性支持向量机模型的分类结果(硬间隔)

仔细分析以上间隔最大化模型，间隔中间没有样本，这种间隔称为硬间隔。这种硬间隔最大化方法可以较好地解决完全线性可分问题，但是也存在一定的缺陷：一方面，图 6-6 中的支持向量均远离各自的样本中心(直观来看就是两类样本各自较集中的位置)，如果严格以这两个样本作为支持向量，不够合理，因为它们本身可能带有测量或者统计等误差；另一方面，现实问题中这种完全线性可分的情形很少出现，大多数情况是非完全线性可分问题，即无法找到一条直线将两类样本完全分开，但是在允许一定误差的前提下，又可以近似地用直线来区分这两类样本。

针对以上缺陷，将硬间隔条件适当放宽，允许部分样本落入间隔，这样的间隔称为软间隔，如图 6-7 所示。最后将硬间隔最大化修改为软间隔最大化，即可得到更一般的线性支持向量机模型。在该模型中含有大于零的参数 C（图 6-7 的结果中 C 取 1），称为惩罚系数，用来调节软间隔：C 越大，间隔中的样本越少，此时软间隔越趋于硬间隔；C 越小，间隔中允许存在越多的样本。参数 C 是超参数，可以通过经验指定，也可以通过超参数搜索方法确定。

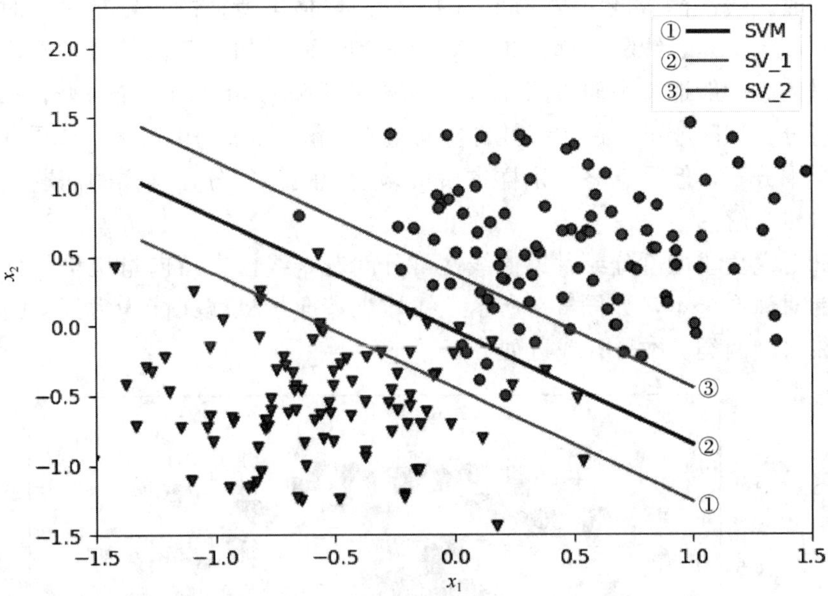

图 6-7　支持向量机的软间隔示意图

为了与硬间隔最大化的结果对比，图 6-8 是基于软间隔最大化的支持向量机模型的分类结果，其中惩罚系数 $C=1$。

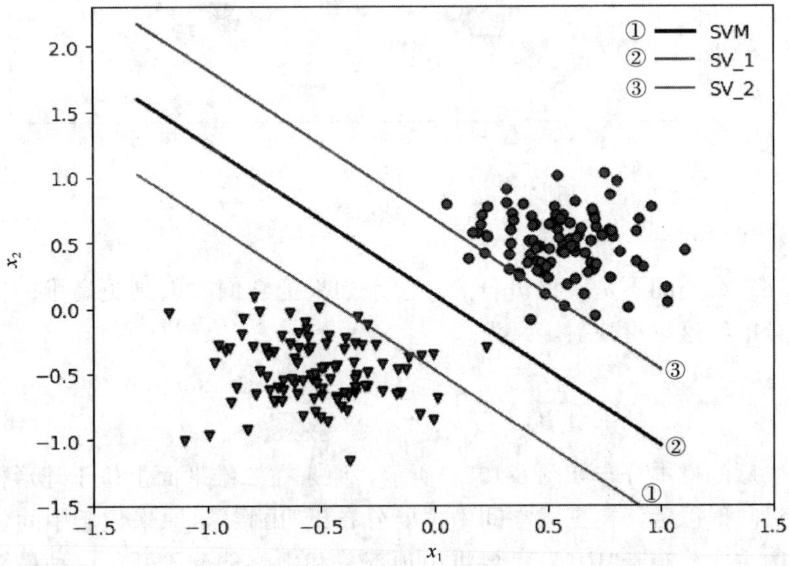

图 6-8　软间隔最大化的支持向量机模型的分类结果

分析图 6-8 的结果，可以发现当前的间隔中有很多样本，这与软间隔的定义一致。与图 6-6 的结果对比，可以发现，当前的结果有效地回避了图 6-6 中两个支持向量的问题，而且除去间隔中的那些样本，直观来看当前的直线模型更趋向于处在两类样本的正中位置。

以上讨论的问题中样本特征有两个维度，这时线性模型就是平面中的直线。当样本特征的维度为 3 时，线性模型是三维空间中的平面。当样本特征的维度超过 3 时，线性模型称为超平面。超平面是直线和平面的推广，直线和平面是超平面的特殊情形，以下统一用超平面进行描述。一般地，类似于图 6-6，如果样本能够被超平面完全分开，那么该问题称为完全线性可分，该问题可以使用线性支持向量机求解；类似于图 6-7，如果任意超平面均不能完全将样本分开，但是忽略个别样本后可以近似线性可分，这样的问题仍然可以使用线性支持向量机求解。

总之，针对完全线性可分或者近似线性可分问题，线性支持向量机是一种有效的分类算法。但是针对球形样本，如图 6-9 所示，线性支持向量机就无能为力了，因为根本无法找到一条直线将这两类样本分开或近似分开。

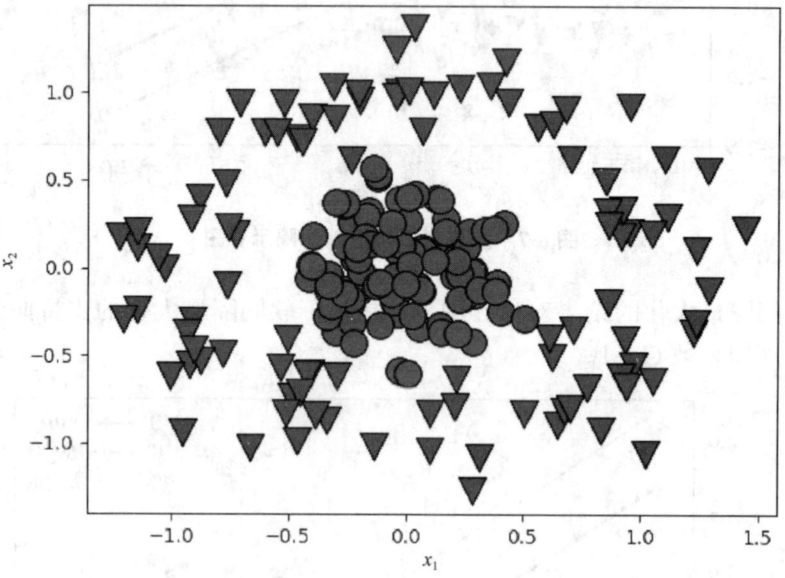

图 6-9　球形样本

球形样本在二维空间不是线性可分的，但是如果把它们映射到更高维的空间，则有可能变成线性可分的。这里将映射定义为

$$(x_1,\ x_2) \mapsto \left(x_1,\ x_2,\ \frac{1}{2\pi\sigma^2}\mathrm{e}^{-\frac{x_1^2+x_2^2}{2\sigma^2}}\right)$$

经过映射以后的样本分布如图 6-10(a)所示，原来在二维平面上位于球形样本周围的三角形样本，经过映射以后，在三维空间中主要分布于“山腰”，原来位于中间位置的球形样本在三维空间中主要分布于“山顶”。要将山顶部分和山腰部分隔开，一种最简单的方式就是“拦腰斩断”，如图 6-10(b)所示。也就是说，在三维空间可以找到一个平面将山顶的球形样本和山腰的三角形样本很好地分开，这个平面正是线性分类模型。

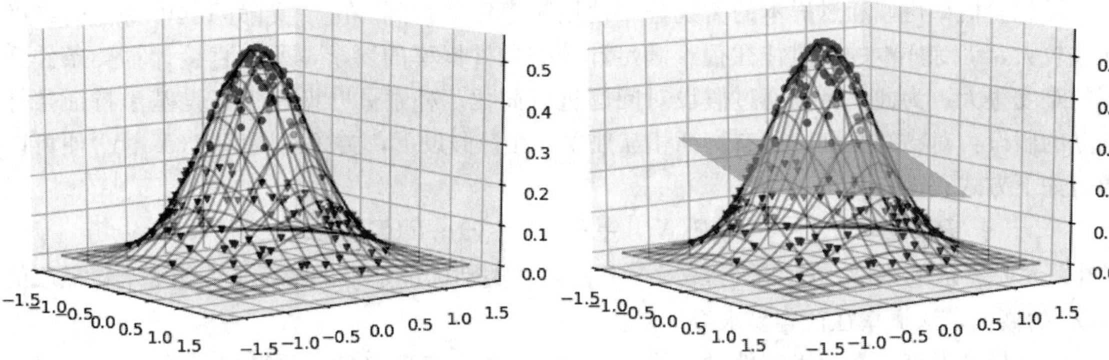

（a）将二维空间的球形样本映射到三维空间　　　（b）三维空间的样本是线性可分的

图 6-10　低维空间的不可分样本在高维空间具有可分性

但是以上思路难以直接付诸实施，主要原因是：从低维空间到高维空间的映射众多，针对具体问题如何选取合适的映射是一个难题；即使碰巧找到合适的映射，在高维空间直接进行运算也会带来非常大的计算开销。一个行之有效的变通方法称为核技巧，基本思路是在支持向量机模型中使用核函数，这样便无须显式地给出低维空间到高维空间的映射，而且避免了在高维空间进行运算量较大的内积运算。这种方法常称为非线性支持向量机，其中常用的核函数有高斯核函数、多项式核函数、线性核函数等。特别地，当核函数取为线性核函数时，非线性支持向量机退化为线性支持向量机。

6.1.3　朴素贝叶斯算法

针对给定的测试样本 x，如果能够确定 x 出现的情况下类别标记 y 出现的概率，即后验概率 $P(Y=y \mid X=x)$，那么根据最大后验概率准则，选择后验概率最大的类别 y 作为样本 x 的类别即可。所以，核心问题是如何求出后验概率。

垃圾邮件分类案例

逻辑斯蒂回归法直接对后验概率建模，从而确定每个类别的后验概率。这种通过直接对后验概率建模得到的分类模型称为判别式模型。除此之外，如感知机和支持向量机，这种由数据直接学习得到的分类模型[判别函数 $f(x)$]，也属于判别式模型。

与判别式模型不同，还有一类模型是通过贝叶斯公式 $P(Y \mid X)=\dfrac{P(X,Y)}{P(X)}=\dfrac{P(X \mid Y)P(Y)}{P(X)}$，将问题转化为学习联合概率分布 $P(X,Y)$，即特征 X 和类别标记 Y 共同出现的概率。这类模型称为生成式模型，其优势是能够学习到数据生成的机制。以贝叶斯定理为基础的这类分类算法统称为贝叶斯分类算法，是典型的生成式模型。其中，尤以朴素贝叶斯分类算法最为简单，也是常见的一种分类方法。

重新考察贝叶斯公式，由于 $P(X)$ 与类别标记 Y 没有关系，所以后验概率正比于联合概率，即

$$P(Y \mid X) \propto P(X,Y)=P(X \mid Y)P(Y)$$

如此，问题转化为如何获得类先验概率 $P(Y)$ 和类条件概率 $P(X \mid Y)$。

类先验概率可以通过样本的类别分布使用频率近似得到。由于实际问题中特征的维度往往较大，训练样本的数量往往很难满足计算类条件概率的要求，所以直接计算类条件概率的难度很大。为此，可以通过假设对问题进行简化。朴素贝叶斯模型正是基于特征条件独立的假设：对已知类别，所有特征相互独立。在该假设下，类条件概率 $P(X \mid Y)$ 便可以通过如下方式获得：

$$P(X=x \mid Y=y)=P(X^{(1)}=x_1 \mid Y=y)\cdots P(X^{(n)}=x_n \mid Y=y)$$

其中，n 是特征的维度，$P(X^{(i)}=x_i \mid Y=y)$ 是在类别标记是 y 的情况下，第 i 个特征取值为 x_i 的概率，该概率往往容易求得。

朴素贝叶斯算法在垃圾邮件过滤等文本分类任务中表现出色，并得到广泛应用。此外，该算法有清晰的数学背景，逻辑简单，易于实现，在时间和存储方面的开销较小。但是，它也有一些明显的缺点。如特征条件独立的假设在实际应用中往往是不成立的，在特征个数比较多或者特征之间相关性较大时，分类效果会大打折扣。

6.1.4 决策树算法

有一位骑行爱好者，他的日程安排中每周六上午骑行。但是能否成行也要看当天的天气、温度、湿度和风力情况。他记录了连续 14 周是否骑行与环境相关的数据，如表 6-1 所示。

表 6-1 是否骑行与环境相关的数据

编号	天气	温度	湿度	风力	是否骑行
1	晴天	热	高	弱	否
2	晴天	热	高	强	否
3	阴天	热	高	弱	是
4	下雨	暖和	高	弱	是
5	下雨	凉爽	正常	弱	是
6	下雨	凉爽	正常	强	否
7	阴天	凉爽	正常	强	是
8	晴天	暖和	高	弱	否
9	晴天	凉爽	正常	弱	是
10	下雨	暖和	正常	弱	是
11	晴天	暖和	正常	强	是
12	阴天	暖和	高	强	是
13	阴天	热	正常	弱	是
14	下雨	暖和	高	强	否

表 6-1 中反映的客观事实本质上是一个分类问题，天气、温度、湿度和风力是属性（特征），是否骑行可以看作类别。表 6-1 也可以用树形结构表示，如图 6-11 所示。其中图 6-11(a)和图 6-11(b)的树中，分支点表示属性（特征），每个分支点根据其取值确定分支，叶子节点表示类别。通常将这种树称为决策树，它可以用众多 if-then 规则实现，具有简洁、易实现等优点。因为叶子节点均为类别，所以对于任意样本，总是能够从根节点依照该样本

各属性的值到达某个叶子节点，从而确定出类别。

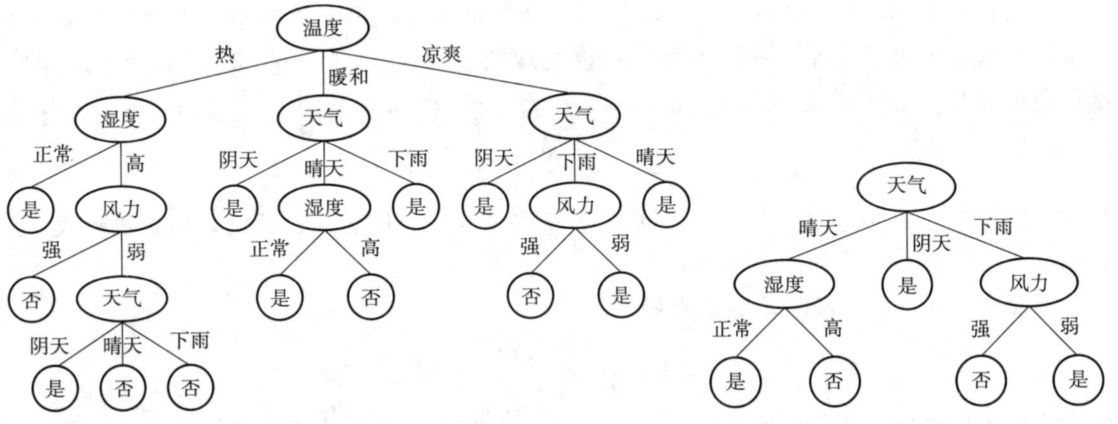

（a）复杂决策树　　（b）简单决策树

图 6-11　决策树

可以发现，图 6-11 中的两棵树均能够正确地描述表 6-1，但是两棵树明显地存在优劣之分。比较来看，显然图 6-11(b)中树的深度小，分支点少，整体更为简洁，从计算成本来说，具有明显的优势。显而易见，图 6-11(a)和图 6-11(b)的区别在于分支点的属性。因此，构建好的决策树的关键就是对每个分支点(从根节点开始)寻找最优属性，即寻找最优划分属性，使得树的深度尽可能小。

为了探究划分属性如何影响树的深度，不妨比较图 6-11(a)和图 6-11(b)中两棵树的根节点。对于图 6-11(b)来说，按照根节点天气的 3 个取值：晴天、阴天和下雨，可以将样本分为{1，2，8，9，11}、{3，7，12，13}和{4，5，6，10，14}。考察每个样本子集中样本的类别分布，它们分别为“否否否是是”、“是是是是”和“是是否是否”。对于图 6-11(a)来说，按照根节点温度的 3 个取值：热、暖和、凉爽，可以将样本分为{1，2，3，13}、{4，8，10，11，12，14}和{5，6，7，9}。它们的类别分布分别为“否否是是”、“是否是是是否”和“是否是是”。比较天气和温度作为划分属性所得样本子集的类别分布，不难发现，使用天气进行划分能够得到更“纯”的类别分布。

那么，划分后类别“纯度”高是不是图 6-11(b)优于图 6-11(a)的根本原因呢？不妨先考虑一种极端情况，现在新增一个属性——心情，假设心情好时风雨无阻去骑行，心情不好时无论如何都不去。那么使用心情作为划分属性，将会产生“纯度”最高的类别分布：心情取值为好的样本归为“是”这一类，心情取值为不好的样本归为“否”这一类。此时，使用心情已经可以将所有样本分开，无须继续分下去，所以树的深度只有 1。显然，现在心情是最好的划分属性。

因此，这里为选择划分属性提供了一个依据：在构建决策树时，针对每个节点，类别分布“纯度”提升最大的属性应该被优先选择为划分属性。

那么，如何定量地刻画“纯度”？一个基本的事实是显而易见的，即类别分布越趋于均匀，纯度越低；反之，类别分布越趋于失衡，纯度越高。类别分布的均衡性可以由信息熵反映出来，所以信息熵与“纯度”密切相关。经典的决策树算法 ID3 正是基于信息熵来确定最优划分属性的。

为了叙述方便，引入一些记号。设 Y 表示类标记集合，第 k 类样本所占比例为 p_k，D 表示样本集，A 表示属性集合，属性 a 可能的取值记为 a^1，a^2，…，a^V，取值为 a^v 的样本集合记为 D^v。D 的信息熵为

$$H(D)=-\sum_{k=1}^{|Y|}p_k\log_2 p_k$$

其中，约定 $0\log_2 0=0$。由上述讨论可知，信息熵越小，纯度越高；反之，信息熵越大，纯度越低。

针对属性 a，定义属性 a 的条件熵为

$$H(D\mid a)=\sum_{v=1}^{V}\frac{|D^v|}{|D|}H(D^v)$$

由上式可知，属性 a 的条件熵是 a 的每个取值确定的类别分布的熵的加权平均，权重为该取值下样本数占所有样本数的比重，它描述了使用属性 a 进行划分而得到的类别分布的“不纯度”，值越小，“纯度”越高。条件熵的大小正好与“纯度”的高低相反，为了保持其与“纯度”的高低一致，这里引入属性 a 的信息增益，其定义为

$$G(D,a)=H(D)-H(D\mid a)$$

属性 a 的信息增益描述了使用属性 a 作为划分属性，划分之后的类别分布比划分之前的类别分布的“纯度”提升程度：信息增益 $G(D,a)$ 越大，使用属性 a 进行划分所获得的“纯度”提升越大。因此，在选择划分属性时，应该选择信息增益最大的属性。

图 6-11(b)中的决策树正是使用这一策略获得的。那么解决了如何选择划分属性的关键问题之后，怎样构建一棵完整的决策树呢？不难发现，使用递归方式逐层确定最优划分属性即可完成。

仔细分析可以发现，信息增益对可取值数目较多的属性有所偏好。在相同条件下，取值多的属性比取值少的属性的信息增益大。如果把编号也看成属性，那么很容易算得编号的条件熵 $H(D\mid \text{编号})=0$，从而信息增益 $G(D,\text{编号})=0.940$，与其他属性相比，编号的信息增益最大。但是，编号作为属性显然没有任何区分度，对分类任务没有任何帮助。因此，需要对取值多的属性做必要的抑制，为此引入属性 a 的特征熵，即

$$H_a(D)=-\sum_{v=1}^{V}\frac{|D^v|}{|D|}\log_2\frac{|D^v|}{|D|}$$

显然，当属性的取值变多时，其特征熵具有增大的趋势。可以使用特征熵的倒数对信息增益进行抑制，解决信息增益对可取值数目较多的属性有所偏好的问题，即引入增益率

$$G_r(D,a)=\frac{G(D\mid a)}{H_a(D)}$$

这正是决策树算法 C4.5 的核心，它改进了 ID3 算法。C4.5 算法在选择划分属性时使用了启发式：先从候选划分属性中找出信息增益高于平均水平的属性，再从中选择增益率最高的属性作为最终划分属性。

在构建决策树的过程中，有可能出现所有属性的判别指标(信息增益或增益率)都很小的情况，这意味着每个属性作为划分属性均不会明显提升“纯度”。此时该节点不应该继续划分，应该作为叶子节点。为此可以引入阈值，如果某节点处最优划分属性的信息增益(或

增益率)小于该阈值，则该节点不再生成子节点，而将其作为叶子节点。

除了基于信息熵的信息增益和增益率，基尼(Gini)指数也可以用来划分属性。样本集 D 的基尼指数的定义为

$$\text{Gini}(D)=1-\sum_{k=1}^{|Y|}p_k^2$$

基尼指数反映了从数据集 D 中随机抽取两个样本，其类别标记不一致的概率。因此，Gini(D)越小，则数据集 D 的“纯度”越高，这一性质与数据集 D 的信息熵是一致的。这里给出理论方面的说明。为此，将 $-\log_2 x$ 在 $x=1$ 处一阶泰勒展开，忽略高阶无穷小项，可以得到如下关系：

$$-\log_2 p_k \approx \frac{1}{\ln 2}(1-p_k) \propto 1-p_k$$

此时，信息熵

$$H(D)=-\sum_{k=1}^{|Y|}p_k\log_2 p_k \approx \frac{1}{\ln 2}\sum_{k=1}^{|Y|}p_k(1-p_k) \propto \sum_{k=1}^{|Y|}p_k(1-p_k)=1-\sum_{k=1}^{|Y|}p_k^2$$

所以，数据集 D 的基尼指数与信息熵有一致的大小关系。这就解释了在衡量数据集 D 的“纯度”方面，基尼指数与信息熵为什么具有相似的性质。

既然如此，采用基尼指数也可以描述类别分布的“纯度”。类似于属性 a 的条件熵，定义属性 a 的基尼指数为

$$\text{Gini}(D,\ a)=\sum_{v=1}^{V}\frac{|D^v|}{|D|}\text{Gini}(D^v)$$

属性 a 的基尼指数与属性 a 的条件熵具有类似的性质：属性 a 的基尼指数越小，用属性 a 作为划分属性得到的类别分布的“纯度”越高。因此，如果使用基尼指数选择划分属性，应该选择基尼指数最小的属性。这也正是决策树算法 CART 采用的方法，与 ID3 算法和 C4.5 算法不同，CART 算法在构建决策树时，无论属性的取值个数是多少，每次只考虑二值情况，如针对属性天气，可以先考虑晴天和非晴天，然后针对非晴天，再考虑阴天和下雨。这样一来，CART 算法产生的决策树是二叉树，而不是像 ID3 和 C4.5 算法那样产生多叉树。与多叉树相比，二叉树在实现效率方面具有明显的优势。

6.1.5　分类模型的评价

在二分类问题中，通常根据实际情况将一类样本记为阳性(positive)，将另一类样本记为阴性(negative)。在衡量模型的预测能力时，通常关注两类错误：一是误检，即本来是阴性的样本，模型预测为阳性，常称为假阳性(false positive，FP)；二是漏检，即本来是阳性的样本，模型预测为阴性，常称为假阴性(false negative，FN)。正确结果也有两类：一是真阳性(true positive，TP)，即本来是阳性的样本，模型预测为阳性；二是真阴性(true negative，TN)，即本来是阴性的样本，模型预测为阴性。

常用评价指标

在评价二分类模型时，通常考虑阳性类别的精确率(precision)P、召回率(recall)R 和 F_1 值，计算方法为

$$P=\frac{\mathrm{TP}}{\mathrm{TP}+\mathrm{FP}},\ R=\frac{\mathrm{TP}}{\mathrm{TP}+\mathrm{FN}},\ F_1=\frac{2PR}{P+R}$$

其中，FP、FN、TP 和 TN 分别表示测试集中假阳性、假阴性、真阳性和真阴性的样本数量。当衡量模型在测试集上的综合性能时，可以考察准确率 A，其计算方法为

$$A=\frac{\mathrm{TP}+\mathrm{TN}}{\mathrm{TP}+\mathrm{TN}+\mathrm{FP}+\mathrm{FN}}$$

针对多类分类问题，当关注某个类别的评价时，可以将该类看作阳性，将其余的类别都视为阴性，单独计算模型在该类的精确率 P、召回率 R 和 F_1 值。此时 TP 表示正确预测为该类别的样本数，FP 表示预测为该类别但不是该类别的样本数，FN 表示是该类别但预测为其他类别的样本数，TN 表示不是该类别且预测结果也不是该类别的样本数。

准确率描述了模型预测正确的比例，所以多类分类模型的准确率 A 定义为

$$A=\frac{T}{N}$$

其中，N 为测试样本总数，T 为预测正确的样本总数，即每个类别正确预测的样本量的总和。

6.2 回归问题

作为监督学习的代表，分类问题和回归问题在现实生活中随处可见。分类问题中的标注信息是离散的，从而模型输出的是离散值；回归问题中的标注信息是连续的，从而模型输出的是连续值。6.1 节介绍的分类算法中，除了朴素贝叶斯算法，其他算法稍加改造均可解决回归任务，算法原理基本一致，这里不再赘述。本节将重点介绍基本的线性回归模型。

分类与回归的关系

6.2.1 线性回归模型

1. 最小二乘回归模型

假设经过特征提取后样本共有 n 个特征，特征向量 $\boldsymbol{x}$ 的维度为 n。在提取特征的方式确定后，每个样本的特征具有唯一性，所以对样本和特征不做区分，提到样本即指其特征向量。设共有 m 个样本，表示为向量 $\boldsymbol{x}_i$，$i=1, 2, \cdots, m$，第 i 个样本的标注信息(真实输出值)为 y_i。

如果回归问题中的标注信息和特征向量之间存在线性关系，就可以学习一个线性回归模型，用以对新出现的数据进行预测。为了便于理解，这里考虑一维特征的情况。如图 6-12 所示，横坐标是特征，纵坐标是标注，每个圆点对应一个样本。直观来看，这些点基本呈线性关系，如果能够找到一个一元线性函数(一条直线)将这种关系描述出来，就能够预测新样本的输出。这就是线性回归的本质：在训练数据基

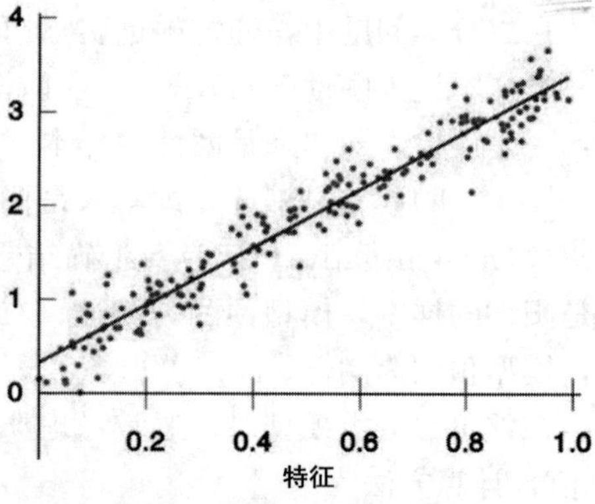

图 6-12　线性回归示意图

本呈线性关系的前提下，寻找一个线性函数，最大限度地描述训练数据所蕴含的规律。

为此，设所求线性函数为

$$f(\boldsymbol{x})=\boldsymbol{w}^{\mathrm{T}}\boldsymbol{x}+b$$

其中，$\boldsymbol{w}=(w_1, w_2, \cdots, w_n)^{\mathrm{T}}$ 是系数，b 是截距，也称为偏置。线性回归的任务便是通过训练样本求解系数 $\boldsymbol{w}$ 和截距 b。

在最小二乘准则下，可以通过求解以下优化问题获得最优参数：

$$(\boldsymbol{w}^*, b^*)=\arg\min_{(\boldsymbol{w}, b)}\sum_{i=1}^{m}(\boldsymbol{w}^{\mathrm{T}}\boldsymbol{x}_i+b-y_i)^2$$

其中，$\sum_{i=1}^{m}(\boldsymbol{w}^{\mathrm{T}}\boldsymbol{x}_i+b-y_i)^2$ 称为平方损失，描述了训练样本的模型输出值和实际值之间的总误差。

将平方损失分别对系数 $\boldsymbol{w}$ 和截距 b 求偏导，并令偏导数等于零，可以求得上述优化问题的解析解为

$$(\boldsymbol{w}^*; b^*)=(\boldsymbol{X}^{\mathrm{T}}\boldsymbol{X})^{-1}\boldsymbol{X}^{\mathrm{T}}\boldsymbol{y}$$

其中，$\boldsymbol{X}=\begin{pmatrix}\boldsymbol{x}_1 & \boldsymbol{x}_2 & \cdots & \boldsymbol{x}_m\\ 1 & 1 & \cdots & 1\end{pmatrix}^{\mathrm{T}}$。注意到解析解中包含矩阵求逆的运算，需要 $\boldsymbol{X}^{\mathrm{T}}\boldsymbol{X}$ 是满秩矩阵，这就要求样本个数远大于特征的维度，才能保证解的稳定性。当样本个数不足，接近特征维度时，$\boldsymbol{X}^{\mathrm{T}}\boldsymbol{X}$ 即使满秩也容易形成病态矩阵(例如在数据存在多重共线性的情况下)，此时最小二乘法对输入变量中的噪声非常敏感，其解会很不稳定。

解决解不稳定问题可以从两个方面入手：增加样本个数和减少属性个数。在实际问题中，样本往往相对固定，在样本无法增加的情况下只能探索减少属性个数的思路。减少属性个数可以从两个方面入手：降低某些属性的影响和剔除某些属性。岭回归(ridge regression)和 LASSO(least absolute shrinkage and selection operator)回归是这两种方式的代表。

2. 岭回归模型

岭回归模型在最小二乘回归模型中增加正规项来抑制权重系数，从而降低某些属性的影响。岭回归模型表述如下：

$$(\boldsymbol{w}^*, b^*)=\arg\min_{\boldsymbol{W}}(\|\boldsymbol{XW}-\boldsymbol{y}\|_2^2+\alpha\|\boldsymbol{W}\|_2^2)$$

其中，$\boldsymbol{W}=(\boldsymbol{w}; b)$ 表示将 b 拼接到列向量 $\boldsymbol{w}$ 后得到的 $n+1$ 维向量，$\|\cdot\|_2$ 是向量的 L2 范数，等于向量每个元素平方和的开方。不难推导：$\|\boldsymbol{XW}-\boldsymbol{y}\|_2^2$ 是平方损失；$\|\boldsymbol{W}\|_2^2$ 是正规项，通常称为 L2 正规项；α 是正规项系数，用来调节平方损失和正规项之间的权重。

上述岭回归模型也有解析解，即

$$(\boldsymbol{w}^*; b^*)=(\boldsymbol{X}^{\mathrm{T}}\boldsymbol{X}+\alpha\boldsymbol{I})^{-1}\boldsymbol{X}^{\mathrm{T}}\boldsymbol{y}$$

其中，$\boldsymbol{I}$ 是单位矩阵。与最小二乘回归模型的解相比，可以找到合适的 α 使得 $(\boldsymbol{X}^{\mathrm{T}}\boldsymbol{X}+\alpha\boldsymbol{I})^{-1}$ 比 $(\boldsymbol{X}^{\mathrm{T}}\boldsymbol{X})^{-1}$ 更稳定。即使样本数量不足或数据存在的多重共线性导致 $\boldsymbol{X}^{\mathrm{T}}\boldsymbol{X}$ 是病态矩阵，岭回归模型的解通过补偿一定比例的单位矩阵，可以使得岭回归模型对输入变量中噪声的鲁棒性更好。

显然当 $\alpha=0$ 时，岭回归模型退化为最小二乘回归模型。为了考察 α 对系数 $\boldsymbol{W}$ 的影响，这里设计了一个实验。设 $\boldsymbol{H}$ 是 10 阶希尔伯特矩阵，即第 i 行第 j 列元素 $a_{ij}=\frac{1}{i+j-1}$。取

$\boldsymbol{H}$ 的前 5 列作为样本数据 $\boldsymbol{X}$，表示有 10 个样本，5 个属性，且每个样本的标注均为 1。实验中不考虑偏置，即线性回归模型中 $b=0$。在区间$[10^{-10}, 10^{-2}]$内等间隔地取 200 个数值分别作为正规项系数 α。α 取不同的数值，使用岭回归模型可以得到不同的系数 $\boldsymbol{w}^*$。如图 6-13 所示，以 $\boldsymbol{w}^*$ 中每个分量的大小作为纵坐标，以正规项系数 α 作为横坐标，可得 5 条曲线，每条曲线对应 $\boldsymbol{w}^*$ 中的一个分量。这种曲线常称为正规化路径，它描述了回归系数的估计值随正规项系数增大而变化的趋势。

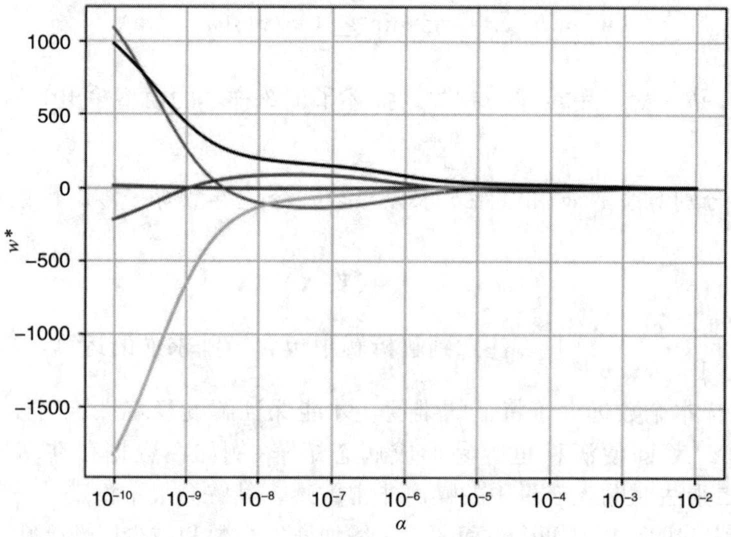

图 6-13　正规项系数对岭回归模型的影响

分析图 6-13 的曲线可知，当 α 逐渐变小时，$\boldsymbol{w}^*$ 中各分量越来越分散，分量的绝对值越来越大，这会使模型对噪声越来越敏感，效果越来越趋近最小二乘回归模型。反之，当 α 逐渐变大时，$\boldsymbol{w}^*$ 中各分量越来越集中，分量的绝对值越来越小，这时模型对噪声变得越来越鲁棒。由此可以看出正规项对系数 $\boldsymbol{w}^*$ 有一定的抑制作用，通过抑制系数降低了对应属性的影响。当然，α 不能太大，否则正规项将起主导作用，导致系数 $\boldsymbol{w}^*$ 趋于零向量。在解决实际问题时，需要根据实际情况进行调参，确定最佳正规项系数。

3. LASSO 回归模型

如果说将 L2 范数作为正规项可以抑制系数 $\boldsymbol{W}$，以减小属性的影响，那么将 L1 范数作为正规项可以优先筛选掉一些不太重要的属性(与输出的相关性不高，或者与其他属性存在多重共线性)，LASSO 回归模型正是使用了 L1 范数，该模型表达如下：

$$(\boldsymbol{w}^*, b^*)=\arg\min_{\boldsymbol{W}}(\|\boldsymbol{XW}-\boldsymbol{y}\|_2^2+\alpha\|\boldsymbol{W}\|_1)$$

其中：$\|\cdot\|_1$ 是向量的 L1 范数，等于向量每个元素绝对值的和；$\|\boldsymbol{W}\|_1$ 常称为 L1 正规项；与岭回归模型一样，α 是正规项系数，用来调节平方损失和正规项之间的权重。

与岭回归模型不同，LASSO 回归模型没有解析解，可以使用坐标下降法、最小角回归法等求解。受篇幅所限，这里对模型求解算法不做详细介绍。

使用与岭回归模型的正规化路径一样的数据，正规项系数对 LASSO 回归模型的影响如图 6-14 所示。

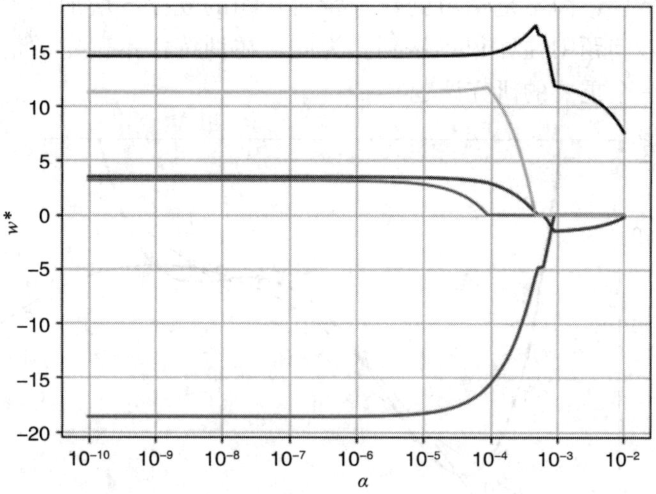

图 6-14 正规项系数对 LASSO 回归模型的影响

分析图 6-14 的曲线可知，当 α 小于 10^{-5} 时，$\boldsymbol{w}^*$ 中各分量几乎不受 α 的影响，此时正规项几乎不起作用，整个模型由平方损失主导。当 α 大于 10^{-5} 时，有 3 个分量开始明显变化，直到 α 接近 10^{-4} 时，有一个分量快速变为 0。随着 α 继续增大，有更多的分量变为 0，α 接近 10^{-2} 时，只有一个分量不为 0。这种有多个分量为 0 或者非常接近 0 的向量，称为稀疏向量，也称该向量具有稀疏性。通常可以选择合适的正规项系数，使 LASSO 回归模型的解具有稀疏性。$\boldsymbol{w}^*$ 分量为 0 的系数使得模型中对应属性不起作用，相当于筛选掉该属性。因此，一定大小的正规项系数 α 可以使部分回归系数为 0，或者非常接近 0，从而达到自动筛选掉某些属性的目的。

4. 模型正规化

回顾前文，样本量不足和多重共线性可能导致最小二乘回归模型对噪声非常敏感。事实上，样本量不足更多地影响模型对新数据的预测能力。这种对未知数据的预测能力称为模型的泛化能力。如何提升模型的泛化能力是机器学习中需要考虑的重要问题。

模型的泛化能力差主要表现在两个方面：欠拟合和过拟合。如图 6-15 所示，针对 5 个散点数据，直线模型不能很好地描述数据背后隐藏的规律，这是模型欠拟合的表现。4 次多项式曲线模型尽管与给定的数据完全吻合，但是却出现非常大的振荡，导致模型对噪声非常敏感，如输入小于 5 或大于 20 时，微小的扰动就会导致输出发生巨大的变化，这是模型过拟合的表现。对比来看，二次多项式曲线模型尽管没有和所有数据都吻合，但是与数据的整体变化趋势基本一致，可以说该模型比较好地学习到了数据背后隐藏的规律。

欠拟合是指模型在训练集上无法获得足够小的误差，表现为模型在训练集上的效果不好，根本无法用来预测新数据。根源在于模型的复杂度低，无法驾驭相应的训练样本。解决欠拟合的措施主要是提升模型的复杂度。可以挖掘更多的特征以增加模型的参数个数，从而达到提升模型的复杂度的目的，也可以尝试更换更复杂的模型。

过拟合是指模型的训练误差较小，而测试误差很大，表现为模型在训练集上的效果很好，但在测试集上的效果却很差。主要根源是模型复杂，而训练样本不足，导致模型学习到个别训练样本的特性，而不是学习到数据背后普遍的规律。增加样本数量可以解决过拟合的问题，但是实际问题中往往很难做到。为此，在训练样本确定的情况下，如何降低模型的过拟合风险是一个重要的研究课题。

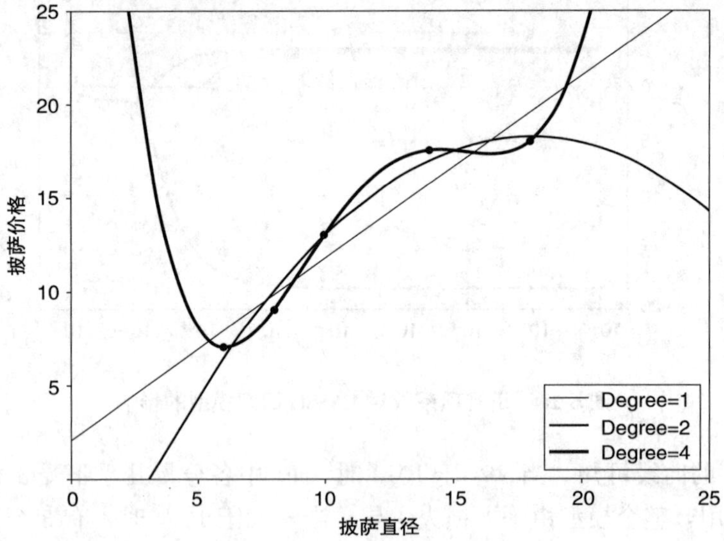

图 6-15　模型过拟合与欠拟合

类似于岭回归模型和 LASSO 回归模型的做法，在模型中加入正规项是解决过拟合问题的重要手段，这一过程称为正规化，即在已有模型中加入人工设计的经验模型，对决策变量加以约束，以减小模型的过拟合。形如岭回归模型，在模型中加入 L2 范数作为正规项，称为 L2 正规化；形如 LASSO 回归模型，在模型中加入 L1 范数作为正规项，称为 L1 正规化。

如前所述，图 6-15 中的 4 次多项式曲线有明显的过拟合，对该模型做 L2 正规化和 L1 正规化，正规项系数均为 1，结果分别如图 6-16(a)和图 6-16(b)所示。从结果来看，这两种正规化方法均有效地降低了模型的过拟合程度。

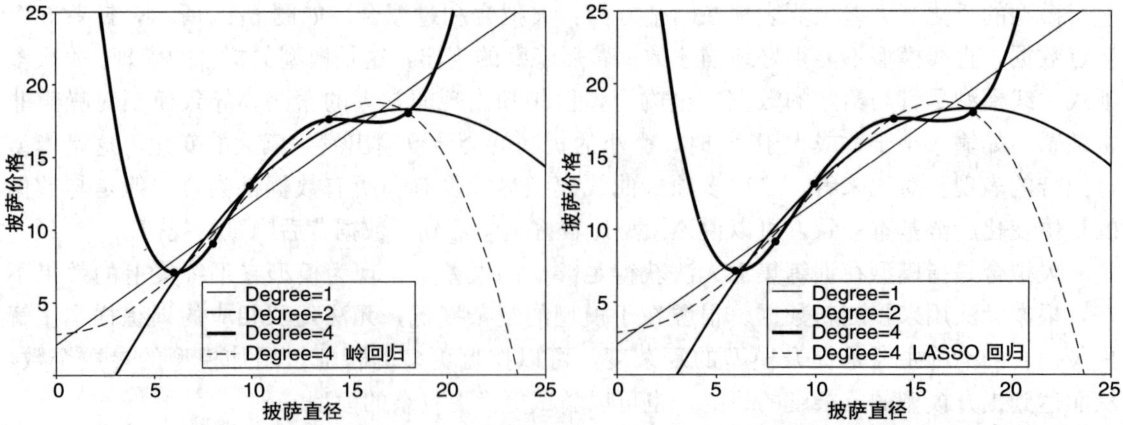

（a）L2正规化　　（b）L1正规化

图 6-16　正规化的效果

对比图 6-13 和图 6-14，可以发现相比于岭回归模型，LASSO 回归模型的解往往具有稀疏性。注意到岭回归模型使用 L2 正规化、LASSO 回归模型使用 L1 正规化的事实，可以得到一个基本结论：相比于 L2 正规化，L1 正规化更倾向于使模型的解具有稀疏性。这里通过一个实例进一步说明该结论。

设目标函数为

$$f(w_1, w_2)=(w_1-w_2)^2+10(w_1-1.2)^2$$

考虑两个约束优化问题，L1 范数约束

$$\min_{w_1,w_2} f(w_1, w_2), \quad |w_1|+|w_2|\leqslant C$$

和 L2 范数约束

$$\min_{w_1,w_2} f(w_1, w_2), \quad w_1^2+w_2^2\leqslant C$$

注意到使用拉格朗日乘子法，总是可以将上述约束优化问题等价转化为 L1 正规化和 L2 正规化的无约束优化问题

$$\min_{w_1,w_2}[f(w_1, w_2)+\alpha(|w_1|+|w_2|)]$$

和

$$\min_{w_1,w_2}[f(w_1, w_2)+\alpha(w_1^2+w_2^2)]$$

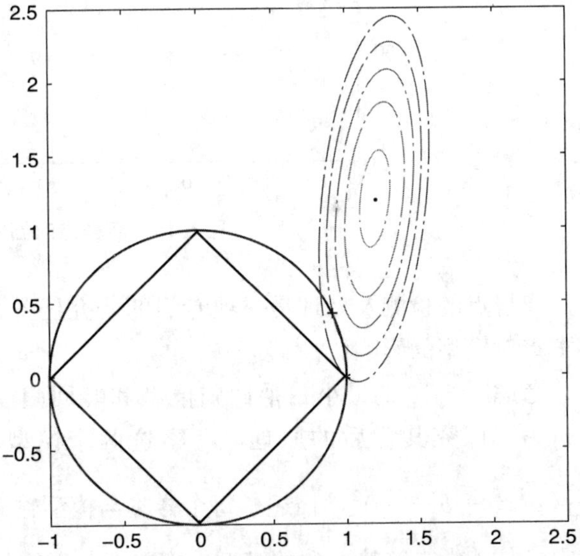

图 6-17　正规化方式对解的影响

这里正规项系数 α 依赖于约束条件中的 C。因此，只要考虑上述约束优化问题，便可理解 L1 正规化和 L2 正规化分别如何影响最优解。为此取 $C=1$，为了便于理解，画出上述约束优化的可行域边界以及 $f(w_1, w_2)$ 的等高线，结果如图 6-17 所示。

显然，如果没有约束条件，最优解是 $(w_1, w_2)=(1.2, 1.2)$，即在 $(w_1, w_2)=(1.2, 1.2)$ 处取得最小值。约束条件 $w_1^2+w_2^2\leqslant 1$ 描述了一个圆面，在此约束下最优解偏离 $(1.2, 1.2)$，在圆面内取得最优解。结合 $f(w_1, w_2)$ 的等高线，可以确定此时的最优解位于等高线和圆面相切的位置，正是图中“+”所在位置。此外，正是该约束条件迫使 (w_1, w_2) 的两个分量向 0 靠拢，这与岭回归模型减弱属性的影响是一致的。

约束条件 $|w_1|+|w_2|\leqslant 1$ 描述了一个顶点在坐标轴上的正方形，在此约束下最优解位于等高线和正方形区域相切的位置，对应图中“$*$”所在位置，正是正方形的一个顶点，其坐标为(1, 0)。这其实不是偶然现象，从图 6-17 来看，在 L1 范数确定的正方形区域中，4 个角更容易与目标函数的等高线相切，而这些角正好位于坐标轴上。如果是在高维空间

中，与等高线相切的点会倾向于落在坐标轴附近或者落在坐标轴上，这就形成了稀疏解。相比而言，L2 范数确定的圆形区域中，与等高线相切的位置没有倾向性，所以 L2 正规化模型的解一般没有明显的稀疏性。

5. Huber 回归模型

数据是机器学习的基石，但是在实际问题中现有数据不一定都是正常的。测量、统计等失误及客体的异常行为等均可能导致数据异常，出现离群点。如图 6-18 所示，坐标系左上角和右下角分别存在两个离群点。如果不考虑这 4 个离群点，剩下的数据具有较为一致的趋势。但是离群点的存在使最小二乘回归模型和岭回归模型大幅偏离这一趋势，可见离群点对模型的影响非常大。

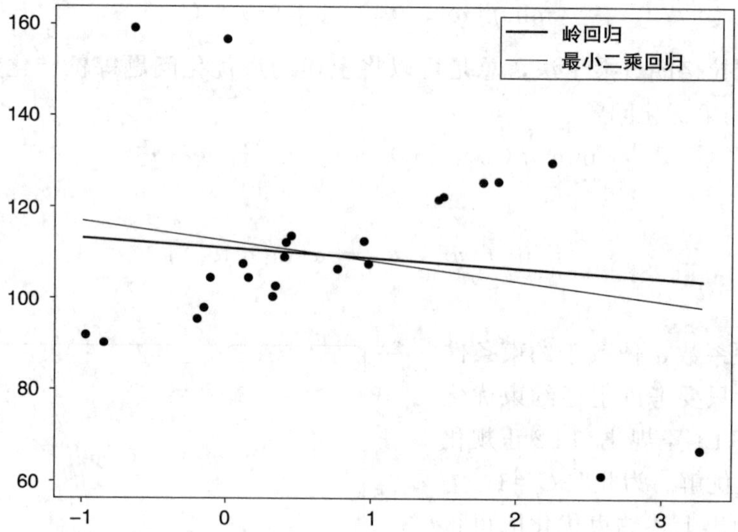

图 6-18　离群点对回归模型的影响

离群点的检测及处理是一项专门的研究任务，这里主要关注如何从模型本身入手降低离群点对模型的影响。

考虑图 6-18 的最小二乘回归模型和岭回归模型，离群点的存在迫使模型向离群点靠近。为了探究其背后的原理，考察这两个模型的损失函数。它们均使用平方损失，即 $\sum_{i=1}^{m}(\boldsymbol{w}^{\mathrm{T}}\boldsymbol{x}_i+b-y_i)^2$，描述了每个样本与模型输出之间的综合差距。先抛开离群点不考虑，将得到与正常点趋势一致的模型，即向右上方倾斜的直线。此时再将 4 个离群点考虑进来，显然它们的损失非常大，这将迫使极小化算法优先降低离群点的损失，从而使模型偏向离群点。因此，减小离群点的影响可以从降低离群点的损失入手。注意到平方损失会使较大的损失(大于 1)变得更大，所以在保持较小损失的前提下，可以通过降低大损失的幂次来抑制离群点的影响。Huber 损失函数正是基于这一思想，其表达式为

$$H_{\varepsilon}(z)=\begin{cases}z^2, & |z|<\varepsilon \\ 2\varepsilon|z|-\varepsilon^2, & 其他\end{cases}$$

其中，ε 是大于 0 的参数，用来调节保持平方损失的范围。图 6-19 展示了 ε 取不同值的效

果，以及其与平方损失函数的比较。可以看出，ε 越来越大时，Huber 损失函数接近平方损失函数，当 ε 越来越小，甚至接近 0 时，Huber 损失函数越来越趋于绝对值损失函数。

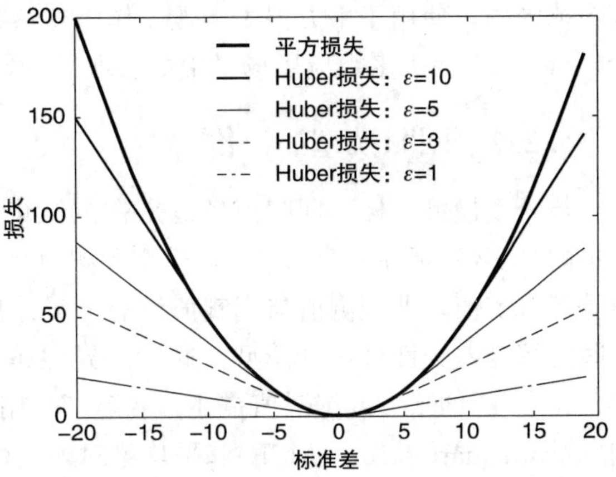

图 6-19　ε 取不同值的 Huber 损失函数

可以看出 Huber 损失函数在损失较小时沿用平方损失函数，在较大损失的情况下，使用线性函数。这种策略可以在保持正常数据使用平方损失函数的前提下，针对离群点使用绝对值损失函数，从而降低离群点的影响。

将岭回归模型中的平方损失函数替换为 Huber 损失函数，可以得到 Huber 回归模型为

$$\min_{\boldsymbol{W},\ \sigma}\left[\sum_{i=1}^{m}\left(\sigma+H_{\varepsilon}\left(\frac{\boldsymbol{X}_i\boldsymbol{W}-y_i}{\sigma}\right)\sigma\right)+\alpha\|\boldsymbol{W}\|_2^2\right]$$

其中：$\boldsymbol{X}_i=(\boldsymbol{x}_i;\ 1)^{\mathrm{T}}$ 表示第 i 个样本的末尾添加 1 后再转置所得的行向量；σ 是尺度化因子，随回归系数 $\boldsymbol{W}$ 一起优化。

重新考虑图 6-18 中具有离群点的数据，使用不同参数 ε 得到的 Huber 回归模型如图 6-20 所示。

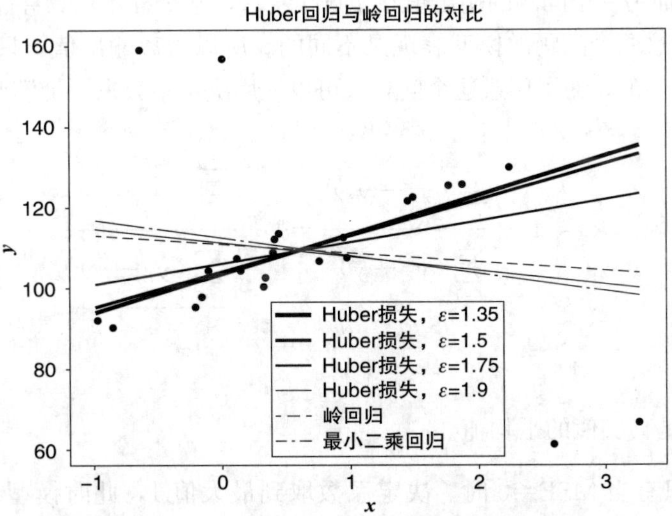

图 6-20　不同参数 ε 的 Huber 回归模型在具有离群点的数据上的表现

可以看出，Huber 回归模型确实可以降低离群点的影响，在 ε 取值为 1.75、1.5 和 1.35 的情况下，Huber 回归模型明显优于最小二乘回归模型和岭回归模型。但是当 ε 取到 1.9 时，Huber 回归模型的效果很差，接近最小二乘回归模型和岭回归模型。这是因为较大的 ε 使得 Huber 损失函数在很大的范围内沿用了平方损失函数，而当前离群点正好落在

这个范围内，使用了平方损失函数。作为超参数，可以通过调参的方法确定最佳 ε。根据经验，$\varepsilon=1.35$ 在大多数应用场景中能够取得较好的效果。

6.2.2 回归模型的评价

与分类模型一样，回归模型也是在测试集上评价的。设有 s 个测试样本，第 i 个测试样本的真实值(标注信息)是 y_i，模型预测值是 $\hat{y}_i$。训练模型的目标是每个测试样本的预测值等于真实值，即预测值与真实值没有差异。所以可以通过考察所有样本预测值和真实值之间的综合差异性来评价模型：这种差异性越小，模型的预测效果越好。差异性通常使用误差 $y_i-\hat{y}_i$ 的平方或绝对值描述，“综合”采用平均即可实现。对应的评价方法称为均方误差(mean square error，MSE)和平均绝对误差(mean absolute error，MAE)，其值分别为

$$\mathrm{MSE}=\frac{\sum_{i=1}^{s}(y_i-\hat{y}_i)^2}{s}$$

$$\mathrm{MAE}=\frac{\sum_{i=1}^{s}|y_i-\hat{y}_i|}{s}$$

显然，MSE 和 MAE 越小，模型在测试集上的表现越好，特别地，当 MSE＝0 或者 MAE＝0 时，模型在测试样本上没有丝毫错误，表现完美。针对同一个测试集，在比较不同的回归模型时，MSE 和 MAE 均能很好地给出一致性的结论。但是当只评价一个模型时，这两个指标存在共同的问题：值的大小没有参考性。如一个问题中的输出值在 0～1 范围内，某个样本误差是 1；而另一个问题的输出值在 1 000 左右，某个样本的误差也是 1。尽管误差的值相同，但是显然这两个问题的模型表现是不同的。所以脱离输出值，只看 MSE 或者 MAE 的数值是没有参考性的。为了回避这个问题，可以使用决定系数来评价模型，即

$$R^2=1-\frac{\sum_{i=1}^{s}(y_i-\hat{y}_i)^2}{\sum_{i=1}^{s}(y_i-\overline{y})^2}=1-\frac{\frac{\sum_{i=1}^{s}(y_i-\hat{y}_i)^2}{s}}{\frac{\sum_{i=1}^{s}(y_i-\overline{y})^2}{s}}$$

其中，$\overline{y}=\frac{\sum_{i=1}^{s}y_i}{s}$ 是真实值的平均值。

(1)$R^2=1$。只有当 MSE＝0 时，决定系数取到最大值 1，此时模型在测试集上没有任何错误，表现完美。

(2)$R^2=0$。当模型将所有测试样本预测为均值 $\overline{y}$ 时，$\mathrm{MSE}=\frac{\sum_{i=1}^{s}(y_i-\overline{y})^2}{s}$，此时 $R^2=0$。当模型随机地给出预测值时，决定系数接近 0。所以，当决定系数等于 0 或者很接近 0 时，模型的预测能力与随机猜测差不多，此时模型已经没有意义。

(3)$R^2<0$。当模型的预测能力不如随机猜测时，决定系数小于0，此时模型已经没有任何必要。所以，通常不考虑决定系数小于0的情况。

(4)$0<R^2<1$。决定系数没有量纲，其值越大，说明模型在测试集上的预测效果越好。可以通过接近1的程度来衡量模型的优异程度。

6.3 其他算法

6.3.1 集成学习：随机森林和梯度提升树

集成学习(ensemble learning)是一种学习策略，而不是一种新的机器学习模型。它通过构建多个学习器并将它们结合起来完成学习任务。通常先生成一组个体学习器，再用某种策略将它们结合起来。根据个体学习器的类型可以将集成学习分为同质集成和异质集成：同质集成的个体学习器是同种类型，这些个体学习器也称基学习器，相应的算法称为基学习算法；异质集成的个体学习器是不同类型的，这些个体学习器也称组件学习器。

同质集成中比较常用的基学习器是决策树，对应的两种代表性算法是随机森林(random forest)和梯度提升树(gradient boosting decision tree，GBDT)，它们各自代表了两种不同的集成策略。以随机森林为代表的策略中，个体学习器之间不存在强依赖关系，它们可以同时并行地生成。以梯度提升树为代表的策略中，个体学习器之间存在强依赖关系，它们必须串行地序列化生成。

1. 随机森林

要获得好的集成，个体学习器应“好而不同”，即个体学习器要有一定的准确性，不能太坏，并且要有多样性，个体学习器之间具有差异。

随机森林通过样本扰动和属性扰动来实现各决策树之间的差异性，保证各基学习器的多样性。在预测阶段对每棵树的结果进行汇总，最终通过投票的方式做出决策。

随机森林的构建过程描述如下。

(1)样本扰动。针对容量是 m 的训练集，有放回地随机选择 m 个样本作为新的训练集，该训练集中可能有重复的样本。

(2)基于随机选择的训练集，构建一棵决策树。构建决策树时，当节点需要分裂时，先从 d 个属性中随机选择 k 个，然后从选择出来的属性中根据信息增益或者基尼指数确定最优划分属性。

(3)按照步骤(1)～(2)构建更多的决策树。

上述过程中，如果 k 减小，树之间的相关性会降低，这有助于提升树之间的差异性，从而提升整个森林的性能；但是单棵树的分类能力同时也会降低，这又影响整个森林的分类能力。反之，如果 k 增大，单棵树的分类能力会增加，从而提升整个森林的性能；但是属性扰动会随之减弱，从而导致树之间的相关性增大，这也影响整个森林的分类能力。

因此，存在一个合适的 k，从经验来看，$k=\log_2 d$ 通常可以达到理想的效果。

2. 梯度提升树

梯度提升树是集成学习中提升方法的代表，它的基学习器也是决策树。与随机森林不同的是，梯度提升树使用了迭代方法，逐步训练众多弱学习器，最后组合弱学习器，得到最终的强学习器。

用于分类的梯度提升树使用对数损失函数，在每一次迭代中，假设前一轮迭代得到的强学习器是 $f_{t-1}(x)$，损失函数是 $L(y, f_{t-1}(x))$，那么本轮迭代就是寻找一棵决策树 $h_t(x)$，使得本轮的损失函数 $L(y, f_t(x))=L(y, f_{t-1}(x)+h_t(x))$ 最小。这个损失一般不易确定，所以使用损失函数的负梯度近似本轮损失。

6.3.2 非线性回归

回归问题与分类问题的主要区别在于模型的输出值是否离散，大多数用于解决分类问题的模型稍加改造便可用于解决回归问题。这里以 kNN 算法为例，给出用于解决回归问题的 kNN 模型。支持向量机、决策树、随机森林和梯度提升树均可以解决回归问题。

用于解决分类问题的 kNN 算法的核心思想是：目标样本(待分类样本)的类别信息由与其最近的 k 个训练样本的类别决定。对该思想稍加拓展，便可得到用于解决回归问题的思路：目标样本(待预测样本)的预测值将由与其最近的 k 个训练样本的值共同决定。至于决定方式，可以选择简单平均，也可使用加权平均。kNN 回归算法的具体步骤如下：

(1)计算待预测样本与各训练样本之间的距离；

(2)按照距离的递增关系进行排序；

(3)选取距离最小的 k 个训练样本；

(4)对 k 个近邻的数值进行平均，作为待预测样本的输出值。

在上述步骤中，最后一步可以考虑使用加权平均，k 个训练样本的权重与其到待测样本之间的距离相关，距离越大，权重越小。

习　题

1. 简述惰性学习和急切学习的区别。已学过的算法中，哪些是惰性学习方法？哪些是急切学习方法？

2. 简述支持向量机的惩罚系数 C 对分类结果的影响。

3. 简述判别式模型和生成式模型的区别。已学过的模型中，哪些是判别式模型？哪些是生成式模型？

4. 阐述不同的决策树属性划分指标的异同及优缺点。

5. 召回率和精确率之间有必然的大小关系吗？是否存在召回率大但精确率小的情况？是否存在精确率大但召回率小的情况？

6. 阐述岭回归、LASSO 回归和 Huber 回归的区别及各自的特点。

习题解析

第 7 章 无监督学习算法

章节导航

- 了解无监督学习的基本概念。
- 掌握 k 均值聚类、层次聚类和密度聚类等常用聚类算法的核心思想。
- 掌握主成分分析算法的核心思想。
- 能够使用相应算法解决实际问题。

本章知识导图

7.1 聚类算法

聚类算法是机器学习中对样本进行分组所使用的一种算法。针对给定的样本集，通过聚类算法可以将样本集划分为不同的簇，使得簇内样本尽可能相似，同时使簇间样本的差异尽可能大。作为一种常用的数据分析算法，聚类算法在很多领域均有广泛应用。如将图像中不同前景和背景分离的图像分割、根据文本内容的相似性进行网页聚类、通过浏览和购买商品的习惯及行为进行电商用户聚类等，都是应用聚类算法实现的。

为了后文叙述方便，这里重述一下符号：设有 m 个样本，样本集为 $D=\{\boldsymbol{x}_1, \boldsymbol{x}_2, \cdots, \boldsymbol{x}_m\}$，使用聚类算法将样本集 D 划分为 k 个簇，记为 C_l，$l=1, 2, \cdots, k$，其中 $C_l \subset D$。通常情况下，$\{C_1, C_2, \cdots, C_k\}$ 构成样本集 D 上的一个划分，即满足如下条件：

(1)$C_l \neq \varnothing$；

(2)$D=\bigcup\limits_{l=1}^{k} C_l$；

(3)$C_l \cap C_{l'}=\varnothing$，$l \neq l'$。

条件(2)要求每个样本必须归到某个簇中，条件(3)使得每个样本只能归到一个簇中。

大多数聚类算法所得结果满足上述 3 个条件，但是也有个别算法不满足条件(2)，如密度聚类的代表算法——具有噪声的基于密度的聚类算法(density-based spatial clustering of application with noise，DBSCAN)。使用该算法聚类后，个别样本不属于任何簇，此时这些样本称为噪声样本。

7.1.1 k 均值聚类算法

物以类聚，人以群分。如前文所述，聚类的目标是使得簇内样本尽可能相似，簇间样本的差异尽可能大。换句话说，就是要求簇内的样本非常集中，如果从距离的角度考虑，

就是要求簇内样本到该簇中心的距离尽可能小。当已经确定需要分成 k 个簇时，可以最小化平方误差

$$E=\sum_{i=1}^{k}\sum_{x\in C_i}\|\boldsymbol{x}-\boldsymbol{\mu}_i\|_2^2$$

k 均值聚类案例

其中，$\boldsymbol{\mu}_i=\frac{1}{|C_i|}\sum_{x\in C_i}\boldsymbol{x}$ ，是第 i 个簇 C_i 的均值，称为聚类中心。

上述优化问题需要考虑集合 D 上所有可能的划分，是一个 NP 难问题，需要使用近似策略求解。k 均值聚类算法使用了贪心策略，从随机选定的聚类中心开始，交替更新簇和聚类中心，直至簇稳定下来。算法描述如下。

(1)从集合 D 中随机选择 k 个样本作为初始的聚类中心：$\boldsymbol{\mu}_1$，$\boldsymbol{\mu}_2$，…，$\boldsymbol{\mu}_k$。

(2)更新簇：依次从集合 D 中选取第 i 个样本 $\boldsymbol{x}_i$，在当前 k 个聚类中心中，找到与 $\boldsymbol{x}_i$ 距离最短的样本，然后将 $\boldsymbol{x}_i$ 归到该聚类中心代表的簇中。

(3)更新聚类中心：计算每个簇的均值，更新聚类中心。

(4)如果所有聚类中心不再发生变化，则停止更新，并输出簇；否则转到第(2)步。

值得注意的是，上述算法的第(2)步可能产生空簇。此时可以利用其他簇的聚类中心重新构建该簇的聚类中心，也可以随机挑选一个样本作为该簇的聚类中心。此外，上述算法中的距离默认是欧几里得距离，也可以使用其他距离。

k 均值聚类算法的原理简单，易于实现，且可解释性强，但结果是局部最优的，且严重依赖初始聚类中心。解决办法是进行多轮聚类，然后选择最优的聚类结果。此外，如果初始聚类中心选择得好的话，可以加快收敛速度，同时也更容易获得全局最优解。因此，如何选择合适的初始聚类中心也得到用户的广泛关注。其中，k 均值＋＋算法基于“聚类中心相互之间分得越开越好”的思想确定初始聚类中心。算法描述如下。

(1)从输入的数据集中随机选择一个样本作为第一个聚类中心 $\boldsymbol{\mu}_1$。

(2)对于数据集中的每一个样本 $\boldsymbol{x}_i$，计算它与已选择的聚类中心中最近聚类中心的距离，即

$$\rho(\boldsymbol{x}_i)=\min_r\|\boldsymbol{x}_i-\boldsymbol{\mu}_r\|_2^2,\ r=1,\ 2,\ \cdots,\ k$$

(3)选择一个新的数据点作为新的聚类中心，选择原则是：$\rho(\boldsymbol{x})$较大的点，被选取作为聚类中心的概率较大。实现时按照轮盘法选择，其中，$\boldsymbol{x}$ 被选取的概率为 $\frac{\rho(\boldsymbol{x})^2}{\sum_{x\in D}\rho(\boldsymbol{x})^2}$ 。

(4)重复步骤(2)和(3)，直到选出 k 个聚类中心。

现在考虑 k 均值聚类算法的运行速度，由算法描述可知，在更新簇时需要计算每个样本与当前聚类中心之间的距离，所以随着样本量的增加，更新簇的计算量也随之增加。同时，在更新聚类中心时，需要计算每个簇的平均值。当样本量增加时，每个临时的簇也有更多的样本，计算平均值就需要更多的时间开销。所以，随着样本量增多，k 均值聚类算法的运行时间也随之增加。在大数据背景下，针对数量庞大的样本，如何在保持聚类效果的同时提升速度，成为众多学者关心的话题。在此背景下，D. 斯卡利(D. Sculley)提出 mini-batch(分批处理)k 均值聚类算法，可以减少 k 均值聚类算法的运行时间，同时其聚类效果只略逊于标准 k 均值聚类算法。

mini-batch k 均值聚类算法的核心思想是：每次随机抽取一个小规模的样本子集来更新聚类中心，而不是像 k 均值聚类算法那样使用所有样本。具体步骤如下。

(1)从集合 D 中随机抽取一个样本子集 M，使用 k 均值聚类算法得到初始的簇和聚类中心。

(2)继续从集合 D 中随机抽取一个样本子集 M，按照距离最小原则，将 M 中的每个样本分配给当前的聚类中心。

(3)基于样本子集 M 更新聚类中心。

(4)如果所有聚类中心都不再发生变化，或者已经达到最大迭代次数，则停止迭代，并输出簇；否则转到第(2)步。

为了考察 mini-batch k 均值聚类算法在大数据方面的优势，这里针对不同数量级的样本分别使用 k 均值聚类算法和 mini-batch k 均值聚类算法进行聚类，记录二者在运行时间、平方误差方面的差异，比较结果如表 7-1 所示。在每次聚类时两种算法均运行 10 次，输出最优结果。mini-batch k 均值算法中每批样本量为 2 048。此外，实验中使用的硬件配置为 Intel E5-1620 型号的中央处理器(central processing unit，CPU)，主频 3.70 GHz，内存 64 GB。

表 7-1　k 均值聚类算法和 mini-batch k 均值聚类算法的比较结果

样本数量	时间/s		平方误差 E		差异率/%
	k 均值聚类算法	mini-batch k 均值聚类算法	k 均值聚类算法	mini-batch k 均值聚类算法	
10^3	0.065 0	0.113 9	1 866.78	1 867.16	0.020 7
10^4	0.084 0	0.102 0	19 233.47	19 237.88	0.022 9
10^5	0.642 7	0.121 9	194 320.43	194 397.52	0.039 7
10^6	4.793 7	0.391 8	1 941 164.31	1 941 929.99	0.039 4
10^7	34.636 3	3.005 6	19 433 152.00	19 450 106.12	0.087 2
10^8	362.478 0	27.765 7	194 223 955.44	194 282 349.42	0.030 1

在数据规模不大时，mini-batch k 均值聚类算法没有优势，运行时间甚至比 k 均值聚类算法还长。但是当数据规模增加到 10^5 以上时，mini-batch k 均值聚类算法在运行速度方面的优势开始显现。比较两种算法的平方误差 E，可以看到 mini-batch k 均值聚类算法均大于 k 均值聚类算法，说明 mini-batch k 均值聚类算法在提升速度时确实牺牲了一些精度。不过从它们的差异率来看，基本稳定在 0.03%左右，不超过 0.1%。特别是随着数据规模增大，二者的差异率没有明显上升。这一事实说明 mini-batch k 均值聚类算法损失的精度不是很大。

此外，分析 k 均值聚类算法和 mini-batch k 均值聚类算法的执行过程可以发现，它们有一个共同点：先初始化聚类中心，然后对其进行迭代并不断更新，直到求出最终的划分结果。这里的聚类中心常称为原型，相应的算法常称为原型聚类，也称基于原型的聚类。这类算法假设聚类结构能够通过一组原型来刻画，在聚类时先初始化原型，然后对原型进行迭代更新求解。

7.1.2　密度聚类算法

原型聚类的代表——k 均值聚类算法直接使用距离进行聚类，与此不同，在聚类结构能通过样本分布的紧密程度确定的假设前提下，密度聚类算法从样本密度的角度来考察样本之间的可连接性，并基于可连接样本不断扩展聚类簇，以获得最终的聚类结果。密度聚类算法也称基于密度的聚类算法，这

密度聚类案例

类算法的代表是DBSCAN算法。

为了描述DBSCAN算法，这里需要先定义一些基本概念。

对于任意给定样本 $\boldsymbol{x}_i$，$\boldsymbol{x}_i$ 的 ε 邻域定义为与 $\boldsymbol{x}_i$ 距离不超过 ε 的样本集合，记为 $N_\varepsilon(\boldsymbol{x}_i)$，即

$$N_\varepsilon(\boldsymbol{x}_i)=\{\boldsymbol{x}_j\in D \mid \rho(\boldsymbol{x}_i,\boldsymbol{x}_j)\leqslant\varepsilon\}$$

其中，$\rho(\cdot,\cdot)$表示样本之间的距离。由定义可知，如果 $\boldsymbol{x}_j\in N_\varepsilon(\boldsymbol{x}_i)$，那么 $\boldsymbol{x}_i\in N_\varepsilon(\boldsymbol{x}_j)$。

对于给定的常数MinPts，如果 $\boldsymbol{x}_i$ 的 ε 邻域中的元素个数不少于MinPts个，即 $|N_\varepsilon(\boldsymbol{x}_i)|\geqslant \text{MinPts}$，则称 $\boldsymbol{x}_i$ 是一个核心对象。显然，核心对象是指那些周围有较多点的样本，表示它不是孤立地存在于特征空间中。

接下来定义样本间的关系。如果 $\boldsymbol{x}_j\in N_\varepsilon(\boldsymbol{x}_i)$，且 $\boldsymbol{x}_i$ 是核心对象，则称 $\boldsymbol{x}_j$ 由 $\boldsymbol{x}_i$ 密度直达，即核心对象可以密度直达其邻域中的样本。由定义可知，密度直达不具有双向性，即 $\boldsymbol{x}_j$ 由 $\boldsymbol{x}_i$ 密度直达，但是 $\boldsymbol{x}_i$ 由 $\boldsymbol{x}_j$ 密度直达的结论不一定成立。

对于 $\boldsymbol{x}_i$ 和 $\boldsymbol{x}_j$，如果存在样本序列 $\boldsymbol{p}_1$，$\boldsymbol{p}_2$，…，$\boldsymbol{p}_s$，使得 $\boldsymbol{p}_1=\boldsymbol{x}_i$，$\boldsymbol{p}_s=\boldsymbol{x}_j$，且 $\boldsymbol{p}_{i+1}$ 由 $\boldsymbol{p}_i$ 密度直达，则称 $\boldsymbol{x}_j$ 由 $\boldsymbol{x}_i$ 密度可达。由密度直达的定义可知，这里 $\boldsymbol{p}_1$，$\boldsymbol{p}_2$，…，$\boldsymbol{p}_{s-1}$ 均是核心对象。与密度直达一样，密度可达也不具有双向性，即 $\boldsymbol{x}_j$ 由 $\boldsymbol{x}_i$ 密度可达，但是 $\boldsymbol{x}_i$ 由 $\boldsymbol{x}_j$ 密度可达不一定成立。

对于 $\boldsymbol{x}_i$ 和 $\boldsymbol{x}_j$，如果存在 $\boldsymbol{x}_k$，使得 $\boldsymbol{x}_i$ 和 $\boldsymbol{x}_j$ 均由 $\boldsymbol{x}_k$ 密度可达，则称 $\boldsymbol{x}_i$ 与 $\boldsymbol{x}_j$ 密度相连。显然，密度相连具有双向性，即如果 $\boldsymbol{x}_i$ 与 $\boldsymbol{x}_j$ 密度相连，那么 $\boldsymbol{x}_j$ 与 $\boldsymbol{x}_i$ 必然密度相连。

有了密度相连和密度可达的概念之后，在给定邻域参数 ε 和MinPts的情况下，便可以定义基于密度的簇。设集合 C 是集合 D 的非空子集，如果集合 C 满足如下条件，那么就称集合 C 是一个簇。

(1)连接性：集合 C 中任意两个样本均密度相连，如果 $\boldsymbol{x}_i\in C$，且 $\boldsymbol{x}_j\in C$，那么 $\boldsymbol{x}_i$ 与 $\boldsymbol{x}_j$ 密度相连。

(2)最大性：由集合 C 中样本密度可达的样本都属于集合 C，如果 $\boldsymbol{x}_i\in C$，且 $\boldsymbol{x}_j$ 由 $\boldsymbol{x}_i$ 密度可达，那么 $\boldsymbol{x}_j\in C$。

也就是说，簇是由密度可达关系导出的最大密度相连的样本集合。

按照以上关于簇的定义，只要从核心对象出发，寻找所有能够密度可达的样本，即可得到一个簇。因此DBSCAN算法包含两个主要步骤：首先找到所有核心对象，其次从每个核心对象出发寻找所有该核心对象能够密度可达的样本集合。在寻找过程中，已经被归到某一簇的核心对象将不再被考虑。算法的详细描述如下。

输入：样本集 $D=\{\boldsymbol{x}_1,\boldsymbol{x}_2,\cdots,\boldsymbol{x}_m\}$，邻域参数 ε 和MinPts，样本间距离的度量方式 $\rho(\cdot,\cdot)$。

输出：簇划分 $C=\{C_1,C_2,\cdots,C_k\}$。

算法的步骤描述如下。

(1)初始化核心对象集合 $\Omega=\varnothing$，初始化聚类簇数 $k=0$，初始化未访问样本集合 $\Gamma=D$，簇划分 $C=\varnothing$。

(2)对于 $i=1,2,\cdots,m$，按下面的步骤找出所有的核心对象。

①通过距离度量方式，找到 $\boldsymbol{x}_i$ 的 ε 邻域 $N_\varepsilon(\boldsymbol{x}_i)$。

②如果样本子集的样本个数满足 $|N_{\varepsilon}(\boldsymbol{x}_i)| \geqslant \text{MinPts}$，则将样本 $\boldsymbol{x}_i$ 加入核心对象样本集合，$\Omega=\Omega \cup \{\boldsymbol{x}_i\}$。

(3)如果核心对象集合 $\Omega=\varnothing$，则算法结束，否则继续。

(4)在核心对象集合 Ω 中，随机选择一个核心对象 $\boldsymbol{o}$，初始化当前簇的核心对象队列 $Q=\{\boldsymbol{o}\}$，初始化类别序号 $k=k+1$，初始化当前簇 $C_k=\{\boldsymbol{o}\}$，更新未访问样本集合 $\Gamma=\Gamma-\{\boldsymbol{o}\}$。

(5)更新核心对象集合 $\Omega=\Omega-C_k$，如果 $Q=\varnothing$，则当前簇 C_k 生成完毕，更新划分 $C=C\cup\{C_k\}$，转到步骤(3)；否则继续。

(6)在当前簇的核心对象队列 Q 中取出一个核心对象 $\boldsymbol{o}'$，找到 $\boldsymbol{o}'$ 的 ε 邻域 $N_{\varepsilon}(\boldsymbol{o}')$，令 $\Delta=N_{\varepsilon}(\boldsymbol{o}')\cap\Gamma$，更新当前簇 $C_k=C_k\cup\Delta$，更新未访问样本集合 $\Gamma=\Gamma-\Delta$，更新 $Q=Q\cup(\Delta\cap\Omega)-\{\boldsymbol{o}'\}$，转入步骤(5)。

相比于 k 均值聚类算法，DBSCAN 算法无须指定簇的个数，这在很大程度上带来了方便。但是需要指定邻域参数 ε 和 MinPts，这两个参数对结果的影响很大，实际应用时需要联合调参。

使用 DBSCAN 算法，可能产生一些异常点，这些点最终没有被归到任何簇中，这些点称为噪声点。这也是 DBSCAN 算法的一个优势，可以有效避免少量游离于簇外的噪声点的影响。噪声点的显著特点是，它们不在任何一个核心对象的周围。这一特性破坏了划分的条件：$D=\bigcup\limits_{l=1}^{k}C_l$。

在定义邻域时，用到了距离的度量 $\rho(\cdot,\ \cdot)$。一般情况下使用欧几里得距离，也可以使用其他距离。如果样本量较大，也可以考虑使用 kd 树、球树等数据结构来加速邻域的搜索。

如前文所述，与 k 均值聚类相关的算法受初始值的影响较大。相对来说，DBSCAN 算法较为稳定，但是它也不是完全稳定，结果有时与步骤(4)中被选核心对象的顺序有关系。事实上，如果某个样本到两个核心对象的距离都小于 ε，即该样本同在两个核心对象的 ε 邻域中，而这两个核心对象由于不是密度直达又不属于同一个簇，从簇的定义来看，此时该样本同属于这两个簇。从 DBSCAN 算法的描述可以看到，它采用了先来后到的规则，这个样本最终会被归到先构建的簇中。

因此，基于密度可达和密度相连定义的簇也不满足划分的另一个条件：$C_l\cap C_{l'}=\varnothing$，$l\neq l'$。但是，使用 DBSCAN 算法得到的簇是满足该条件的。

7.1.3　层次聚类算法

与原型聚类算法和密度聚类算法不同，层次聚类算法不再产生单一的聚类结果，而是产生一个聚类层次，在不同层次对数据集进行划分，从而形成树形的聚类结构。数据集的划分可采用自顶向下的拆分策略，也可采用自底向上的聚合策略，相应的算法分别称为分裂式层次聚类算法和凝聚式层次聚类算法。

聚类算法对比

分裂式层次聚类算法在初始阶段将所有样本的集合视为一个簇，之后按照某种既定的规则(如最大欧几里得距离)逐步分裂出越来越小的簇，直到每个样本自成一簇，或者达到某个终止条件(如簇数目或者簇距离达到阈值)。整个过程自顶向下进行，将簇逐渐拆分，最终也会形成一棵树。该类算法的代表是 DIANA(divisive analysis，分裂分析)算法。

与分裂式层次聚类算法恰好相反，凝聚式层次聚类算法在初始阶段将每个样本都视为一个簇，之后按照某种规则合并最接近的两个簇，直到最后只剩一个簇，或者达到某个终止条件。整个过程自底向上进行，将所有样本逐渐合并，最终形成一棵树。该类算法的代表是 AGNES(agglomerative nesting，凝聚嵌套)算法。

这里以 AGNES 算法为例给出其步骤描述。

(1)初始化，将每个样本都视为一个簇。

(2)计算各簇之间的距离。

(3)寻找最近的两个簇，并将它们合并为一个簇。

(4)重复步骤(2)、(3)，直到所有样本归为一个簇。

上述算法需要计算各簇之间的距离。事实上，不管层次聚类算法是分裂式还是凝聚式，通常都会涉及簇之间的相似度。最常用的方式就是用簇之间的距离来描述相似度，距离越大，相似度越小。那么如何度量簇之间的距离？考虑到每个簇是一个样本集合，所以只需考虑集合之间的距离即可。这里列举常用的 3 种度量集合之间距离的方法，分别是最小距离、最大距离和平均距离，如图 7-1 所示。

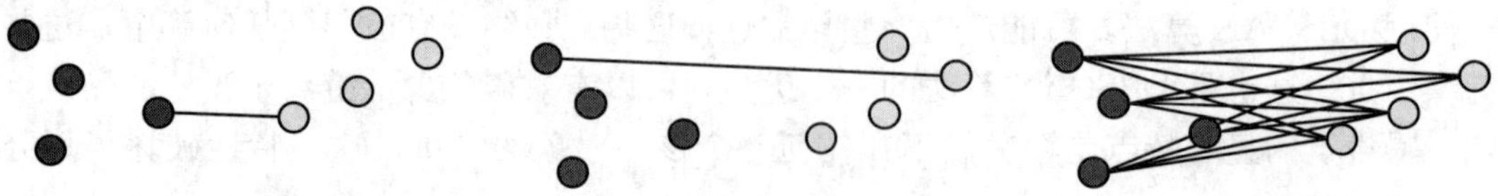

（a）最小距离　　（b）最大距离　　（c）平均距离

图 7-1　簇间距离示意图

设 C_i 和 C_j 是两个簇，$\rho(\boldsymbol{x},\boldsymbol{z})$是样本之间的距离，它们之间的最小距离定义为

$$d_{\min}(C_i,C_j)=\min_{\boldsymbol{x}\in C_i,\boldsymbol{z}\in C_j}\rho(\boldsymbol{x},\boldsymbol{z})$$

即簇间最近的两个样本之间的距离为簇间最小距离。最大距离定义为

$$d_{\max}(C_i,C_j)=\max_{\boldsymbol{x}\in C_i,\boldsymbol{z}\in C_j}\rho(\boldsymbol{x},\boldsymbol{z})$$

即簇间最远的两个样本之间的距离为簇间最大距离。平均距离定义为

$$d_{\text{avg}}(C_i,C_j)=\frac{1}{|C_i||C_j|}\sum_{\boldsymbol{x}\in C_i}\sum_{\boldsymbol{z}\in C_j}\rho(\boldsymbol{x},\boldsymbol{z})$$

即簇间所有样本的平均距离为簇间平均距离。

为了直观感受层次聚类算法的树形结果，这里针对鸢尾花数据集(共 150 个样本，分为 3 个类别，每个类别有 50 个样本)，分别选用上述最小距离、最大距离和平均距离，使用 AGNES 算法进行聚类，结果如图 7-2 所示。其中，横坐标中括号内的数字表示当前节点中的样本个数，没有括号的数字表示样本序号；纵坐标是对应的距离值。

图 7-2(a)中的阈值如果取为 0.79，则可以划分为 3 个类别，这 3 个类别的样本个数分别为 50、98、2；图 7-2(b)中的阈值如果取为 3.5，则可以划分为 3 个类别，这 3 个类别的样本个数分别为 72、28、50；图 7-2(c)中的阈值如果取为接近 1.9，也可以划分为 3 个类别，这 3 个类别的样本个数分别为 50、36、64。结合鸢尾花数据集有 3 个类别、每个类别有 50 个样本的特点，可以发现采用最小距离的聚类结果最差(最不均衡)，基于平均距离的聚类结果最优(最均衡)。这个发现具有一般性，大多数情况下，与最小距离和最大距离相比，采用平均距离总是能够得到更理想的聚类结果。此外，基于不同距离的聚类结果中，

都有一类的样本个数为 50 簇，这与鸢尾花数据集的特点是吻合的，即数据集中有一类和另外两类是完全线性可分的。

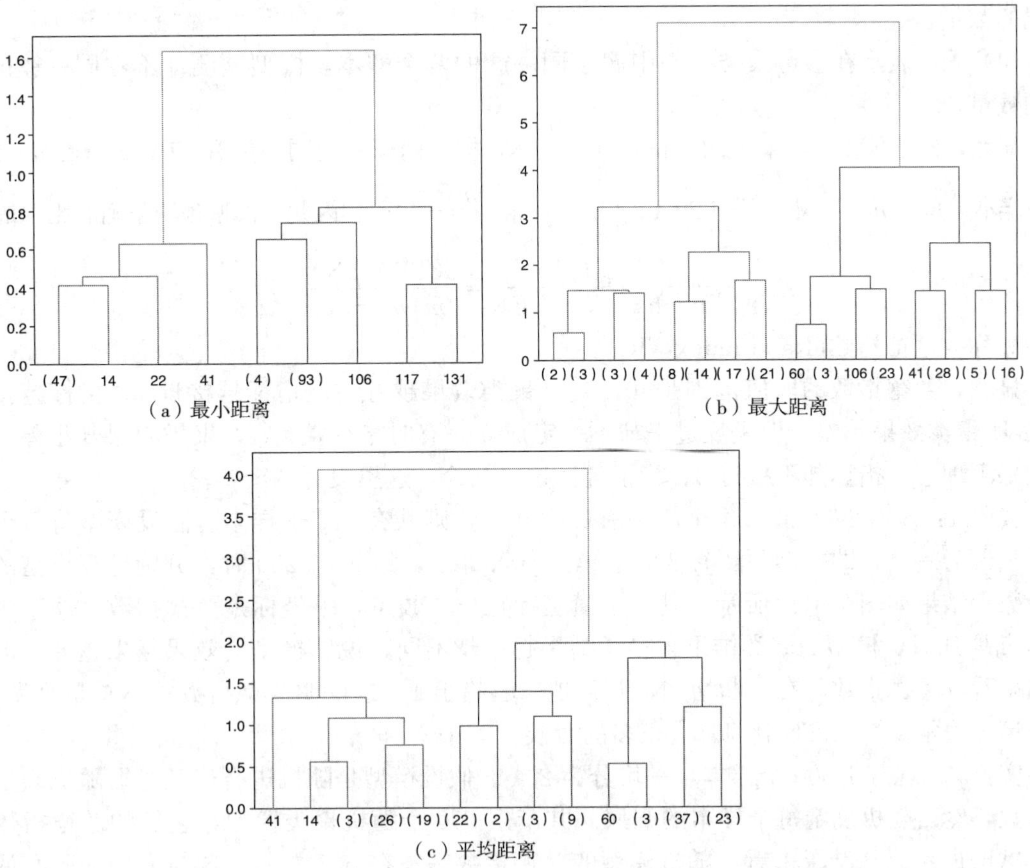

图 7-2　使用 AGNES 算法对鸢尾花数据集聚类的结果

7.1.4　聚类模型的评价

与分类模型的评价一样，如何评价聚类模型也是一个重要的问题。评价指标通常有两种：外部指标和内部指标。如果通过参考模型或者其他手段能够获得聚类参考结果，那么可以通过与该聚类参考结果进行比较，从而获得评价指标，这种指标称为外部指标。反之，根据簇内相似度高且簇间相似度低的要求，直接利用聚类结果的指标来评价，而不利用任何参考模型给出的评价指标，这种指标称为内部指标。

1. 外部指标

首先考虑有参考结果的情况，这里主要介绍两个常用的外部指标：兰德指数和调整的兰德指数。当参考结果已知时，评价模型最朴素的想法就是计算正确聚类的占比情况。为了叙述方便，引入如下记号。

(1)TP：表示在参考聚类结果中属于同一簇的两个样本，模型预测也在同一簇的情况的数量。

(2)FP：表示在参考聚类结果中不属于同一簇的两个样本，模型预测却在同一簇的情况的数量。

(3)TN：表示在参考聚类结果中不属于同一簇的两个样本，模型预测也不在同一簇的情况的数量。

(4)FN：表示在参考聚类结果中属于同一簇的两个样本，模型预测却不在同一簇的情况的数量。

显然，模型预测正确聚类的数量是 TP＋TN，样本两两一组的数量有 TP＋FP＋TN＋FN，假设样本数量为 m，不难验证 TP＋FP＋TN＋FN＝$\frac{m(m-1)}{2}$。因此，模型预测正确的比例是

$$\frac{\mathrm{TP}+\mathrm{TN}}{\mathrm{TP}+\mathrm{FP}+\mathrm{TN}+\mathrm{FN}}=\frac{2(\mathrm{TP}+\mathrm{TN})}{m(m-1)}$$

该指标称为兰德指数(Rand index，RI)。

显然，兰德指数的取值范围是[0，1]，聚类效果越好，该指标越接近 1，指标越接近 0，表明聚类效果越差。但是反过来却不一定成立。有时指标接近 1，聚类效果却很差；有时效果不理想，指标却不接近 0。为了佐证这一结论，这里设计两个实验。

实验 1：现有 N 个簇，每个簇中有 2 个样本，则共有 $2N$ 个样本。假设模型将每个样本单独聚为一类，即模型预测有 $2N$ 个簇。当 N 取 1，2，…，250 时，分别计算模型的兰德指数，结果如图 7-3(a)所示，其中，横坐标是样本数量，纵坐标是兰德指数。注意到当 N 不断增加时，模型的聚类结果与参考结果越来越不同，说明模型的效果越来越差。但是从结果看，兰德指数却在不断增加，并且越来越趋于 1。这说明兰德指数并不总是可靠的，这一情况通常发生在 TN 比 TP 大很多的时候。

实验 2：现有 1 000 个样本，平均分为 2 类。假设模型是随机进行聚类，即随机确定簇的个数，然后随机确定每个样本的归属。共产生 500 个随机聚类模型，它们的兰德指数如图 7-3(b)所示。从结果来看，随机模型的兰德指数基本在 0.5 左右，这与人们的固有认知不符。随机模型的效果本应很差，指标为 0 更符合人们的认知。

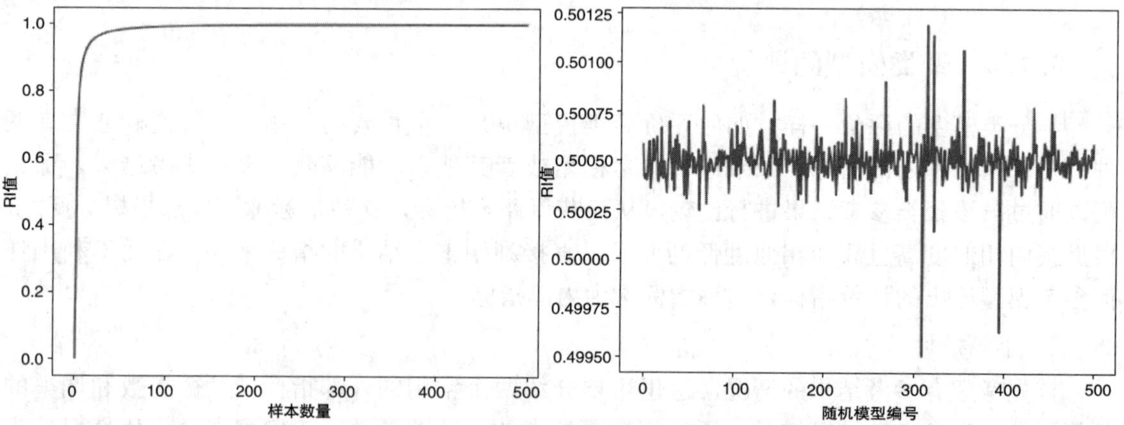

（a）实验1：指标接近1，聚类效果却很差　　（b）实验2：随机模型的指标不接近0

图 7-3　兰德指数存在的问题

调整的兰德指数(adjusted rand index，ARI)可以解决以上问题。设参考聚类结果为 $C^*=\{C_1^*, C_2^*, \cdots, C_s^*\}$，模型聚类结果为 $C=\{C_1, C_2, \cdots, C_t\}$，令 $m_{ij}=|C_i^* \cap C_j|$，

$a_i = \sum_j m_{ij}$ ，$b_j = \sum_i m_{ij}$ ，则调整的兰德指数定义为

$$\mathrm{ARI}=\frac{\sum_i \sum_j C_{m_{ij}}^2 - \frac{\sum_i C_{a_i}^2 \sum_j C_{b_j}^2}{C_m^2}}{\frac{1}{2}\left(\sum_i C_{a_i}^2 + \sum_j C_{b_j}^2\right) - \frac{\sum_i C_{a_i}^2 \sum_j C_{b_j}^2}{C_m^2}}$$

针对上述实验 1 和 2，使用调整的兰德指数所得结果如图 7-4 所示。与图 7-3 对比来看，调整的兰德指数很好地避免了效果差但指标却接近 1 的问题。同时，随机模型的指标基本接近 0，这比兰德指数更符合人们的认知。

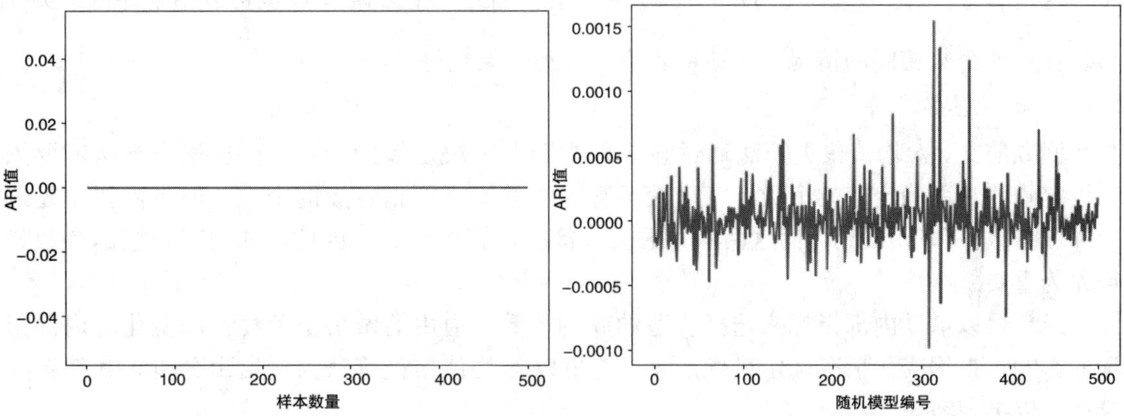

（a）实验1：指标均为0　　（b）实验2：随机模型的指标接近0

图 7-4　使用调整的兰德指数的聚类结果

此外，调整的兰德指数的取值范围是[−1，1]，值越大，聚类效果越好，取负值的时候，聚类效果很糟，甚至比随机聚类模型的效果还差。

2. 内部指标

内部指标通常根据簇内相似度高且簇间相似度低的要求直接定义评价指标。相似度可以通过距离来描述，距离越大，相似度越低，所以只要考虑簇内样本距离和簇间样本距离即可。

首先考虑单个样本的情况。设样本集 $D=\{\boldsymbol{x}_1, \boldsymbol{x}_2, \cdots, \boldsymbol{x}_m\}$，针对样本 $\boldsymbol{x}_i$，用 a_i 表示该样本到所在簇中其他样本的平均距离，该值体现了簇内相似度，值越小，相似度越大，也意味着凝聚度越大；用 b_i 表示该样本到其他簇的最小距离，该值体现了簇间相似性，值越大，相似度越小，也意味着差异性越大，如图 7-5 所示。这里样本到簇的距离是指样本到该簇内所有样本的平均距离。

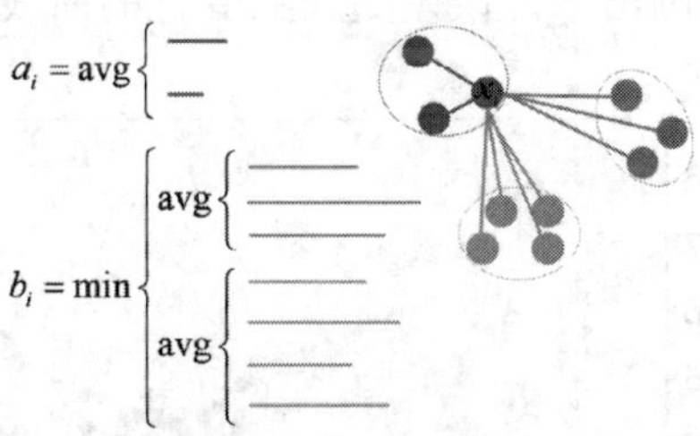

图 7-5　簇内凝聚度和簇间差异性的度量

基于 a_i 和 b_i，定义该样本的轮廓系数

$$s_i=\frac{b_i-a_i}{\max\{a_i, b_i\}}$$

显然，$-1 \leqslant s_i \leqslant 1$。这里有一种特殊情况需要考虑，如果 $\boldsymbol{x}_i$ 所在簇只有这一个样本，

那么 a_i 将无法定义，此时将 s_i 定义为 0，即区间[−1，1]的中点。

以上是单个样本的轮廓系数，聚类结果的轮廓系数是所有样本轮廓系数的平均值，即

$$S=\frac{1}{m}\sum_{i=1}^{m}s_i$$

显然，轮廓系数 S 的取值范围也是[−1，1]，该值越大表明聚类效果越好，该值越小表明聚类结果越差。

回顾 7.1.1 节中的 k 均值聚类算法，所提目标是平方误差 $E=\sum_{i=1}^{k}\sum_{\boldsymbol{x}\in C_i}\|\boldsymbol{x}-\boldsymbol{\mu}_i\|_2^2$ 达到最小，这里 $\boldsymbol{\mu}_i=\frac{1}{|C_i|}\sum_{\boldsymbol{x}\in C_i}\boldsymbol{x}$ 是第 i 个簇 C_i 的均值。因此，平方误差 E 也可以用来评价聚类模型。在簇的个数相同的情况下，该值越小，聚类效果越好。

3. 确定簇数

回顾前文，k 均值聚类算法通过显式地指定 k 来决定簇的个数；层次聚类算法需要人工设定阈值从而确定簇的个数；密度聚类算法尽管不需要指定簇的个数，但是需要预先确定邻域参数 ϵ 和 MinPts，而这两个参数会直接决定簇的个数。因此，如何确定簇的个数显得尤为重要。

通常可以借助内部指标来选择合适的簇的个数。通用的做法是考察 k 的变化对内部指标的影响，根据变化情况确定最优的 k。这里以 k 均值聚类算法为例给出分析，其他聚类算法可以类似考虑。

如前文所述，轮廓系数大的聚类效果好。因此，可以针对不同的 k 进行聚类，计算对应的轮廓系数，然后选择轮廓系数最大的 k。如图 7-6(b)所示，针对图 7-6(a)中的数据，当 $k=4$ 时轮廓系数最大，那么选择聚类为 4 个簇显然是合理的。

如果使用平方误差，则不能依据指标最小来确定簇数。如图 7-6(c)所示，随着簇数增加，平方误差会逐渐减小，使用平方误差最小作为依据显然不合理。仔细观察，在 k 从 2 变化到 4 的过程中，平方误差急速减小，但是当 k 大于 4 时，降幅突然趋缓。这个降幅突然趋缓的转折点常称为肘点，其因形似手臂的肘部而得名。这就得到了选择簇数的肘部法则：画出平方误差随簇数变化的曲线图，找到肘点并将其作为簇数。

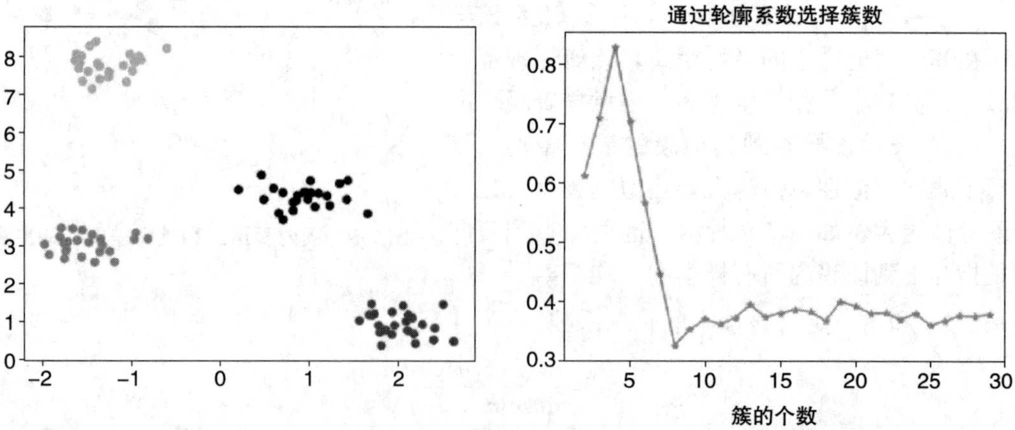

（a）数据　　（b）轮廓系数曲线图

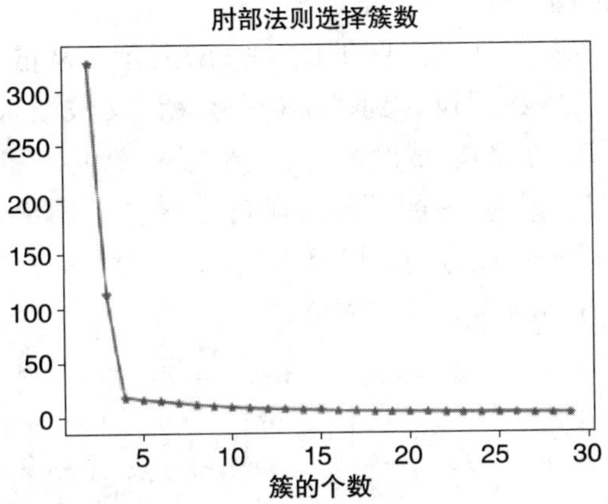

（c）平方误差曲线图

图 7-6　*k* 均值聚类算法在不同簇数下的内部指标曲线图

7.2 降维问题

在实际问题中，有时特征的维度很高。一方面，维度高带来较高的运算成本；另一方面，高维度的特征容易出现数据冗余。这一现象正是机器学习中经常会碰到的维度灾难问题，即在高维数据情形下会出现数据样本稀疏、距离计算困难等问题，而且在高维数据中特征之间容易具有线性相关性，这意味着特征出现冗余。

在此背景下，降维算法应运而生：维度灾难为降维提供了需求，特征冗余为降维提供了可能。此外，降维有助于直观地理解特征，因为理解几百个维度的数据结构很困难，但是两三个维度的数据结构可以通过可视化更直观地理解。

7.2.1　主成分分析

降维的目标是在信息损失最小的前提下，尽可能地压缩数据，也就是压缩数据的同时要让信息量达到最大。为了理解降维的思想，先来考察五位学生两个学期的成绩，成绩表如表 7-2 所示。

表 7-2　五位学生两个学期的成绩表

学期	科目	学生 1	学生 2	学生 3	学生 4	学生 5
第一学期	语文	85	85	85	85	85
	数学	64	78	80	96	97
第二学期	语文	70	80	80	85	90
	数学	80	84	88	96	96

先看第一学期的情况，可以发现这五位学生的语文成绩相同，没有任何差别，所以此时只需要使用数学成绩即可区分不同学生。第一学期成绩散点图如图 7-7(a)所示，其中横坐标为语文成绩，纵坐标是数学成绩。从该散点图可以看出，只需将二维数据(语文、数学

成绩）投影到纵轴（数学成绩轴）即可。

接下来看第二学期的情况，其散点图如图 7-7（b）所示。从散点图来看，横轴和纵轴显然都不是理想的投影方向：将数据投影到横轴（只考虑语文成绩），无法区分学生 2 和学生 3；而将数据投影到纵轴（只考虑数学成绩），又无法区分学生 4 和学生 5。从直观来看，此时将数据投影到箭头所指方向，应该能够最大限度地区分不同学生。从统计角度来看，投影以后方差越大的方向，样本在该方向上的区分度越大，意味着该方向包含的信息量越大。通常将投影后方差最大的方向称为第一主成分。

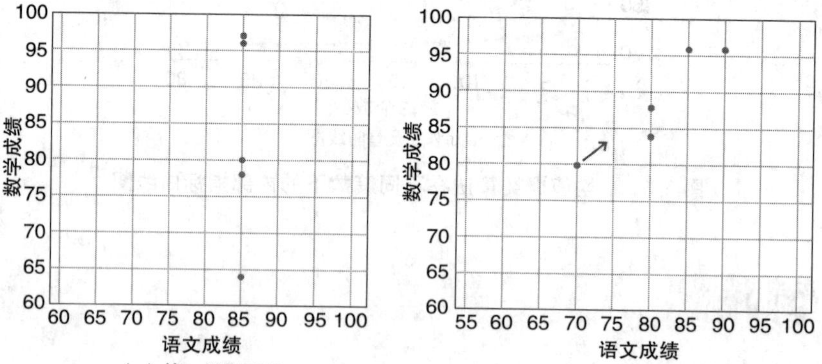

（a）第一学期成绩　（b）第二学期成绩

图 7-7　五位学生两个学期成绩散点图

以上问题中，只要投影到第一主成分即可，即通过保留第一主成分的信息实现了降维。但是有时可能需要保留更多主成分。比如，在对三维模型进行观察时，实际上是将其投影到二维平面，如图 7-8 所示。不同投影面上的信息量显然有差异，前三种投影的信息量显然不足：(a)缺少壶嘴信息，(b)缺少壶把信息，(c)缺少壶身信息。这三种投影显然不是最理想的降维方式，反观(d)，壶的重要信息（第一和第二主成分）均保留下来，这是理想的降维方式。

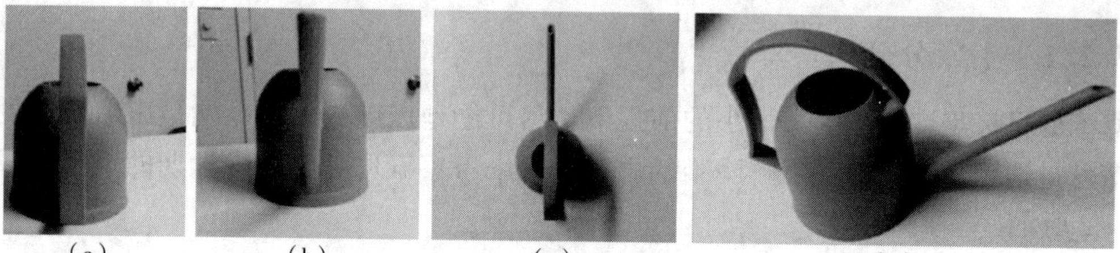

（a）　（b）　（c）　（d）

图 7-8　三维特征的降维示例

因此，如何确定主成分便成为降维的核心问题。基于这种思想的降维方法称为主成分分析（principal component analysis，PCA），该算法是众多降维方法中的一种，属于线性降维方法。

先来考虑如何确定第一主成分，为此考察样本在固定方向上投影后的方差情况。与前文记号一致，设样本集为 $D=\{\boldsymbol{x}_1, \boldsymbol{x}_2, \cdots, \boldsymbol{x}_m\}$，样本均值为 $\boldsymbol{\mu}=\frac{1}{m}\sum_{i=1}^{m}\boldsymbol{x}_i$。用 $\boldsymbol{u}_1$ 表示投影方向，因为这里只考虑方向，并不关心其长度，所以不失一般性，假设 $\boldsymbol{u}_1$ 是单位向量，

即$\|\boldsymbol{u}_1\|_2=1$。向量 $\boldsymbol{x}_i$ 在 $\boldsymbol{u}_1$ 上的投影可以表示为它们的内积，即 $\boldsymbol{x}_i \cdot \boldsymbol{u}_1=\boldsymbol{x}_i^{\mathrm{T}}\boldsymbol{u}_1$。注意到 $\frac{1}{m}\sum_{i=1}^{m}\boldsymbol{x}_i \cdot \boldsymbol{u}_1=\left(\frac{1}{m}\sum_{i=1}^{m}\boldsymbol{x}_i\right)\cdot \boldsymbol{u}_1=\boldsymbol{\mu}\cdot \boldsymbol{u}_1$，即投影的均值等于均值的投影，所以投影后的方差为

$$
\begin{aligned}
&\frac{1}{m}\sum_{i=1}^{m}(\boldsymbol{x}_i \cdot \boldsymbol{u}_1-\boldsymbol{\mu}\cdot \boldsymbol{u}_1)^2\\
=&\frac{1}{m}\sum_{i=1}^{m}[(\boldsymbol{x}_i-\boldsymbol{\mu})\cdot \boldsymbol{u}_1]^2\\
=&\frac{1}{m}\sum_{i=1}^{m}[(\boldsymbol{x}_i-\boldsymbol{\mu})\cdot \boldsymbol{u}_1][(\boldsymbol{x}_i-\boldsymbol{\mu})\cdot \boldsymbol{u}_1]\\
=&\frac{1}{m}\sum_{i=1}^{m}\boldsymbol{u}_1^{\mathrm{T}}(\boldsymbol{x}_i-\boldsymbol{\mu})\cdot(\boldsymbol{x}_i-\boldsymbol{\mu})^{\mathrm{T}}\cdot \boldsymbol{u}_1\\
=&\frac{1}{m}\boldsymbol{u}_1^{\mathrm{T}}\left(\sum_{i=1}^{m}(\boldsymbol{x}_i-\boldsymbol{\mu})(\boldsymbol{x}_i-\boldsymbol{\mu})^{\mathrm{T}}\right)\boldsymbol{u}_1
\end{aligned}
$$

这里$\frac{1}{m}\sum_{i=1}^{m}(\boldsymbol{x}_i-\boldsymbol{\mu})(\boldsymbol{x}_i-\boldsymbol{\mu})^{\mathrm{T}}$ 是样本的协方差矩阵。令$\boldsymbol{C}=\frac{1}{m}\sum_{i=1}^{m}(\boldsymbol{x}_i-\boldsymbol{\mu})(\boldsymbol{x}_i-\boldsymbol{\mu})^{\mathrm{T}}$，上述方差表示为$\boldsymbol{u}_1^{\mathrm{T}}\boldsymbol{C}\boldsymbol{u}_1$。因此，第一主成分便是使得投影后方差$\boldsymbol{u}_1^{\mathrm{T}}\boldsymbol{C}\boldsymbol{u}_1$ 最大的方向，且该方向是单位向量，即$\|\boldsymbol{u}_1\|_2=1$。

注意到$\|\boldsymbol{u}_1\|_2=\boldsymbol{u}_1^{\mathrm{T}}\boldsymbol{u}$，可得如下优化问题：

$$\boldsymbol{u}_1=\arg\max \boldsymbol{u}^{\mathrm{T}}\boldsymbol{C}\boldsymbol{u},\ \boldsymbol{u}^{\mathrm{T}}\boldsymbol{u}=1$$

构造拉格朗日函数

$$L=\boldsymbol{u}^{\mathrm{T}}\boldsymbol{C}\boldsymbol{u}+\lambda(1-\boldsymbol{u}^{\mathrm{T}}\boldsymbol{u})$$

令$\frac{\partial L}{\partial \boldsymbol{u}}=0$，可得 $2\boldsymbol{C}\boldsymbol{u}-2\lambda\boldsymbol{u}=0$，从而得到所求第一主成分应该满足 $\boldsymbol{C}\boldsymbol{u}=\lambda\boldsymbol{u}$。将 $\boldsymbol{C}\boldsymbol{u}=\lambda\boldsymbol{u}$ 代入目标函数，得到在第一主成分上投影的方差为

$$\boldsymbol{u}^{\mathrm{T}}\boldsymbol{C}\boldsymbol{u}=\boldsymbol{u}^{\mathrm{T}}\lambda\boldsymbol{u}=\lambda\boldsymbol{u}^{\mathrm{T}}\boldsymbol{u}=\lambda$$

注意到满足 $\boldsymbol{C}\boldsymbol{u}=\lambda\boldsymbol{u}$ 的λ 正是$\boldsymbol{C}$ 的特征根，而 $\boldsymbol{u}$ 正是属于λ 的单位特征向量，所以样本在 $\boldsymbol{u}$ 上投影的方差正好是该特征根λ。因此只要取 $\boldsymbol{C}$ 的最大特征根，便可得到最大方差。为此，只要求出 $\boldsymbol{C}$ 的最大特征根，那么属于该特征根的特征向量便是第一主成分。以此类推，将特征根从大到小排序，分别求出属于这些特征根的特征向量，便可依次得到第二主成分、第三主成分等。

基于上述讨论，可以得到如下算法。

输入：样本集 $D=\{\boldsymbol{x}_1, \boldsymbol{x}_2, \cdots, \boldsymbol{x}_m\}$；降维后的维度 d。

步骤：

(1)计算样本均值 $\boldsymbol{\mu}=\frac{1}{m}\sum_{i=1}^{m}\boldsymbol{x}_i$；

(2)中心化样本 $\boldsymbol{x}_i \leftarrow \boldsymbol{x}_i-\boldsymbol{\mu}$；

(3)计算 $\boldsymbol{C}=\boldsymbol{X}\boldsymbol{X}^{\mathrm{T}}$，其中 $\boldsymbol{X}=[\boldsymbol{x}_1, \boldsymbol{x}_2, \cdots, \boldsymbol{x}_m]_{n\times m}$；

(4)对 $\boldsymbol{C}$ 做特征根分解；

(5)取最大的 d 个特征根对应的特征向量 $\boldsymbol{u}_1$，$\boldsymbol{u}_2$，…，$\boldsymbol{u}_d$。

输出：投影矩阵 $\boldsymbol{W}=[\boldsymbol{u}_1, \boldsymbol{u}_2, \cdots, \boldsymbol{u}_d]_{n\times d}$。

降维过程：$\boldsymbol{x}_{n\times 1}\xrightarrow{\boldsymbol{x}'=\boldsymbol{W}^{\mathrm{T}}\boldsymbol{x}}\boldsymbol{x}'_{d\times 1}$。

需要特别说明的是，在步骤(3)中，$\boldsymbol{X}$ 的每一列均是中心化以后的数据。注意到协方差矩阵的系数$\frac{1}{m}$不会影响特征根的大小排序，也不会影响特征向量，所以这里计算 $\boldsymbol{C}$ 时忽略了协方差矩阵的系数$\frac{1}{m}$。为了叙述方便，这里将忽略了系数$\frac{1}{m}$的 $\boldsymbol{C}$ 仍然称为协方差矩阵。

注意到在特征向量上投影的方差恰好是该特征向量所属的特征根，在该方向上投影的方差在总方差中所占的比例便可以由该特征根在所有特征根中所占的比例描述。该比例通常称为贡献率，是选择有效主成分的重要依据。

在实际应用中，通常需要确定目标维度 d。由协方差矩阵 $\boldsymbol{C}$ 的特性可知，目标维度 d 不能超过样本个数，也不能超过原始数据的特征维度。具体取值可以利用经验，通过不断尝试的方式确定合适的目标维度。更为可靠的方式是使用累计贡献率确定目标维度 d，其定义为

$$\frac{\sum_{i=1}^{d}\lambda_i}{\sum_{i=1}^{n}\lambda_i}$$

其中，λ_1，λ_2，…，λ_n 是协方差矩阵 $\boldsymbol{C}$ 的特征根，且满足 $\lambda_1\geqslant\lambda_2\geqslant\cdots\geqslant\lambda_n$。在确定目标维度 d 时，预先设定好累计贡献率的阈值，如 95%，然后求使得累计贡献率超过 95%的最小的 d 值，将其作为目标维度。

上述算法的降维过程中 $\boldsymbol{x}'=\boldsymbol{W}^{\mathrm{T}}\boldsymbol{x}$，$\boldsymbol{x}$ 是训练集中经过中心化后的样本，那么对于测试样本 $\boldsymbol{x}_{\text{test}}$ 应该如何降维？考虑到测试样本需要与训练样本同分布的要求，需要使用训练样本的均值对测试样本中心化，然后投影，即

$$\boldsymbol{x}'_{\text{test}}=\boldsymbol{W}^{\mathrm{T}}(\boldsymbol{x}_{\text{test}}-\boldsymbol{\mu})$$

其中，$\boldsymbol{\mu}=\frac{1}{m}\sum_{i=1}^{m}\boldsymbol{x}_i$ 是训练样本的均值。

7.2.2 核主成分分析

由 7.2.1 节所述的投影过程可知，使用主成分分析降维是将样本与投影矩阵相乘，从而达到降维的目的，这是一种典型的线性投影，通常称为线性降维。该降维方法适用于协方差矩阵的特征根有较大差异的数据，如果数据的协方差矩阵的特征根差别不大，那么每个投影方向的贡献率将趋于相同，此时已经不适合再去挑选主成分，也就不宜使用主成分分析降维。

图 7-9 是说明主成分分析的局限性的一个例子。使用图 7-9(a)中训练样本所得投影矩阵，对图 7-9(b)中的测试样本进行投影，结果如图 7-9(c)所示，其中，协方差矩阵的特征根分别是 0.28 和 0.27。可以发现投影前后的数据分布基本没有变化，究其根源在于特征根非常接近，导致在第一主成分和第二主成分两个方向上的投影在分散程度上没有明显差异。此时，如果单纯考虑降维

问题，那么投影到第一主成分将很大程度地破坏原始数据的结构，并且损失将近 50%的信息。如果考虑分类问题，那么对当前的分类任务来说，主成分分析将没有任何作用。

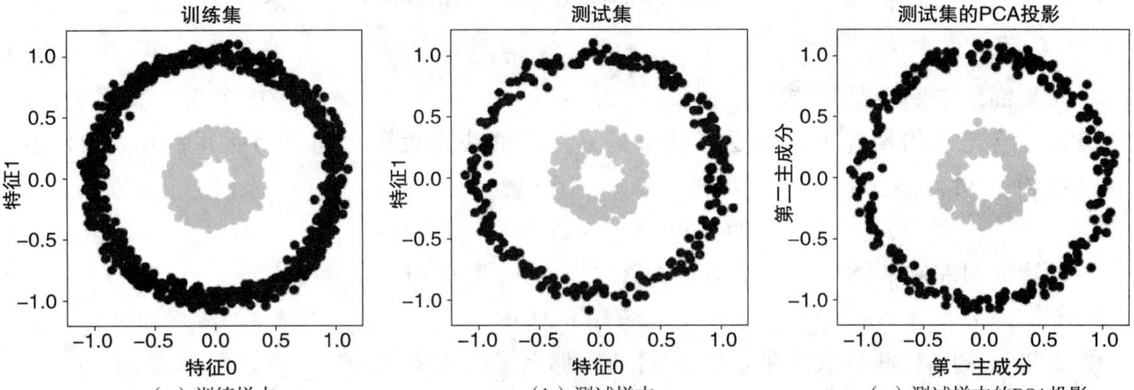

（a）训练样本　（b）测试样本　（c）测试样本的PCA投影

图 7-9　主成分分析的局限性

针对以上线性降维存在的问题，类似于支持向量机中的核技巧，可以先将原始数据映射到高维空间，然后在高维特征空间中使用主成分分析进行降维，如图 7-10 所示。这种方法称为核主成分分析(Kernel-PCA)，是一种非线性降维技术。

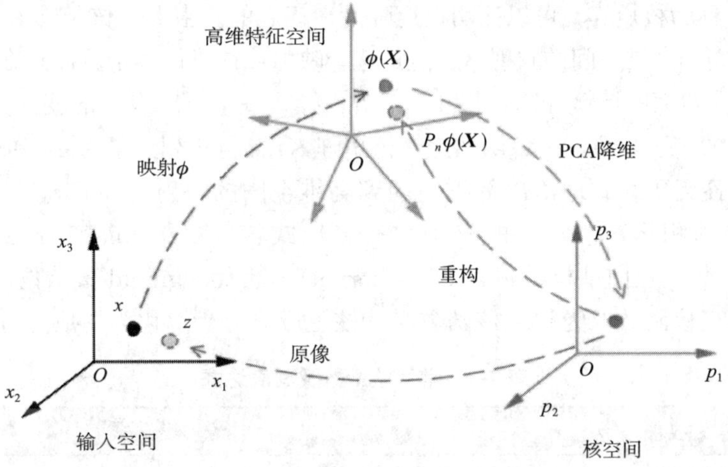

图 7-10　核主成分分析示意图

假设 ϕ 是从原始特征空间到高维特征空间的映射，类似于 $\boldsymbol{X}$ 的构造方式，在高维特征空间中将每个样本的像 $\phi(\boldsymbol{x}_i)$按列排成矩阵，记为 $\phi(\boldsymbol{X})$，即 $\phi(\boldsymbol{X})=[\phi(\boldsymbol{x}_1), \phi(\boldsymbol{x}_2), \cdots, \phi(\boldsymbol{x}_m)]$。这里假设在高维空间中 $\phi(\boldsymbol{x}_i)$已经中心化，具体的中心化问题将在后文中进一步讨论。

由 7.2.1 节的讨论可知，在高维特征空间中进行主成分分析只需对协方差矩阵进行特征根分解即可。为此，令 $\boldsymbol{C}=\phi(\boldsymbol{X})\phi(\boldsymbol{X})^{\mathrm{T}}$ 是高维空间中的协方差矩阵。与 7.2.1 节一样，在协方差矩阵中省略系数$\frac{1}{m}$并不影响主成分，所以这里也将其去掉。

考虑 $\boldsymbol{C}$ 的特征根分解问题 $\boldsymbol{CV}=\lambda\boldsymbol{V}$，即

$$\phi(\boldsymbol{X})\phi(\boldsymbol{X})^{\mathrm{T}}\boldsymbol{V}=\lambda\boldsymbol{V} \tag{7-1}$$

这里只关注$\lambda>0$的情形，因为$\lambda=0$的特征向量已经不是主成分。将上式重写为$\boldsymbol{V}=\phi(\boldsymbol{X})\frac{\phi(\boldsymbol{X})^{\mathrm{T}}\boldsymbol{V}}{\lambda}$，其中，$\frac{\phi(\boldsymbol{X})^{\mathrm{T}}\boldsymbol{V}}{\lambda}$显然为$m$维列向量，并将其记为$\boldsymbol{\alpha}$，则

$$\boldsymbol{V}=\phi(\boldsymbol{X})\boldsymbol{\alpha} \tag{7-2}$$

可见高维空间中的投影方向是$\phi(\boldsymbol{x}_1)$，$\phi(\boldsymbol{x}_2)$，…，$\phi(\boldsymbol{x}_m)$的线性组合，其系数向量为$\boldsymbol{\alpha}$。在给定ϕ的情况下，只要能够求得$\boldsymbol{\alpha}$，即可获得投影方向。为此，将式(7-2)代回式(7-1)中，可得

$$\phi(\boldsymbol{X})\phi(\boldsymbol{X})^{\mathrm{T}}\phi(\boldsymbol{X})\boldsymbol{\alpha}=\lambda\phi(\boldsymbol{X})\boldsymbol{\alpha} \tag{7-3}$$

两边同时左乘$\phi(\boldsymbol{X})^{\mathrm{T}}$，并令$\boldsymbol{K}=\phi(\boldsymbol{X})^{\mathrm{T}}\phi(\boldsymbol{X})$，则得到

$$\boldsymbol{K}^2\boldsymbol{\alpha}=\lambda\boldsymbol{K}\boldsymbol{\alpha} \tag{7-4}$$

如果$\boldsymbol{K}$的特征根均大于零，则$\boldsymbol{K}$可逆，那么式(7-4)等价于

$$\boldsymbol{K}\boldsymbol{\alpha}=\lambda\boldsymbol{\alpha} \tag{7-5}$$

如果$\boldsymbol{K}$存在零特征根，那么零特征根对应的特征向量将导致“存在满足$\boldsymbol{K}^2\boldsymbol{\alpha}=\lambda\boldsymbol{K}\boldsymbol{\alpha}$的$\boldsymbol{\alpha}$不满足$\boldsymbol{K}\boldsymbol{\alpha}=\lambda\boldsymbol{\alpha}$”。而$\boldsymbol{K}$的零特征根对应的特征向量构建的下述投影矩阵为零矩阵$\boldsymbol{V}=\phi(\boldsymbol{X})\boldsymbol{\alpha}$，所以，对于在高维空间中构建的投影方向$\boldsymbol{V}$来说，$\boldsymbol{K}^2\boldsymbol{\alpha}=\lambda\boldsymbol{K}\boldsymbol{\alpha}$和$\boldsymbol{K}\boldsymbol{\alpha}=\lambda\boldsymbol{\alpha}$的解的差异性无关紧要。因此，直接求解$\boldsymbol{K}\boldsymbol{\alpha}=\lambda\boldsymbol{\alpha}$即可。

上述矩阵$\boldsymbol{K}$称为核矩阵，可以证明核矩阵是半正定的。由上述核矩阵$\boldsymbol{K}$的定义可知，需要确定从低维空间到高维空间的映射ϕ。但是这个映射往往难以确定，而且在高维空间直接进行运算也会带来非常大的计算开销。与6.1.2节一样，一个行之有效的变通方法称为核技巧，即寻找一个核函数$\kappa(\cdot,\cdot)$，由该函数定义核矩阵$\boldsymbol{K}$：i行j列元素为$k_{ij}=\kappa(\boldsymbol{x}_i,\boldsymbol{x}_j)$。

有了核矩阵便无须显式地给出低维空间到高维空间的映射，而且避免了在高维空间进行运算量较大的内积运算。常用的核函数有多项式核(polynomial kernel)函数、线性核(linear kernel)函数、径向基核(radial basis kernel)函数及Sigmoid核函数，表达式如表7-3所示。特别地，当核函数取为线性核函数时，核主成分分析退化为主成分分析。

表7-3 常用核函数及其表达式

核函数	表达式
线性核函数	$\kappa(\boldsymbol{x}_i,\boldsymbol{x}_j)=\boldsymbol{x}_i^{\mathrm{T}}\boldsymbol{x}_j$
多项式核函数	$\kappa(\boldsymbol{x}_i,\boldsymbol{x}_j)=(\gamma\boldsymbol{x}_i^{\mathrm{T}}\boldsymbol{x}_j+r)^d$
径向基核函数	$\kappa(\boldsymbol{x}_i,\boldsymbol{x}_j)=\mathrm{e}^{-\gamma\Vert\boldsymbol{x}_i-\boldsymbol{x}_j\Vert^2}$，$\gamma>0$
Sigmoid核函数	$\kappa(\boldsymbol{x}_i,\boldsymbol{x}_j)=\tanh(\gamma\boldsymbol{x}_i^{\mathrm{T}}\boldsymbol{x}_j+r)$

通过对核矩阵$\boldsymbol{K}$进行特征根分解，可以求出最大特征根对应的特征向量$\boldsymbol{\alpha}$，接下来解决投影方向$\boldsymbol{V}=\phi(\boldsymbol{X})\boldsymbol{\alpha}$的单位化问题。如7.2.1节所述，这里要求投影方向$\boldsymbol{V}$是单位向量，即要求$\boldsymbol{V}^{\mathrm{T}}\boldsymbol{V}=\boldsymbol{\alpha}^{\mathrm{T}}\phi(\boldsymbol{X})^{\mathrm{T}}\phi(\boldsymbol{X})\boldsymbol{\alpha}=\boldsymbol{\alpha}^{\mathrm{T}}\boldsymbol{K}\boldsymbol{\alpha}=\lambda\boldsymbol{\alpha}^{\mathrm{T}}\boldsymbol{\alpha}=1$，为此令$\boldsymbol{\alpha}'=\frac{1}{\sqrt{\lambda}\Vert\boldsymbol{\alpha}\Vert}\boldsymbol{\alpha}$，则$V=\phi(\boldsymbol{X})\boldsymbol{\alpha}'$即为单位向量。后文为了叙述方便，将$\boldsymbol{\alpha}'$直接记为$\boldsymbol{\alpha}$。

在已经获得投影方向的情况下，接下来考虑如何投影。因为有

$$\boldsymbol{x}_i'=\boldsymbol{V}^{\mathrm{T}}\phi(\boldsymbol{x}_i)=\boldsymbol{\alpha}^{\mathrm{T}}\phi(\boldsymbol{X})^{\mathrm{T}}\phi(\boldsymbol{x}_i)$$

其中，$\phi(\boldsymbol{X})^{\mathrm{T}}\phi(\boldsymbol{x}_i)$恰好是核矩阵$\boldsymbol{K}$的第$i$列，记为$\boldsymbol{K}(:, i)$。所以，在高维空间中$\phi(\boldsymbol{x}_i)$在$\boldsymbol{V}$方向上的投影为

$$\boldsymbol{x}_i'=\boldsymbol{\alpha}^{\mathrm{T}}\boldsymbol{K}(:, i)$$

上述过程假设在高维空间中，$\phi(\boldsymbol{x}_i)(i=1, 2, \cdots, m)$均已中心化。接下来考虑中心化问题。

先考虑在高维空间中，中心化$\phi(\boldsymbol{x}_i)(i=1, 2, \cdots, m)$以后核矩阵的表示形式。为此，令$\mathbf{1}_{m\times 1}=(1)_{m\times 1}$表示每个元素均为 1 的$m$维列向量，则

$$\tilde{\phi}(\boldsymbol{x}_i)=\phi(\boldsymbol{x}_i)-\frac{1}{m}\sum_{j=1}^{m}\phi(\boldsymbol{x}_j)=\phi(\boldsymbol{x}_i)-\frac{1}{m}\phi(\boldsymbol{X})\mathbf{1}_{m\times 1}$$

令$\mathbf{1}_{1\times m}=(1)_{1\times m}$表示每个元素均为 1 的$m$维行向量，且$\mathbf{1}_m=\left(\frac{1}{m}\right)_{m\times m}$表示每个元素均为$\frac{1}{m}$的$m$阶矩阵。则

$$\begin{aligned}
\tilde{\phi}(\boldsymbol{X})&=\left[\phi(\boldsymbol{x}_1)-\frac{1}{m}\phi(\boldsymbol{X})\mathbf{1}_{m\times 1}, \phi(\boldsymbol{x}_2)-\frac{1}{m}\phi(\boldsymbol{X})\mathbf{1}_{m\times 1}, \cdots, \phi(\boldsymbol{x}_m)-\frac{1}{m}\phi(\boldsymbol{X})\mathbf{1}_{m\times 1}\right]\\
&=[\phi(\boldsymbol{x}_1), \phi(\boldsymbol{x}_2), \cdots, \phi(\boldsymbol{x}_m)]-\frac{1}{m}\phi(\boldsymbol{X})\mathbf{1}_{m\times 1}\mathbf{1}_{1\times m}\\
&=\phi(\boldsymbol{X})-\frac{1}{m}\phi(\boldsymbol{X})\mathbf{1}_{m\times 1}\mathbf{1}_{1\times m}\\
&=\phi(\boldsymbol{X})-\phi(\boldsymbol{X})\mathbf{1}_m
\end{aligned}$$

所以中心化后的核矩阵为

$$\begin{aligned}
\tilde{\boldsymbol{K}}&=\tilde{\phi}(\boldsymbol{X})^{\mathrm{T}}\tilde{\phi}(\boldsymbol{X})\\
&=[\phi(\boldsymbol{X})^{\mathrm{T}}-\mathbf{1}_m\phi(\boldsymbol{X})^{\mathrm{T}}][\phi(\boldsymbol{X})-\phi(\boldsymbol{X})\mathbf{1}_m]\\
&=\phi(\boldsymbol{X})^{\mathrm{T}}\phi(\boldsymbol{X})-\phi(\boldsymbol{X})^{\mathrm{T}}\phi(\boldsymbol{X})\mathbf{1}_m-\mathbf{1}_m\phi(\boldsymbol{X})^{\mathrm{T}}\phi(\boldsymbol{X})+\mathbf{1}_m\phi(\boldsymbol{X})^{\mathrm{T}}\phi(X)\mathbf{1}_m\\
&=\boldsymbol{K}-\boldsymbol{K}\mathbf{1}_m-\mathbf{1}_m\boldsymbol{K}+\mathbf{1}_m\boldsymbol{K}\mathbf{1}_m
\end{aligned}$$

与 PCA 一样，对于测试样本，也需要中心化处理后再投影。接下来考虑关于测试样本$\boldsymbol{x}_{\text{test}}$的中心化及投影。中心化时使用训练样本在高维空间中的均值，即

$$\tilde{\phi}(\boldsymbol{x}_{\text{test}})=\phi(\boldsymbol{x}_{\text{test}})-\frac{1}{m}\phi(\boldsymbol{X})\mathbf{1}_{m\times 1}$$

然后在方向$\boldsymbol{V}=\tilde{\phi}(\boldsymbol{X})\boldsymbol{\alpha}$上投影，结果为

$$\begin{aligned}
\boldsymbol{x}_{\text{test}}'&=\boldsymbol{V}^{\mathrm{T}}\tilde{\phi}(\boldsymbol{x}_{\text{test}})=\boldsymbol{\alpha}^{\mathrm{T}}\tilde{\phi}(\boldsymbol{X})^{\mathrm{T}}\tilde{\phi}(\boldsymbol{x}_{\text{test}})\\
&=\boldsymbol{\alpha}^{\mathrm{T}}[\phi(\boldsymbol{X})^{\mathrm{T}}-\mathbf{1}_m\phi(\boldsymbol{X})^{\mathrm{T}}]\left[\phi(\boldsymbol{x}_{\text{test}})-\frac{1}{m}\phi(\boldsymbol{X})\mathbf{1}_{m\times 1}\right]\\
&=\boldsymbol{\alpha}^{\mathrm{T}}\left(\boldsymbol{K}_{\text{test}}-\frac{1}{m}\boldsymbol{K}\mathbf{1}_{m\times 1}-\mathbf{1}_m\boldsymbol{K}_{\text{test}}+\frac{1}{m}\mathbf{1}_m\boldsymbol{K}\mathbf{1}_{m\times 1}\right)\\
&=\boldsymbol{\alpha}^{\mathrm{T}}\tilde{\boldsymbol{K}}_{\text{test}}
\end{aligned}$$

其中，$\tilde{\boldsymbol{K}}_{\text{test}}=\boldsymbol{K}_{\text{test}}-\mathbf{1}_m\boldsymbol{K}_{\text{test}}-\frac{1}{m}\boldsymbol{K}\mathbf{1}_{m\times 1}+\frac{1}{m}\mathbf{1}_m\boldsymbol{K}\mathbf{1}_{m\times 1}$，且$\boldsymbol{K}_{\text{test}}=\phi(\boldsymbol{X})^{\mathrm{T}}\phi(\boldsymbol{x}_{\text{test}})$是$m$维列向量，

由核函数$\kappa(\cdot,\cdot)$确定：第i个元素为$k_i=\kappa(\boldsymbol{x}_i,\boldsymbol{x}_{\text{test}})$。

综上所述，核主成分分析的训练阶段主要是确定投影矩阵的系数，在测试阶段主要通过上述系数计算投影结果。训练过程描述如下。

输入：样本集$D=\{\boldsymbol{x}_1,\boldsymbol{x}_2,\cdots,\boldsymbol{x}_m\}$；降维后的维度$d$。

步骤：

(1)计算核矩阵$\boldsymbol{K}=(k_{ij})$，$k_{ij}=\kappa(\boldsymbol{x}_i,\boldsymbol{x}_j)$；

(2)中心化$\widetilde{\boldsymbol{K}}=\boldsymbol{K}-\boldsymbol{K}\boldsymbol{1}_m-\boldsymbol{1}_m\boldsymbol{K}+\boldsymbol{1}_m\boldsymbol{K}\boldsymbol{1}_m$，其中，$\boldsymbol{1}_m=\left(\frac{1}{m}\right)_{m\times m}$；

(3)特征根分解并单位化$\widetilde{\boldsymbol{K}}\boldsymbol{\alpha}=\lambda\boldsymbol{\alpha}$，$\boldsymbol{\alpha}\rightarrow\frac{1}{\|\boldsymbol{\alpha}\|\sqrt{\lambda}}\boldsymbol{\alpha}$；

(4)确定投影矩阵的系数，取最大的d个特征根对应的特征向量$\boldsymbol{\alpha}_1,\boldsymbol{\alpha}_2,\cdots,\boldsymbol{\alpha}_d$。

输出：降维的系数矩阵$\boldsymbol{A}=[\boldsymbol{\alpha}_1,\boldsymbol{\alpha}_2,\cdots,\boldsymbol{\alpha}_d]_{m\times d}$。

在训练完成后可以得到核矩阵$\boldsymbol{K}$和系数矩阵$\boldsymbol{A}=[\boldsymbol{\alpha}_1,\boldsymbol{\alpha}_2,\cdots,\boldsymbol{\alpha}_d]_{m\times d}$，之后便可以对测试样本$\boldsymbol{x}_{\text{test}}$进行降维，降维过程描述如下。

输入：测试样本$\boldsymbol{x}_{\text{test}}$；降维后的维度$d$。

步骤：

(1)计算测试样本的核矩阵$\boldsymbol{K}_{\text{test}}=(k_i)$，$k_i=\kappa(\boldsymbol{x}_i,\boldsymbol{x}_{\text{test}})$；

(2)中心化$\widetilde{\boldsymbol{K}}_{\text{test}}=\boldsymbol{K}_{\text{test}}-\boldsymbol{1}_m\boldsymbol{K}_{\text{test}}-\frac{1}{m}\boldsymbol{K}\boldsymbol{1}_{m\times 1}+\frac{1}{m}\boldsymbol{1}_m\boldsymbol{K}\boldsymbol{1}_{m\times 1}$，其中，$\boldsymbol{1}_m=\left(\frac{1}{m}\right)_{m\times m}$，$\boldsymbol{1}_{m\times 1}=(1)_{m\times 1}$；

(3)降维$\boldsymbol{x}'_{\text{test}}=\boldsymbol{A}^{\mathrm{T}}\widetilde{\boldsymbol{K}}_{\text{test}}$。

输出：降维后的样本$\boldsymbol{x}'_{\text{test}\,d\times 1}$。

如果给定一批测试样本$\boldsymbol{x}^1_{\text{test}},\boldsymbol{x}^2_{\text{test}},\cdots,\boldsymbol{x}^l_{\text{test}}$，可以一次性进行降维。此时，测试样本的核矩阵$\boldsymbol{K}_{\text{test}}$为$k_{ij}=\kappa(\boldsymbol{x}_i,\boldsymbol{x}^j_{\text{test}})$。中心化结果为

$$\widetilde{\boldsymbol{K}}_{\text{test}}=\boldsymbol{K}_{\text{test}}-\boldsymbol{1}_m\boldsymbol{K}_{\text{test}}-\frac{1}{m}\boldsymbol{K}\boldsymbol{1}_{m\times l}+\frac{1}{m}\boldsymbol{1}_m\boldsymbol{K}\boldsymbol{1}_{m\times l}$$

其中，$\boldsymbol{1}_{m\times l}$是$m$行$l$列全1矩阵。使用$\boldsymbol{X}'_{\text{test}}=\boldsymbol{A}^{\mathrm{T}}\widetilde{\boldsymbol{K}}_{\text{test}}$得到测试样本$\boldsymbol{x}^1_{\text{test}},\boldsymbol{x}^2_{\text{test}},\cdots,\boldsymbol{x}^l_{\text{test}}$的降维结果，其中，$\boldsymbol{X}'_{\text{test}}$是$d$行$l$列矩阵，每一列对应一个测试样本。

7.3 其他算法

7.3.1 谱聚类算法

如果将每个待聚类的样本看作一个顶点，样本之间的联系通过顶点之间边的权重来描述，连接同一类顶点的边的权重很大，而不同类顶点之间边的权重很小，就可以得到一幅有权图。再进一步，如果能够找到一种图的切割方法，沿着权重较小的边对图进行切割，使得切割之后各个子图内的权重均很大，那么切割出来的子图就是聚类结果。这正是谱聚

类算法的核心思想，该算法包括构图和切图两个核心步骤。

在构图方面，一般有 3 种常见方式：ε 邻域法、k 近邻法和全连接法。前两种方法构造出的图的邻接矩阵往往是稀疏矩阵，比较适合样本量大的聚类任务。

谱聚类切图目前有两种主流方式：RatioCut 和 NCut，其目的是找到一组权重最小，又能平衡切出子图的边。这里给出基于 NCut 切图的算法描述。

输入：$D=\{\boldsymbol{x}_1, \boldsymbol{x}_2, \cdots, \boldsymbol{x}_m\}$，簇数 k。

步骤：

(1)选择一种构图方式，构造邻接矩阵 $\boldsymbol{W}$；

(2)计算度矩阵 $\boldsymbol{D}$，其为对角阵，对角线元素是对应顶点与其他顶点之间边的权重之和，即邻接矩阵 $\boldsymbol{W}$ 中对应行(或者对应列)的和。

(3)计算图拉普拉斯矩阵 $\boldsymbol{L}=\boldsymbol{D}-\boldsymbol{W}$；

(4)对 $\boldsymbol{L}$ 标准化 $\boldsymbol{L}=\boldsymbol{D}^{-\frac{1}{2}}\boldsymbol{L}\boldsymbol{D}^{-\frac{1}{2}}$；

(5)对 $\boldsymbol{L}$ 进行特征值分解，将其最小的 k 个特征值对应的特征向量(列向量)排成矩阵(m 行 k 列)$\boldsymbol{Q}$；

(6)选择常规聚类算法，如 k 均值聚类算法，对 $\boldsymbol{Q}$ 的各行进行聚类，得到对 $\boldsymbol{Q}$ 的聚类结果 $\{A_1, A_2, \cdots, A_k\}$；

(7)将 $\{A_1, A_2, \cdots, A_k\}$ 对应到原始数据的聚类结果 $\{C_1, C_2, \cdots, C_k\}$ 上，如果 $\boldsymbol{Q}$ 中第 i 行属于簇 A_j，那么第 i 个顶点对应的样本属于簇 C_j。

输出：$\{C_1, C_2, \cdots, C_k\}$。

谱聚类算法在非凸数据方面有明显优势，而且对稀疏数据和高维度数据均有比较理想的聚类结果。图 7-11 展示了谱聚类算法在 4 种不同数据集上的聚类结果，可以看出该算法对不同分布及不同结构的数据均能很好地进行聚类。

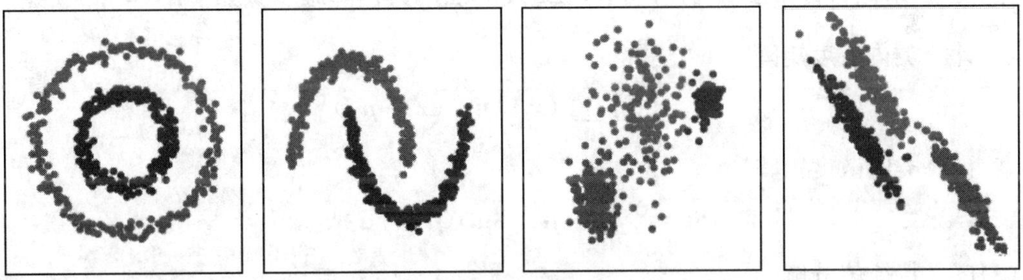

图 7-11　谱聚类算法在不同数据集上的聚类结果

7.3.2　LDA 算法

回顾 7.2.1 节，使用 PCA 降维时并未使用类别信息，单纯从数据分布入手，将其投影到方差尽可能大的方向上。但是在诸如分类等任务中，可能会出现投影后对分类无益的情况，甚至有时会出现非常糟糕的现象：原本线性可分的数据投影后不再线性可分，如图 7-12(a)所示。出现这一问题的原因就在于 PCA 是无监督学习方法，降维过程中并未有效利用已有的类别信息。

线性判别分析(linear discriminant analysis，LDA)算法很好地回避了这个问题，该算法有效地利用了样本的类别信息，在确定投影方向的时候同时考虑投影后类内距离最小且类间距离最大。也就是期望同一种类别的数据在投影后尽可能接近，而不同类别的数据在投影后的类别中心之间的距离尽可能大。在此原则下，如图 7-12(b)所示，使用 LDA 投影后，所得数据仍然保持了原始数据线性可分的特性，这在分类任务中尤为重要。

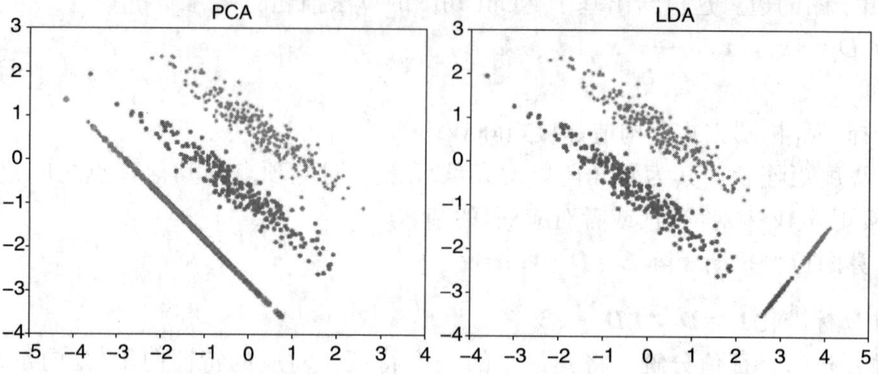

（a）使用PCA投影　　（b）使用LDA投影

图 7-12　在部分分类任务中 LDA 算法相比 PCA 算法的优势

显然，与 PCA 算法不同的是，LDA 算法是监督学习方法。考虑到 LDA 算法与 PCA 算法一样同属降维算法，所以这里一并介绍 LDA 算法。

投影后类内距离最小且类间距离最大的思想是通过类内散度矩阵和类间散度矩阵来实现的。设样本集为 $D=\{\boldsymbol{x}_1, \boldsymbol{x}_2, \cdots, \boldsymbol{x}_m\}$，样本 $\boldsymbol{x}_i$ 的标注信息为 y_i，类别集合为 $C=\{c_i \mid c_i$ 是类别标记，$i \leqslant k$，k 是类别数$\}$，第 i 类样本的集合记为 $X_i=\{\boldsymbol{x}_j \mid y_j=c_i\}$。以 m_i 表示第 i 类样本的个数，即 $m_i=|X_i|$，以 $\boldsymbol{\mu}_i$ 表示第 i 类样本的均值，即 $\boldsymbol{\mu}_i=\frac{1}{m_i}\sum_{x \in X_i} \boldsymbol{x}$。在给定目标维度 d 的情况下，LDA 算法的具体降维步骤如下：

(1)计算类内散度矩阵

$$\boldsymbol{S}_w=\sum_i \sum_{x \in X_i}(\boldsymbol{x}-\boldsymbol{\mu}_i)(\boldsymbol{x}-\boldsymbol{\mu}_i)^{\mathrm{T}}$$

(2)计算类间散度矩阵

$$\boldsymbol{S}_b=\sum_i m_i(\boldsymbol{\mu}_i-\boldsymbol{\mu})(\boldsymbol{\mu}_i-\boldsymbol{\mu})^{\mathrm{T}}$$

(3)广义特征值分解

$$\boldsymbol{S}_b \boldsymbol{w}=\lambda \boldsymbol{S}_w \boldsymbol{w}$$

并取最大的 d 个广义特征值对应的特征向量(列向量)，构造投影矩阵

$$\boldsymbol{W}=(\boldsymbol{w}_1, \boldsymbol{w}_2, \cdots, \boldsymbol{w}_d)$$

(4)投影

$$\boldsymbol{z}_i=\boldsymbol{W}^{\mathrm{T}} \boldsymbol{x}_i$$

输出：

$$(\boldsymbol{z}_1, y_1), (\boldsymbol{z}_2, y_2), \cdots, (\boldsymbol{z}_m, y_m)$$

此外，关于目标维度 d 的确定可以参考 PCA 算法的方式。需要特别注意，这里的目标维度不能大于原始特征维度，同时也不能超过 $k-1$。

最后通过一个实例进一步比较 PCA 和 LDA 算法在分类任务中的表现。针对手写体数字数据集，选取其类别为 0～5 的 6 类样本，对其特征(1 024 个维度)进行降维。为了可视化方便，将目标维度设置为 2。分别使用 PCA 和 LDA 算法进行降维，降维后的可视化结果如图 7-13 所示。比较图 7-13(a)和图 7-13(b)的结果，可以发现相比于 PCA 算法，LDA 算法的结果中同一类的样本更加集中，而不同类的样本之间更加分散。特别是数字 0 的样本，PCA 算法的结果中这些样本分布得很分散，与数字 1、2、4 和 5 的样本均相邻，而 LDA 算法的结果中，数字 0 的样本很集中，而且只与数字 5 的样本相邻，显然这种特性更有助于完成手写体数字识别任务。

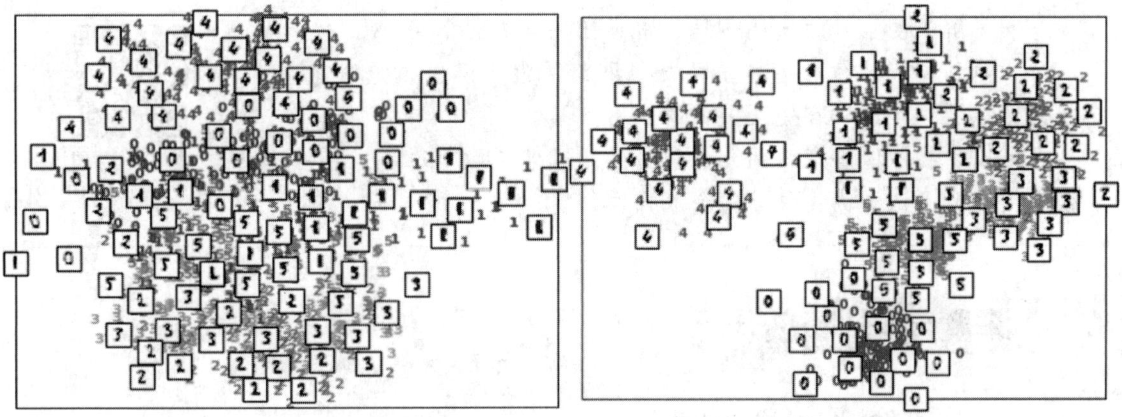

(a) PCA　　(b) LDA

图 7-13　PCA 和 LDA 算法在手写体数字数据集上降维效果的比较

习　题

1. k 均值++算法是聚类算法吗？简述它和 k 均值算法的关系。
2. 简述 DBSCAN 算法中参数 ε 和 MinPts 对聚类结果的影响。
3. 简述自底向上和自顶向下的层次聚类思想的异同。
4. 简述兰德指数在评价聚类模型时存在的问题。
5. 简述降维的目的及应用场景。

习题解析

第 8 章 深度学习

章节导航

• 了解深度学习的发展历程、常见任务与编程框架。

• 熟悉卷积神经网络和循环神经网络的经典算法的原理，掌握其在图像识别和自然语言处理方面的应用。

• 以食物图像鉴别为例开展项目实践，掌握数据准备、网络搭建、模型训练、测试和优化改进的全流程操作。

本章知识导图

8.1 深度学习概述

8.1.1 人工智能与神经网络

人工智能算法历史

当提及人工智能时，一般公众往往首先联想到影视作品中的形象。例如，2001 年在电影《人工智能》中，出现了与人类外貌和智力相媲美的机器人；又如，在《终结者》系列电影中出现了具备机械骨骼和人类组织的机器人，以及超越普通人类肉体和智力的具有自我修复功能的液态金属智能体。这些对人工智能的大胆想象给人们留下了深刻的印象。

近年来，人工智能在科技领域取得了显著成效，这一点是不言而喻的。从 AlphaGo 战胜围棋世界冠军李世石到无人驾驶技术的成功实践，这些引人注目的成就吸引了大众广泛的关注。作为人工智能的一个分支，机器学习受到了人们广泛的关注，其中深度学习成为近年的研究热点之一。

1. 人工智能发展史

人工智能发展历史

图 8-1 展示了人工智能的发展历程及其主要特点，下面对其进行简要介绍。

1956 年，在达特茅斯会议上首次提出了人工智能这一概念 9，参加这次会议的专家学者众多，包括人工智能概念的提出者约翰·麦卡锡(John MacCarthy)，信息论的创始人克劳德·香农(Claude Shannon)，第十届诺贝尔经济学奖得主赫伯特·西蒙(Herbert Simon)，图灵奖(1969 年)获得者马文·明斯基(Marvin Minsky)，机器学习之父阿瑟·萨缪尔(Arthur Samuel)等。1956 年被称为人工智能元年。人工智能的发展也由此拉开序幕。

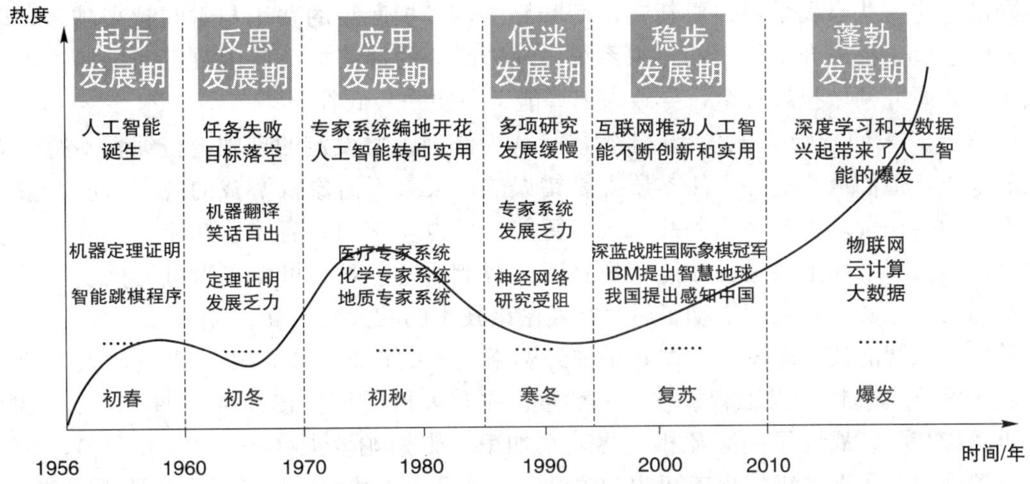

图 8-1 人工智能的发展历程及其主要特点

1957 年，弗兰克·罗森布拉特(Frank Rosenblatt)提出感知机模型，这是人工神经网络(artificial neural network，ANN)理论中关于神经元的最早模型。即使在深度学习火热发展的今天，为了理解神经元的本质，很多学者会将深度学习模型与基于感知机的模型进行综合比较与分析。正因为感知机模型被提出并受到热捧，各类人工神经网络理论在各个领域也实现了重大突破，人工智能受到了很多学者广泛的关注，在此期间很多国家投入大笔资金开展了许多相关项目的研究。

1974—1980 年，感知机模型无法解决现实中复杂多变的问题，人们过度高估了科学技术的发展速度，导致很多学者开始怀疑人工智能，其遇到了第一次寒冬。著名数学家莱特希尔(Lighthill)向英国政府提交了一份关于人工智能的研究报告，其中对当时的机器人技术、语言处理技术和图像识别技术进行了严厉的批评，尖锐地指出人工智能中那些看上去宏伟的目标根本无法实现。此后，科学界对人工智能进行了一轮深入的拷问，使人工智能的发展陷入困境，人们对其实际价值产生了诸多质疑。计算能力有限、缺乏可用数据成为当时阻碍人工智能发展的两大瓶颈。

1980—1987 年，随着专家系统的问世和误差反向传播(back propagation，BP)算法的提出，人工智能又开启了新的发展篇章。专家系统是一种程序，依据一组从专门知识中推演出的逻辑规则，能够在某一特定领域回答问题或解决问题。1978 年，卡耐基梅隆大学开始开发一款能够帮助顾客自动选配计算机配件的程序软件 XCON，该软件在 1980 年投入使用，其中包含设定好的 2 500 多条规则，在使用期间处理了超过 80 000 条订单，准确度超过 95%，每年节省资金超过 2 500 万美元。在这之后，各个国家纷纷拨款投资这种类型的项目，希望制造出能够与人对话、翻译语言、解释图像并且像人一样具备推理能力的机器。人工智能又迎来了大发展。1982 年，霍普菲尔德(Hopfield)提出一种新型的神经网络，后来被称为 Hopfield 网络，它使用一种全新的方式学习和处理信息。BP 算法在此期间被提出，这种算法也是深度学习理论中用于神经网络训练的重要算法之一，沉寂多年的人工神经网络方向的研究重新获得发展。

但不幸的是，人工智能又在 1987—1993 年迎来第二次寒冬。专家系统最初取得的成功是有限的，它无法自我学习并更新知识库和算法，维护所需的费用与时间越来越多，以至于很多企业后来都放弃了陈旧的专家系统。理论研究的迷茫加上各国政府和机构纷纷停止向人工智能研究领域投入资金，导致人工智能又一次跌入低谷。

1993 年，人们开始重新思考人工智能，认为使用人类设定的规则进行编程不符合人工智能的本质，他们认为这种方法本质上是错误的。大象不懂象棋游戏的规则，但大象可以从现实中学会识别环境并做出判断，人工智能技术也应该拥有身体感知能力，从基础感知到大脑认知的从下而上的过程才能实现真正的智能。这种观点可能在当时的科技水平下显得有些超前，但实实在在地推动了后续神经网络技术的壮大和发展。

随着人工智能技术的发展，尤其是神经网络技术的逐步发展，以及人们对人工智能的认知趋于客观、理性，人工智能技术开始进入平稳发展时期。1997 年 5 月 11 日，IBM 的计算机系统“深蓝”战胜了国际象棋世界冠军加里·卡斯帕罗夫(Garry Kasparov)，又一次在公众领域引发了现象级的人工智能话题讨论。这是人工智能发展的一个重要里程碑。

2006 年，被誉为“深度学习之父”的辛顿(Hinton)在神经网络的深度学习领域取得突破，其在反向传播算法、深度信念网络、卷积神经网络等领域做出了重要贡献，人类又一次看到机器赶超人类的希望，这是标志性的技术进步。

2011 年，IBM 开发的人工智能程序沃森(Watson)参加了一档智力问答节目并战胜了两位人类冠军。沃森存储了 2 亿页数据，能够将与问题相关的关键词从看似相关的答案中抽取出来。这一人工智能程序已被 IBM 广泛应用于医疗诊断领域。

2016—2017 年，AlphaGo 战胜围棋世界冠军李世石。AlphaGo 是由谷歌 DeepMind 开发的人工智能围棋程序，具有自我学习能力。它能够搜集大量围棋对弈数据和棋谱，学习并模仿人类下棋。

2017 年，深度学习大热。AlphaGo Zero(第四代 AlphaGo)在无任何数据输入的情况下，开始自学围棋，3 天后便以 100：0 横扫了第二个版本“旧狗”，学习 40 天后，又战胜了在人类高手看来不可企及的第三个版本“大师”。

至今，人工智能的发展仍在继续。在人工智能的发展过程中，机器学习及神经网络两大概念的地位突出。当前已进入大模型的迅猛发展期，大数据、大算力和大算法完美结合，大幅提升了大模型的预训练和生成能力及多模态、多场景应用能力。例如，ChatGPT 的巨大成功，就是在微软 Azure 强大的算力及维基等海量数据的支持下，在 Transformer 架构基础上，坚持 GPT 模型及人类反馈的强化学习(reinforcement learning from human feedback，RLHF)进行精调的策略下取得的。同时，我国科技龙头企业密集发布自研大模型，例如，百度发布大模型文心一言，阿里发布首个超大规模语言模型通义千问，腾讯混元 AI 大模型团队推出了万亿级别中文 NLP 预训练模型 HunYuan-NLP-1T。华为发布的盘古大模型是业界首个千亿级生成和理解中文 NLP 大模型。

2. 人工神经网络

顾名思义，机器学习的目的是使计算机像人类一样学习和行动，通过观察现实世界的信息并进行演绎，基于一定时间的知识积累以自主方式提高计算机的学习能力。

实现机器学习可以分成两步：训练(归纳，induction)和预测(演绎，deduction)。

(1)归纳。归纳是指从具体的事实归纳总结出一般性规律。机器学习中的训练是给定一定数量的样本(已知模型输入 X 和模型输出 Y)中，学习输出 Y 与输入 X 的关系(可以想象成某种映射)。

(2)演绎。演绎是指从一般性规律推导出具体案例的结果，是实际运用模型的过程。机器学习中的预测是基于训练得到的 Y 与 X 之间的关系，计算新样本对应的输出 Y。如果通过模型计算的输出和真实场景的输出一致，则说明模型是有效的。

通过机器学习，可以大大减少人工成本。不难预见，机器学习将是推动第四次工业革命的主力军。机器学习的实现主要通过人工神经网络完成，人工神经网络是一种模仿生物神经网络的结构和功能的数学模型或计算模型。神经网络由大量的人工神经元联结进行计算。大多数情况下，人工神经网络能在外界信息的基础上改变内部结构，是一种自适应系统。神经网络重要的用途之一是实现分类任务，例如，运用神经网络，可以实现垃圾邮件识别、图片识别等功能。

8.1.2　神经网络的深度

既然神经网络的神经元(节点)越多，模型的表达能力越强，模型的预测效果越好，那么为什么深度学习被广泛接受，而不是宽度学习呢？本节将介绍深度神经网络的发展历程，然后解释选择深度神经网络的原因，并探究神经网络是否越深越好。

1. 深度神经网络的发展历程

神经网络模型最早起源于认知心理学、理论和计算神经科学领域。1943 年，心理学家沃伦·麦卡洛克(Warren McCulloch)与数理逻辑学家沃尔特·皮茨(Walter Pitts)在合作的论文 *A logical calculus of the ideas immanent in nervous activity* 中提出了神经网络的概念与人工神经元的数学模型，即 MCP 神经元数学模型，为神经网络的研究拉开了序幕。

第一代神经网络能够对如三角形、四边形等简单形状进行分类。这也使得人们逐渐认识到计算机或许可以借此实现类似于人类的学习、记忆、识别能力。然而，第一代神经网络并不完善，当时的感知机特征提取层甚至可能还需要手动调节参数才能有效工作，这违背了其智能的要求，因此神经网络的发展停滞了相当长的一段时间。

1985 年，被誉为“神经网络之父”的辛顿提出了一种新的思想——使用多个隐藏层来取代原先感知机中的单个特征层，并利用 BP 算法计算网络参数。这一想法使得神经网络的发展经历了一次复兴。1989 年，杨立昆(Yann LeCun)等利用深度神经网络来识别手写体邮政编码字符，进一步运用卷积神经网络(convolutional neural network，CNN)成功实现了银行支票上手写体字符的识别，其准确率达到了商用级别。尽管卷积神经网络取得了显著的成果，但在小型数据集的训练上仍需要耗费长达 3 天的时间。随后，出现了结构相对简单且训练速度更快的传统方法，如支持向量机、随机森林，使得神经网络的研究再次进入寒冬。

2011 年，得益于辛顿和本吉奥(Bengio)等的研究，深度神经网络在图像和语音识别领域取得突破性成果，受到人们的重视，再次掀起了深度神经网络的研究热潮。之后亚历克斯·克里切夫斯基(Alex Krizhevsky)等提出将线性整流(rectified linear unit，ReLU)函数作为卷积神经网络的激活函数，使得神经网络在图像识别任务中取得巨大优势，开始了神经网络快速发展的新历程。

2. 选择深度神经网络的原因

首先，需要了解深度神经网络与以前神经网络的区别。简而言之，在深度神经网络中，网络的层数较多，使用了多个隐藏层。2012 年，深度学习和卷积神经网络开始受到人们的广泛关注，当时 ImageNet 竞赛的冠军方案只使用了 8 层神经网络。如今，层数达到数百层甚至数千层的深度网络越来越常见，这得益于计算机算力的提升。可以得出结论：模型的复杂度越高，其学习能力越强。那么如何增加模型的复杂度？对于神经网络模型而言，有两种方法：一是增加模型的深度，二是增加模型的宽度。当模型变宽时，只是增加了计算单元的数量，增加了函数的个数。然而，当模型变深时，不仅增加了神经元的数量，还增加了嵌入的层级。因此，应选择深度神经网络而不是宽度神经网络。

基于以上观点，既然深度神经网络可以增强模型的学习能力，那么网络深度越深，其效果是否越好？答案是否定的，这是因为在机器学习过程中存在一个重要问题——过拟合。通过机器学习，希望获得事物的一般规律，但有时过强的学习能力会导致模型学习到训练数据本身的一些特征和特性，并错误地将其当作一般规律使用，从而产生不可预测的错误。幸运的是，目前已经有许多方法可以缓解过拟合问题，例如使用计算能力强大的设备进行大规模数据训练。

8.1.3 深度学习的常见任务

深度神经网络的两大任务分别是自然语言处理及计算机视觉。

自然语言处理的发展主要分为 4 个阶段。第一个阶段是 1956 年之前的萌芽期。1936 年，图灵首次提出“图灵机”的概念，将人们使用纸和笔进行数学运算的过程进行抽象，由一个虚拟的机器来替人类进行数学运算，正是这一理论基础促使了 1946 年电子计算机的诞生。同时，电子计算机的诞生又为机器翻译与自然语言处理提供了硬件基础。1957—1970 年，自然语言处理进入快速发展期。在这个时期，自然语言处理融入人工智能领域的研究，并基于研究分为两大阵营：符号派与随机派。1967 年，美国心理学家奈瑟尔(Neisser)提出认知心理学的概念，直接将自然语言处理与人类认知联系起来。但是，1971—1993 年，自然语言处理的研究进入“冰河时期”。随着研究的深入，人们发现基于自然语言处理的应用不能在短时间内得到解决，新的问题却不断涌现。在这个时期，虽然还有一些发达国家的研究人员仍对此进行不懈研究，却收效甚微。1994 年之后，对自然语言处理的研究重新进入复苏融合期，计算机的处理速度及存储容量大幅提升，将自然语言处理推上了更高的平台，使得基于语音和语言处理的商品化开发成为可能。

深度神经网络中的另一大任务——计算机视觉，包含图像分类、目标检测、语义分割、实例分割、目标追踪等任务。在图像分类中，人脸表情识别是目前热门的研究方向之一，人脸表情识别的主要目标是根据给定的面部图像识别人类的情绪状态(如愤怒、蔑视、厌恶、恐惧、快乐等)。在目标检测任务中，涌现出诸多改进的检测算法并应用在现实场景中。在分割任务中，图像识别应用在医学图像场景中，并成为计算机辅助诊断的得力助手，曾格(Zeng)等利用深度信念网络(deep belief network)对胶体金免疫层析试纸条图像中的质控线和测试线进行分割来判断疾病的阴阳性，并进一步进行定量分析。

在深度学习的研究中，除了上述的计算机视觉和自然语言处理两大任务，深度学习还在推荐系统、智能控制、自动驾驶等任务处理中展现出其强大的威力，在交通物流、工业质检、金融行业、能源电力、智慧农业等领域已实现产业化应用。

8.1.4　深度学习的利器

本节将介绍深度学习编程实现中常用的框架，包括 TensorFlow、PyTorch、Caffe、PaddlePaddle 等。同时，简要介绍深度学习常用的 Python 库，如 NumPy、Pandas、scikit-learn 等。此外，还会介绍一些常见的深度学习开源代码网站。

使用 PyTorch 搭建神经网络

1. 常见的框架

1) TensorFlow

TensorFlow 是一个基于数据流编程(dataflow programming)的符号数学系统，被广泛应用于各类机器学习算法的编程实现，其前身是谷歌的神经网络算法库 DistBelief。安装 TensorFlow，可以在计算机终端直接使用模块管理工具 pip/pip3 或 conda。下面是使用两种工具的安装命令。

```
pip install tensorflow                          # 选择一种安装方式
conda install -c conda-forge tensorflow         # 选择另一种安装方式
```

2) PyTorch

PyTorch 是一个开源的 Python 语言机器学习库，由 Facebook(2021 年更名为 Meta)人工智能研究院于 2017 年 1 月推出。PyTorch 提供两个高级功能：一是使用图形处理单元(graphics processing unit，GPU)加速张量计算；二是提供自动求导功能。PyTorch 入门简单，其设计追求最少的封装，对初学者友好，也是深度学习的一个利器。

PyTorch 的安装十分简单，根据 PyTorch 官网的提示，选择合适的系统及安装方式即可。这里以 Anaconda 为例，介绍如何安装 PyTorch 并配置开发环境。

```
# CUDA 12.1
pip3 install torch==2.2.2 torchvision==0.17.2 torchaudio==2.2.2--index-url https://
download.pytorch.org/whl/cu121

# CUDA 11.8
pip3 install torch==2.2.2 torchvision==0.17.2 torchaudio==2.2.2--index-url https://
download. pytorch.org/whl/cu118

# CPU 版本
pip3 install torch==2.2.2 torchvision==0.17.2 torchaudio==2.2.2 --index-url https://
download.pytorch.org/whl/cpu
```

安装完成后，可以导入 Torch 并查看其版本号。

```
import torch
torch.__version__
```

新建的环境是没有安装 ipykernel 的，无法注册到 Jupyter Notebook 中，所以先要准备 PyTorch 的开发环境。

```
# 安装 ipykernel
conda install ipykernel
# 写入环境
python -m ipykernel install --name pytorch --display-name "Pytorch for Deeplearning"
```

下一步要创建 Jupyter Notebook 配置文件。

```
# 切换回基础环境
activate base
# 创建 jupyter notebook 配置文件
jupyter notebook --generate-config
# 显示创建 jupyter_notebook_config.py 的具体位置
```

打开创建的配置文件，将下面的代码写入文件末尾。

```
c.ServerApp.notebook_dir=''      # 默认目录位置
c.ServerApp.iopub_data_rate_limit=100000000      # 这个改大一些否则有可能报错
```

至此，PyTorch 的开发环境配置完成，打开 Jupyter Notebook，在 New 按钮的下拉菜单中选择创建文件命令时，选择 Pytorch for Deeplearning 环境，就可以创建 PyTorch 的相关开发环境了。

3)Caffe

Caffe(convolutional architecture for fast feature embedding)是一个兼具表达性、速度和思维模块化的深度学习框架，由伯克利人工智能研究小组和伯克利视觉与学习中心开发。虽然其内核是用 C++语言编写的，但 Caffe 有 Python 和 MATLAB 的相关接口。Caffe 支持多种类型的深度学习架构、面向图像分类和图像分割，还支持 CNN、R-CNN、长短期记忆网络(long short-term memory network，LSTM)和全连接神经网络设计。Caffe 完全开源，同时提供了一个用于训练、测试的完整工具包，可以帮助使用者快速上手。

4)PaddlePaddle

PaddlePaddle(飞桨)以百度多年的深度学习技术研究和业务应用为基础，集深度学习核心训练和推理框架、基础模型库、端到端开发套件、丰富的工具组件于一体，是我国首个自主研发、功能完备、开源开放的产业级深度学习平台。

2. 常见的 Python 库

1)Pandas

Pandas 库是一个用于数据处理和分析的强大 Python 库。它提供了两种主要的数据结构：Series 和 DataFrame。其中，Series 是一个一维标记数组，类似于带有标签索引的 NumPy 数组，可以包含任何数据类型，它类似于 Python 语言中的字典或列表。DataFrame 是一个二维数据结构，类似于电子表格或 SQL 表格。DataFrame 由行和列组成，并且可以包含不同类型的数据。DataFrame 可以看作 Series 的容器。

Pandas 库提供了丰富的数据操作和转换功能，如数据筛选、切片、聚合、合并、拆分等。它能够快速地读取、写入各种数据源，如 CSV 文件、Excel 文件、数据库文件等。Pandas 库广泛用于数据清洗、数据预处理和数据分析任务。

2)NumPy

NumPy 库是 Python 语言中科学计算的核心库。它提供了高性能的多维数组对象(称为 ndarray)，以及用于在这些数组上执行操作的函数。NumPy 库的核心功能如下。

(1)多维数组。NumPy 库的 ndarray 是一个快速且灵活的数组对象，能够容纳同类型的数据。它使得数组操作更加高效和方便。

(2)广播(broadcasting)。NumPy 库允许不同形状的数组在一些条件下进行数学运算，而无须进行显式循环，这称为广播。

(3)数学函数。NumPy 库提供了许多数学函数，如 sin()、cos()、exp()等，以及线性代数、随机数生成等功能。

NumPy 库广泛应用于数据科学、机器学习和科学计算领域，它的数组操作速度快且支持广播功能，使得它在大规模数据计算上非常高效。

3)scikit-learn

scikit-learn(简称 sklearn)库是 Python 语言中非常受欢迎的机器学习库之一，它提供了丰富的机器学习算法和工具，用于处理分类、回归、聚类、降维、模型选择和预处理等任务。scikit-learn 库的特点如下。

(1)一致的 API。sklearn 提供了简单一致的 API 接口，方便用户使用不同的机器学习算法，并进行模型的训练和评估。

(2)丰富的算法。sklearn 包含大量的机器学习算法，如 SVM、随机森林、k 近邻、逻辑回归等。

(3)数据预处理。sklearn 提供了许多数据预处理方法，如特征缩放、数据标准化、特征选择等，用于优化模型性能。

(4)评估工具。sklearn 包含各种评估指标和交叉验证技术，用于评估模型的性能和泛化能力。

sklearn 广泛应用于各种机器学习项目，从小规模研究项目到大规模生产环境的应用都能得到该库的支持。

3. 常见的深度学习开源代码网站

Papers with Code 创立于 2018 年 7 月，旨在帮助广大机器学习科研人员和业界人士跟踪最新发布的论文及源代码，使他们快速了解最前沿的技术进展。该平台涉及各类机器学习任务和细分方向。截至 2024 年，Papers with Code 已经累积了超过 120 000 篇论文、超过 4 000 项任务和超过 10 500 个排行榜，其已成长为非常常用的机器学习资源网站之一(https://paperswithcode.com/)。

机器之心是我国领先的前沿科技媒体和产业服务平台，关注人工智能、机器人和神经认知科学，坚持为从业者提供高质量内容和多项产业服务。机器之心的 SOTA 网站可以视作国内版的 Papers with Code，用户可以根据自己的需要寻找机器学习对应领域和任务下的 SOTA 论文，平台会提供论文、模型、数据集和 benchmark 的相关信息(https://sota.jiqizhixin.com/)。

Model Zoo 为深度学习研究人员提供了一个平台，可以轻松地为各种深度学习框架和用途找到经过预训练的模型。Model Zoo 会定期更新 GitHub 站点，并为用户提供筛选功能，以查找用户所需的模型(https://www.modelzoo.co/)。

8.2 卷积神经网络

8.2.1 基础知识

本节首先说明什么是卷积神经网络及怎样进行卷积操作，接着介绍单通道卷积、多通道卷积等概念，然后介绍池化(pooling)、填充(padding)、激活函数等基础知识。

卷积神经网络是一种特殊结构的神经网络，在与数字图像相关的任务中表现优异，其核心是可以有效提取图像特征的卷积操作。卷积操作的过程如图 8-2 所示。

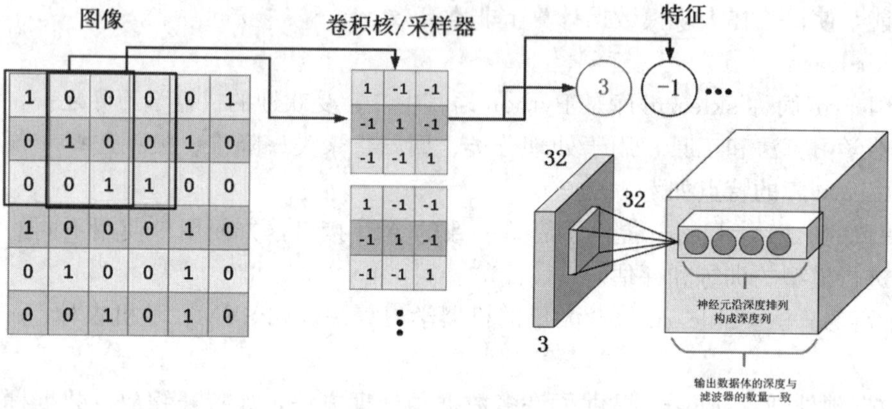

图 8-2　卷积操作的过程

1. 单通道卷积

在深度学习中，卷积操作是逐元素先乘法后加法的运算。对于具有一个通道的图像，卷积示意图如图 8-3 所示。这里的卷积核是一个 3×3 矩阵，即[[0，1，2]，[2，2，0]，[0，1，2]]，卷积核在输入端滑动。在每个位置，它都在进行元素乘法和加法。每个滑动位置最终得到的结果为逐元素相乘后的和，输出是 3×3 的特征矩阵。

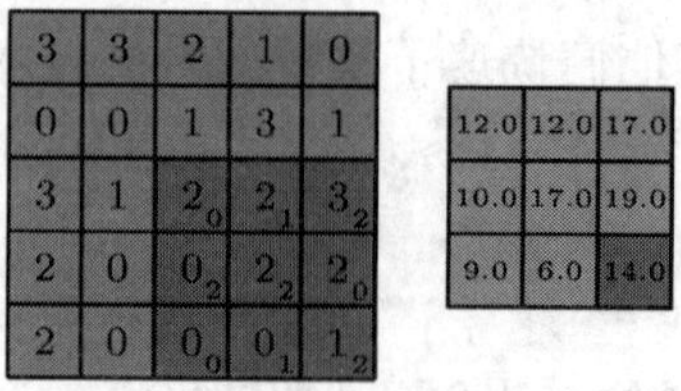

图 8-3　单通道卷积示意图

卷积神经网络可视化

2. 多通道卷积

在许多现实应用中，需要处理的是具有多个通道的彩色图像。典型的例子是 RGB 图像，每个通道分别表达了原始图像在红、绿、蓝 3 个颜色分量上的值。

图 8-4 给出了多通道卷积的运算过程。以彩色图像为例，包含的 3 个通道分别表示 RGB 三原色的像素值。输入层是一个 5×5×3 的矩阵，卷积核通道数为 3，每个通道的卷积核是一个 3×3 矩阵。卷积过程如下：首先每个通道的像素值与其对应的卷积核通道数值进行卷积，每个通道获得一个卷积结果，再将 3 个对应位置的卷积结果进行累加求和，最后得到卷积结果。由此可以发现：多通道卷积最终得到的结果是各个通道上的信息综合。

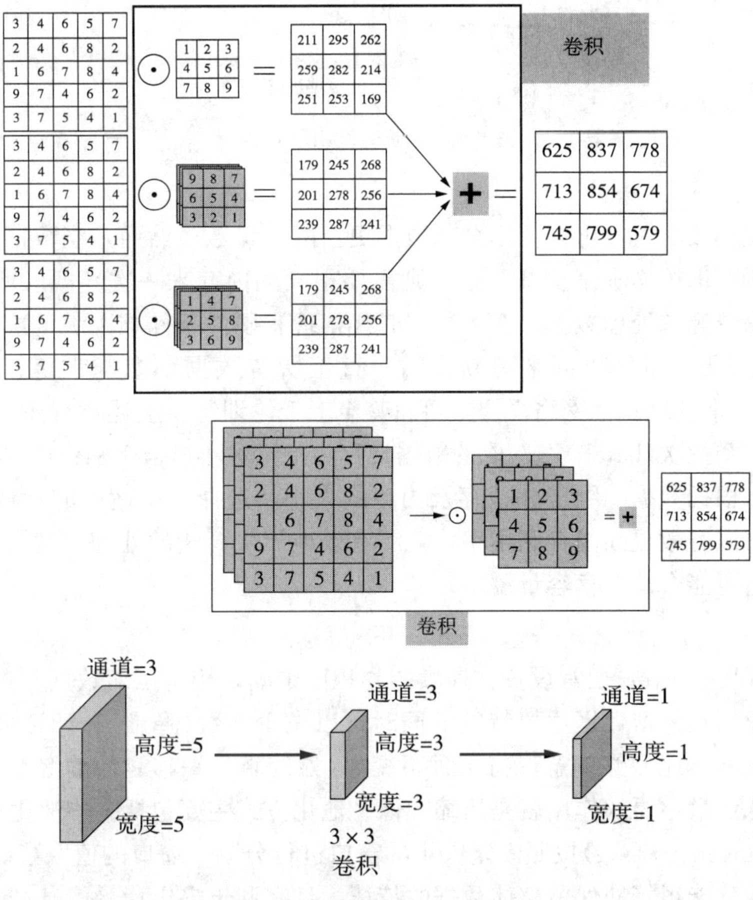

图 8-4　多通道卷积的运算过程

3. 多通道输出

在多通道卷积中，因为只有一个卷积核，所以卷积结果只有一个通道，从而只得到一种特征。若要卷积后的特征图中包含更多特征，就需要更多的特征通道，此时，只需增加卷积核的数量再进行通道拼接操作，输出的通道数即为卷积核的数量，如图 8-5 所示。

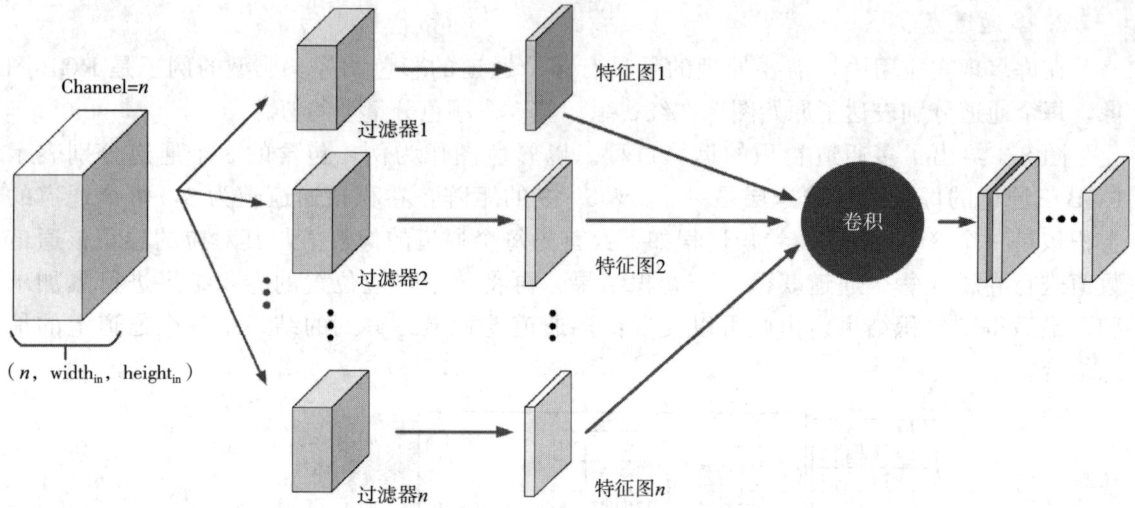

图 8-5 多通道输出示意图

4. 批次

当数据集规模较小时，可以使用全部数据更新网络参数。然而，当数据集规模变大时，若一次性使用所有训练样本来更新参数，则需要很大的内存来一次性载入所有数据，而且需要更多的计算资源来处理数据。在大数据时代，现有硬件条件难以满足这一要求。因此，每次可以随机选取一部分数据来更新参数，直至所有数据都参与训练，便完成了一轮(epoch)训练，通常训练一个网络需要上百轮甚至上千轮训练。上述过程中，每次随机选取的数据就称为一个批次(batch)，选取的数据量称为批量大小(batch size)。在实际训练模型的过程中，通常根据数据的维度和显存及内存的大小，选择一个适中的批量大小，在合理范围内增大它可以有效提高内存利用率，能够有效地加快算法的处理速度，但要注意的是，如果盲目增大它可能会使内存容量溢出。

5. 池化

池化层(pooling layer)通常设置在连续的卷积层中间，用于压缩数据与参数的量，减少过拟合，即池化层在保留数据主要特征的同时可以减少参数(降维)和计算量，提高模型的泛化能力，并且池化还能够刻意保持某种不变形(如旋转、平移、伸缩等)。例如，当输入为图像时，池化层最主要的作用就是压缩图像。池化方式主要包括平均池化和最大池化。

平均池化(mean pooling)按照固定大小的窗口进行分割，窗口的值取窗口内所有像素的平均值。平均池化能很好地保留整体数据的特征，且有利于突出背景信息。

最大池化(max pooling)通过取窗口中像素的最大值实现，其能够有效地保留纹理特征。一般情况下，大多数卷积网络使用最大池化。

图 8-6 是按 2×2 的网格进行平均池化和最大池化的结果。

6. 填充

填充操作是卷积神经网络中的一项基本操作。在卷积过程中，当使用一个 3×3 的卷积核对一个 6×6 的图像进行卷积时，特征图的输出尺寸将缩小为 4×4，即图像经过卷积操作后尺寸从 6×6 缩小到 4×4。在多次卷积操作后，图像的尺寸可能会进一步缩小至 1×1。

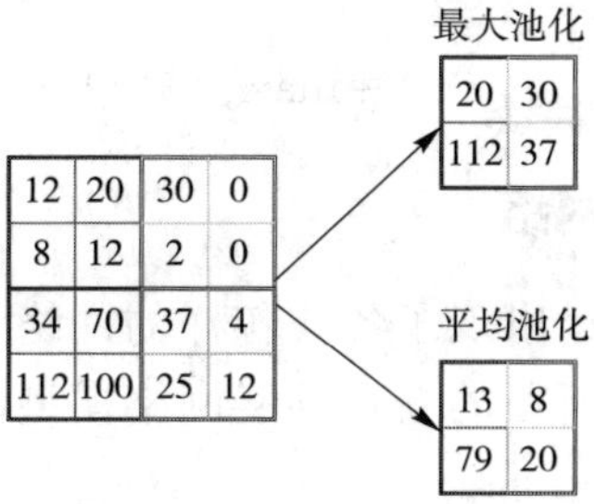

图 8-6 平均池化和最大池化的结果

从上述对卷积操作的理论分析可以得知，在图像边缘的像素点上，每个像素点只被一个输出所利用。这意味着在处理图像时，会丢失许多边缘位置的信息。为了解决上述问题，可以在卷积操作之前进行填充操作。上述例子中，可以在 6×6 的图像边缘添加额外的像素，使图像的尺寸变为 8×8，然后再进行卷积操作。通过填充操作，输出的特征图仍然保持 6×6 的尺寸，从而保持了原始输入图像的大小，并能够充分利用特征图的边缘信息。图 8-7 为填充操作示意图。

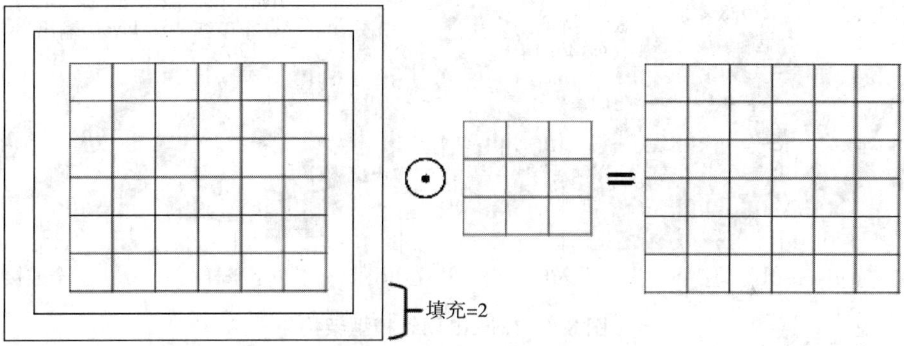

图 8-7 填充操作示意图

7. 激活函数

在实际应用中数据的分布大多是非线性的，然而一般神经网络的计算却是线性的。引入非线性激活函数可以较好地解决这一矛盾，这也是神经网络中强化网络学习能力的一种高效途径。下面列举了常用的激活函数的表达式。

Sigmoid 函数：

$$f(x)=\frac{1}{1+\mathrm{e}^{-x}}$$

双曲正切函数：

$$f(x)=\frac{\mathrm{e}^{x}-\mathrm{e}^{-x}}{\mathrm{e}^{x}+\mathrm{e}^{-x}}$$

Softmax 函数：

$$f(x)=\frac{\mathrm{e}^{x_i}}{\sum_i \mathrm{e}^{x_i}}$$

ReLU 函数：

$$f(x)=\max(0, x)$$

8.2.2 经典的卷积神经网络

卷积神经网络发展至今，已经出现了各式各样的网络结构，特别是在图像识别、图像检测和图像分割方面，不断出现新颖的卷积神经网络模型。下面详细介绍 5 种具有代表性的卷积神经网络。

1. LeNet5

20 世纪 90 年代，杨立昆等提出了用于手写数字和机器打印字符图片识别的神经网络，并将其命名为 LeNet5。作为卷积神经网络的开创性工作，该模型提出了三大思想，分别是局部感知、下采样、权值共享。

LeNet5 共有 7 层(不包含输入层)，每层都包含可训练参数，其网络模型架构如图 8-8 所示，输入为一张手写字体的图像，经过卷积层→池化层→卷积层→池化层，后接两个全连接层，最后的输出层是输入图像属于每个类别的概率。

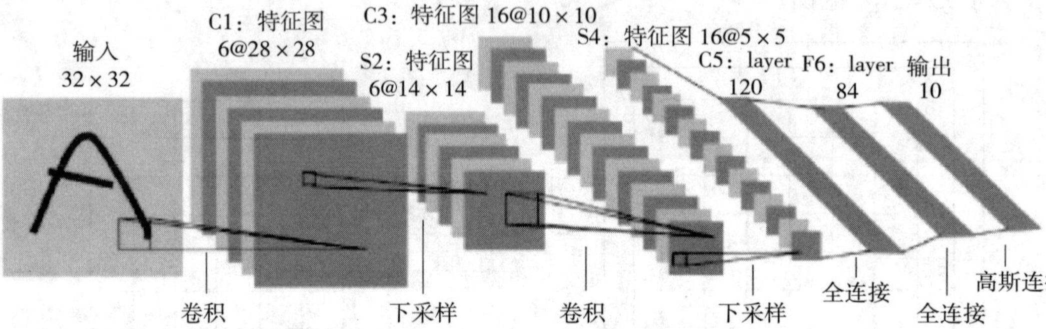

图 8-8 LeNet5 网络模型架构

下面详细介绍 LeNet5 网络模型架构。

输入层：LeNet5 网络的输入为 32×32 大小的图像，比后文用到的 MNIST 数据集的图像稍微大一些。

卷积层(C1)：使用 6 个大小为 5×5 的卷积核对输入图像进行卷积操作，卷积后得到的特征图的尺寸为 28×28，因此输出 6 个大小为 28×28 的特征图。

池化层(S2)：这里采用最大池化操作，池化窗口大小为 2×2。经过池化层后输出 6 个 14×14 的特征图，作为下一层的输入。

卷积层(C3)：使用 16 个大小为 5×5 的卷积核对输入的特征图进行卷积操作。值得注意的是，C3 层输出的特征图是由 S2 层中特征图加权组合得到的。输出为 16 个 10×10 的特征图。

池化层(S4)：同样采用最大池化操作，池化窗口大小为 2×2。最后输出 16 个 5×5 的特征图，神经元个数为 400(16×5×5)。

卷积层(C5)：该层是一个全连接的卷积层，使用 120 个 5×5 的卷积核对 S4 层的 16 个 5×5 的特征图进行卷积操作，得到 120 个的 1×1 特征图。

全连接层(F6)：该层有 84 个神经元，与 C5 层的 120 个特征图全连接。每个神经元接收来自 C5 层 120 个特征图的输入。

输出层：LeNet-5 的最后一层是一个具有 10 个神经元的输出层。该层采用 softmax 激活函数，输出一个概率分布结果，用于分类。

2. AlexNet

受计算机性能的影响，虽然 LeNet5 网格模型在简单图像分类中取得了较好的成绩，但是在更复杂的任务中它存在较大的性能瓶颈。2012 年，亚历克斯・克里切夫斯基等提出的 AlexNet 网络在 ImageNet 大赛上以远超第二名的成绩夺冠，卷积神经网络乃至深度学习引起了学术界广泛的关注，而后发展出的代表性卷积神经网络有 VGG 系列、GoogLeNet 系列、ResNet 系列。

AlexNet 在 LeNet5 网络模型的基础上加深了网络的结构，以学习更丰富的高维的图像特征。AlexNet 网络模型架构如图 8-9 所示。

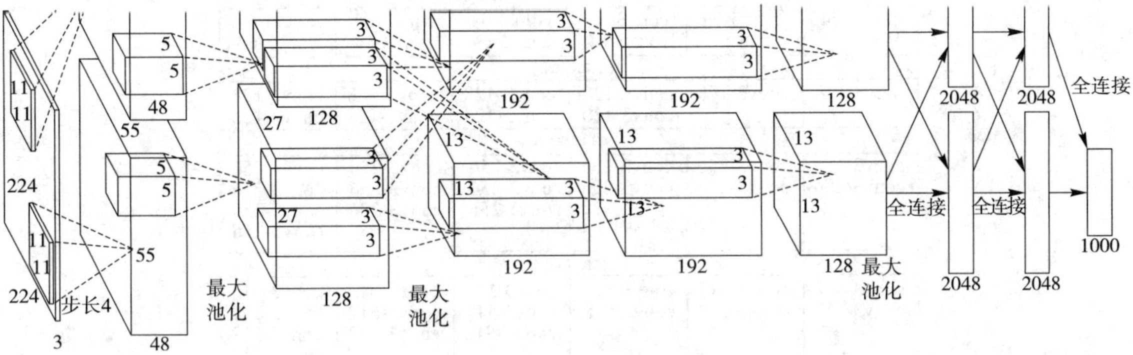

图 8-9　AlexNet 网络模型架构

AlexNet 的网络结构一共包括 5 个卷积层、3 个最大池化层、2 个全连接层，其输入为 3×224×224 大小的 3 通道彩色图像。下面详细介绍 AlexNet 网络模型架构(使用 2 块 GPU)。

输入层：输入为 3×224×224 大小的图像。

卷积层(Conv1)：96 个 11×11 大小的卷积核(每个 GPU 上有 48 个卷积核)，步长为 4。步长是指卷积核在输入图像上移动的步伐大小。

池化层(Pool1)：采用最大池化，窗口大小为 3×3，步长为 2。

卷积层(Conv2)：256 个 5×5 大小的卷积核(每个 GPU 上有 128 个卷积核)。

池化层(Pool2)：采用最大池化，窗口大小为 3×3，步长为 2。

卷积层(Conv3)：384 个 3×3 大小的卷积核(每个 GPU 上有 192 个卷积核)。

卷积层(Conv4)：384 个 3×3 大小的卷积核(每个 GPU 上有 192 个卷积核)。

卷积层(Conv5)：256 个 3×3 大小的卷积核(每个 GPU 上有 128 个卷积核)。

池化层(Pool2)：采用最大池化，窗口大小为 3×3，步长为 2。

全连接层(FC1)：第一个全连接层，将上一层的输出连接成一维向量作为该层的输入，输出 4 096 个神经节点。

全连接层(FC2)：第二个全连接层，输入和输出均为 4 096 个神经节点。

输出层：输出为 1 000 个神经节点，输出的每个神经节点单独对应图像所属类别的概率。在当时的比赛中，使用了 ImageNet 数据集中 1 000 个类别的数据，有 1 000 个分类，因此设定输出的神经节点数为 1 000。

3. VGGNet

AlexNet 网络模型的优越性能启发了业界朝着更深层的神经网络模型方向展开研究。2014 年，IVSVRC14 挑战赛 ImageNet 数据集分类任务的亚军牛津大学 VGG 实验室提出了 VGG11、VGG13、VGG16、VGG19 等一系列网络模型，将网络深度最高提升至 19 层，其架构如图 8-10 所示。

ConvNet Conngration					
A	A-LRN	B	C	D	E
11 weight layers	11 weight layers	13 weight layers	16 weight layers	16 weight layers	19 weight layers
input(224×224 RGB image)					
conv3-64	conv3-64 **LRN**	conv3-64 **conv3-64**	conv3-64 conv3-64	conv3-64 conv3-64	conv3-64 conv3-64
maxpool					
conv3-128	conv3-128	conv3-128 **conv3-128**	conv3-128 conv3-128	conv3-128 conv3-128	conv3-128 conv3-128
maxpool					
conv3-256 conv3-256	conv3-256 conv3-256	conv3-256 conv3-256	conv3-256 conv3-256 **conv1-256**	conv3-256 conv3-256 **conv3-256**	conv3-256 conv3-256 conv3-256 **conv3-256**
maxpool					
conv3-512 conv3-512	conv3-512 conv3-512	conv3-512 conv3-512	conv3-512 conv3-512 **conv1-512**	conv3-512 conv3-512 **conv3-512**	conv3-512 conv3-512 conv3-512 **conv3-512**
maxpool					
conv3-512 conv3-512	conv3-512 conv3-512	conv3-512 conv3-512	conv3-512 conv3-512 **conv1-512**	conv3-512 conv3-512 **conv3-512**	conv3-512 conv3-512 conv3-512 **conv3-512**
maxpool					
FC-4096					
FC-4096					
FC-1000					
soft-max					

图 8-10　VGG 系列网络模型架构

以 VGG16 为例，其输入为 3×224×224 大小的彩色图像，经过 2 个 Conv-Conv-Pooling 单元和 3 个 Conv-Conv-Conv-Pooling 单元的堆叠，最后通过 3 个全连接层输出当前图像分别属于 1 000 个类别的概率分布。

图 8-11 为 VGG16 的网络模型架构，其网络架构一共有 5 个卷积块，每个卷积块都连续多次使用卷积层。该网络一共有 13 个卷积层、5 个池化层、3 个全连接层和 1 个输出层。下面详细介绍 VGG16 网络模型架构。

输入层：输入为 3×224×224 或者 1×224×224 大小的图像。

卷积块(Block1)：连续 2 个卷积层，使用 64 个 3×3 大小的卷积核，输出的特征维度为[224，224，64]。后接 1 个池化层，输出的特征维度为[112，112，64]。

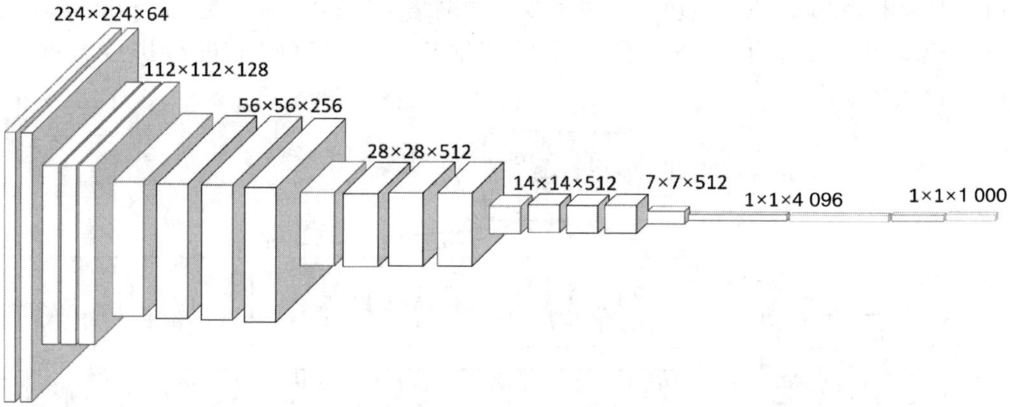

图 8-11　VGG16 网络模型架构

卷积块(Block2)：连续 2 个卷积层，使用 128 个 3×3 大小的卷积核，输出的特征维度为[112，112，128]。后接 1 个池化层，输出的特征维度为[56，56，128]。

卷积块(Block3)：连续 3 个卷积层，使用 256 个 3×3 大小的卷积核，输出的特征维度为[56，56，256]。后接 1 个池化层，输出的特征维度为[28，28，256]。

卷积块(Block4)：连续 3 个卷积层，使用 512 个 3×3 大小的卷积核，输出的特征维度为[28，28，512]。后接 1 个池化层，输出的特征维度为[14，14，512]。

卷积块(Block5)：连续 3 个卷积层，使用 512 个 3×3 大小的卷积核，输出的特征维度为[14，14，512]。后接 1 个池化层，输出的特征维度为[7，7，512]。

全连接层(FC1)：对于上一层输出的特征，向量化为 25 088(7×7×512)个神经元，将其与 4 096 个神经元进行全连接。

全连接层(FC2)：FC1 输出的 4 096 个神经元与 4 096 个神经元进行全连接。

输出层(Softmax)：FC2 输出的 4 096 个神经元与 1 000 个神经元进行全连接，并用 Softmax 函数进行分类预测。

VGG 系列网络模型有以下创新。

(1)网络层数提升至 19 层。

(2)全部采用更小的 3×3 的卷积核，相对于 AlexNet 网络模型中 11×11 的卷积核，参数量更少，计算代价更低。

(3)相比 AlexNet 网络模型中 3×3 的池化窗口，VGG 网络模型采用了更小的 2×2 池化窗口。

4. GoogLeNet

由于 3×3 的卷积核的参数量更少，计算代价更低，同时在性能表现上甚至更优越，因此业界开始探索卷积核最小的情况：1×1 的卷积核。1×1 的卷积核的一个特别之处在于，它可以不改变特征图的宽和高，而只对通道数进行变换。2014 年的 IVSVRC14 挑战赛的冠军是谷歌团队提出的 GoogLeNet 网络模型，该模型大量采用 3×3 和 1×1 的卷积核，它的网络层数达到了 22 层。虽然 GoogLeNet 的层数远大于 AlexNet，但是它的参数量却只有 AlexNet 的 1/12，同时性能也远优于 AlexNet。GoogLeNet 网络模型采用模块化设计的思想，通过大量堆叠 Inception 模块，形成了复杂的网络结构。图 8-12 是 Inception 模块架构，Inception 模块通过 4 个子网络得到 4 个网络输出，在通道轴上进行拼接合并，形成 Inception 模块的输出。

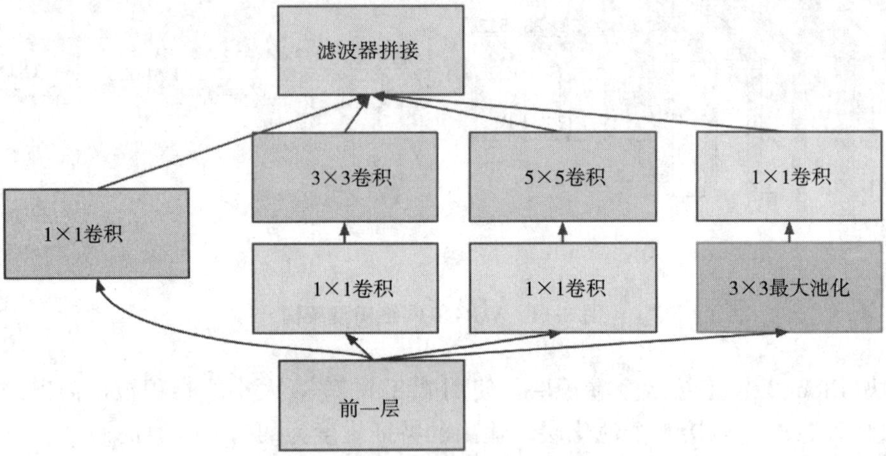

图 8-12　Inception 模块架构

从图 8-12 可以看出，在 3×3 和 5×5 的卷积核的前面和最大池化的后面都分别加上了 1×1 的卷积核，把得到的特征图与单独使用 1×1 的卷积核得到的特征图联合输出，形成一组新的特征图。1×1 的卷积核可以看作在特征图之间建立的一种全连接，从而得到新的特征图。

GoogLeNet 网络模型主要由 Inception 模块堆叠而成，其中还包含一些基本的卷积和池化等操作，其架构如图 8-13 所示。

5. ResNet

AlexNet、VGGNet、GoogLeNet 等网络模型的出现将神经网络的发展推向了更深层的阶段，研究人员发现随着网络层数的增加，神经网络的泛化能力有望得到显著提升。然而，随着模型的加深，由于梯度消失和梯度爆炸，网络的训练变得更加困难。特别是在网络层数较深的情况下，这种现象可能更加严重。为了解决深层神经网络中梯度消失和梯度爆炸的问题，2015 年，微软亚洲研究院的何恺明等提出了基于跳跃连接的深度残差神经网络(residual neural network，ResNet)，并推出了一系列不同深度的模型，包括 ResNet18、ResNet34、ResNet50、ResNet101 和 ResNet152。这些模型成功地训练出了极深层的卷积神经网络，甚至达到了 1 202 层的网络深度。

ResNet 通过在卷积层的输入和输出之间添加跳跃连接实现层数回退机制，如图 8-14 所示。输入 x 通过两个卷积层，得到特征变换后的输出 $F(x)$，与输入 x 进行对应元素的相加运算，得到最终输出为

$$H(x)=x+F(x)$$

$H(x)$称为残差模块(residual block，ResBlock)。由于被跳跃连接包围的卷积神经网络需要学习映射 $F(x)=H(x)-x$，故称为残差模块。

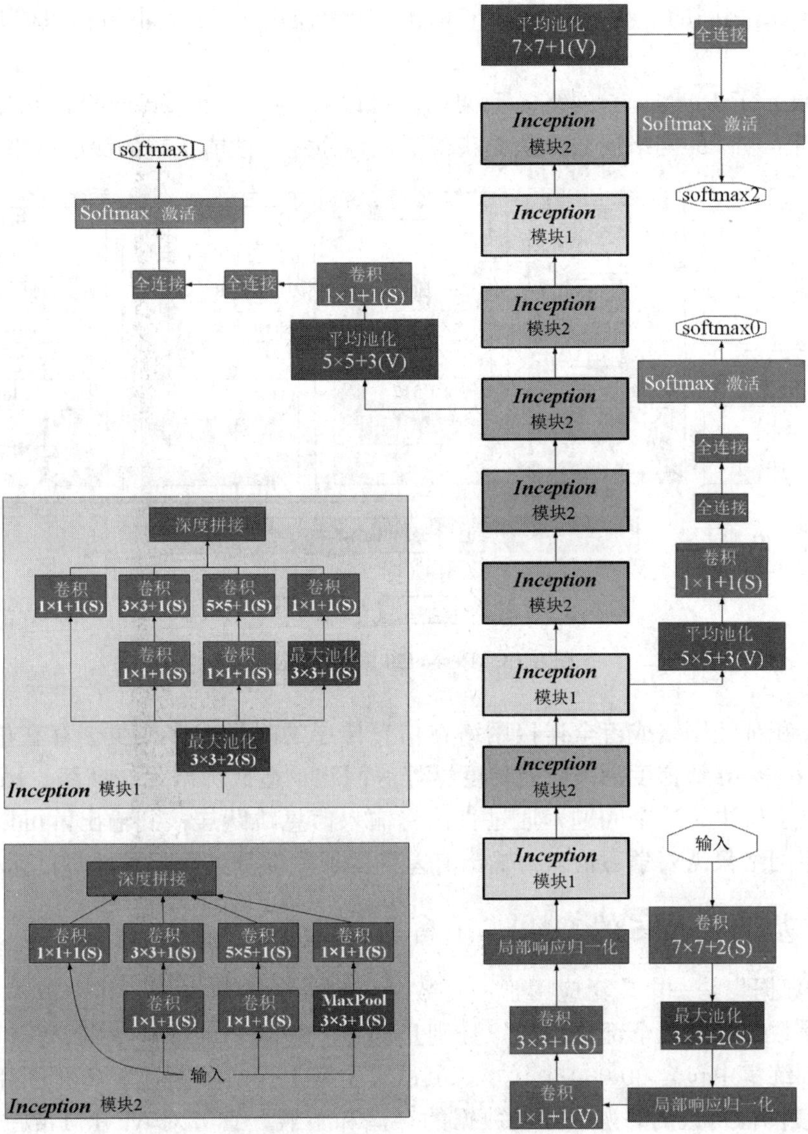

图 8-13　GoogLeNet 网络模型架构

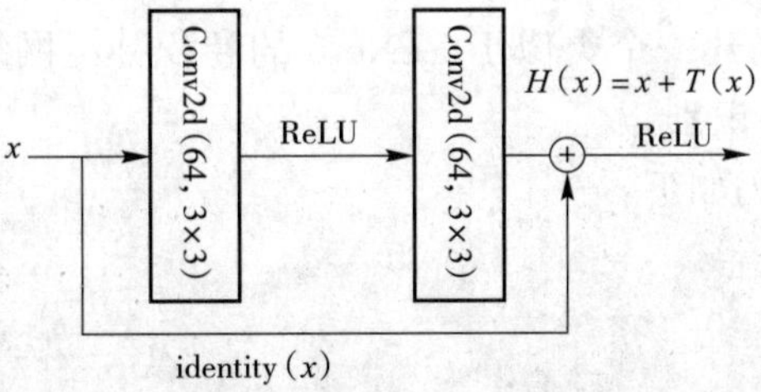

图 8-14　添加跳跃连接

为了使输入 x 与卷积层的输出 $F(x)$ 能够进行相加运算，需要输入 x 的形状与 $F(x)$ 的形状完全一致。当形状不一致时，一般通过在跳跃连接上添加额外的卷积运算环节将输入

x 变换到与 $F(x)$ 相同的形状，即 identity(x)，通常使用 1×1 大小的卷积核，主要用于调整输入的形状。

图 8-15 展示了 ResNet50 网络模型架构，可以看到，深度残差神经网络结构通过堆叠残差模块达到了较深的网络层数，从而获得了训练稳定、性能优越的深层网络模型。

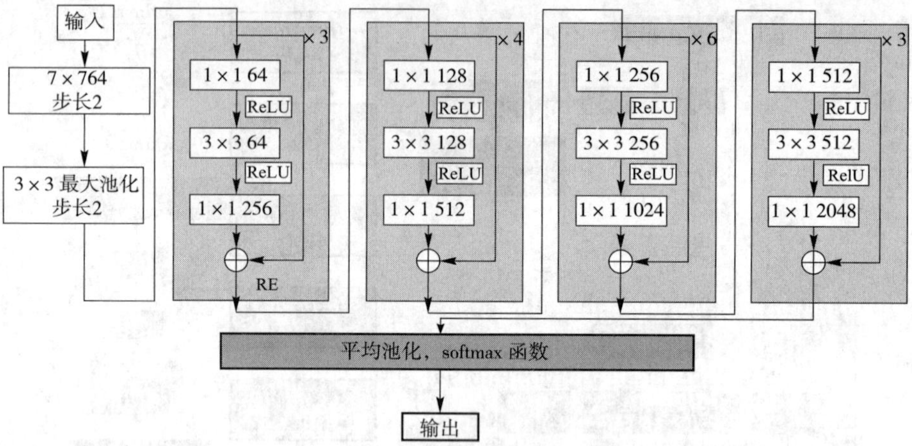

图 8-15　ResNet50 网络模型架构

传统的卷积神经网络或者全连接网络在信息传递的时候或多或少会存在信息丢失、损耗等问题，同时会导致梯度消失或者梯度爆炸等问题，造成网络无法训练。ResNet 网络模型在一定程度上解决了这个问题，通过直接将输入信息跳跃连接到输出，可以保护信息的完整性，整个网络只需要学习输入与输出有差别的那一部分，简化了学习目标和难度。

8.2.3　基于 LeNet5 的 MNIST 手写数字识别

MNIST 数据集是一个广泛应用于手写数字识别任务的数据集，其中包含 0～9 的手写数字样本。该数据集由 4 个部分组成，分别是训练图片集、训练标签集、测试图片集和测试标签集。训练集中包含 60 000 个样本，测试集中有 10 000 个样本。每张图片都是由 28×28 大小的灰度图像构成的。为了方便数据的存储和下载，官方对 MNIST 数据集中的图片进行了处理，将每张图片转换成一个具有 784 个元素的向量，表示为(1，784)的形式。这种处理方式使得数据集更加便于处理和传输。

本节将使用 PyTorch 搭建一个类似于 LeNet5 的卷积神经网络，并使用 MNIST 数据集进行训练，实现手写体数字识别。

(1)导入必要的库，代码如下：

```
import torch
from torch import nn
import torch.nn.functional as F
```

(2)搭建卷积层 C1 和池化层 S2，代码如下：

```
class LeNet(nn.Module):
    def __init__(self):
        super().__init__()
        # 输入:(6×28×28); 输出:(6×14×14)
        self.conv1=nn.Sequential(
          nn.Conv2d(1, 6, kernel_size=5, stride=1, padding=2),
          nn.ReLU(),
          # 可以选择最大池化 MaxPool2d，也可以选择平均池化 AvgPool2d，两者参数相同
          nn.MaxPool2d(kernel_size=2, stride=2, padding=0)
          # input_size=(6×28×28), output_size=(6×14×14)
        )
```

这段代码对应第一个卷积层和第一个池化层。nn.Conv2d()表示新建一个二维卷积层，可以设置如下参数：第一个参数 in_channels 定义输入通道的数量，第二个参数 out_channels 定义输出通道的数量，kernel_size 定义卷积核的尺寸，stride 定义卷积步长，padding 定义增加的边框尺寸。若输入尺寸为 input_size，则计算(input_size－kernel_size＋2×padding＋stride)/stride，将结果向下取整，即为输出尺寸 output_size。

卷积层后接一个激活函数，后面再接一个最大池化层，这样两层神经网络就搭建完成了。

(3)搭建卷积层 C3 和池化层 S4，代码如下：

```
        # 输入:(6×14×14); 输出: (16×5×5)
        self.conv2=nn.Sequential(
            nn.Conv2d(6, 16, kernel_size=5, stride=1, padding=0),
            # input_size=(6×14×14), output_size=16×10×10
            nn.ReLU(),
            nn.MaxPool2d(kernel_size=2, stride=2, padding=0)
            # input_size=(16×10×10), output_size=(16×5×5)
        )
```

这段代码对应的是第二个卷积层和第二个池化层。

(4)搭建全连接层 F5、全连接层 F6 及输出层，代码如下：

```
        # 全连接层
        self.fc1=nn.Sequential(
            nn.Linear(16×5×5, 120),
            nn.ReLU()
        )
        # 全连接层
        self.fc2=nn.Sequential(
            nn.Linear(120, 84),
```

```
            nn.ReLU()
        )
        # 全连接层
        self.fc3=nn.Linear(84, 10)
```

（5）设置网络前向传播，代码如下：

```
    # 网络前向传播过程
    def forward(self, x):
        x=self.conv1(x)
        x=self.conv2(x)
        x=x.view(x.size(0), - 1)
        # 全连接层均使用nn.Linear()线性结构，输入、输出维度均为一维，故需要把数据变换为一维
        x=self.fc1(x)
        x=self.fc2(x)
        x=self.fc3(x)
        return x
```

（6）查看网络结构，代码如下：

```
# 查看网络
myNet=LeNet()
print(myNet)
```

输出的网络结构如图 8-16 所示。

```
LeNet(
  (conv1): Sequential(
    (0): Conv2d(1, 6, kernel_size=(5, 5), stride=(1, 1), padding=(2, 2))
    (1): ReLU()
    (2): MaxPool2d(kernel_size=2, stride=2, padding=0, dilation=1, ceil_mode=False)
  )
  (conv2): Sequential(
    (0): Conv2d(6, 16, kernel_size=(5, 5), stride=(1, 1))
    (1): ReLU()
    (2): MaxPool2d(kernel_size=2, stride=2, padding=0, dilation=1, ceil_mode=False)
  )
  (fc1): Sequential(
    (0): Linear(in_features=400, out_features=120, bias=True)
    (1): ReLU()
  )
  (fc2): Sequential(
    (0): Linear(in_features=120, out_features=84, bias=True)
    (1): ReLU()
  )
  (fc3): Linear(in_features=84, out_features=10, bias=True)
)
```

图 8-16　输出的网络结构

（7）载入 MNIST 手写数字识别的训练集和测试集，代码如下：

```
# load data
import torchvision
transform=torchvision.transforms.ToTensor()
# 定义数据预处理方式：转换成 torch.FloatTensor
train_data=torchvision.datasets.MNIST(root='./data',      # 数据存放路径
                                      train=True,         # 是不是训练集
                                      transform=transform,
                                      download=True)      # 是否下载
test_data=torchvision.datasets.MNIST(root='./data',
                                     train=False,
                                     transform=transform,
                                     download=True)
# 数据加载器:组合数据集和采样器
train_loader=torch.utils.data.DataLoader(dataset=train_data, batch_size=64,
shuffle=True)
test_loader=torch.utils.data.DataLoader(dataset=test_data, batch_size=64,
shuffle=False)
```

注意，第一次训练时，需要把参数 download 设置为 True，先下载再训练。

(8)观察部分 MNIST 数据集，代码如下：

```
import numpy as np
import matplotlib.pyplot as plt
def imshow(img):
    img=img/2+0.5
    npimg=img.numpy()
    plt.imshow(np.transpose(npimg, (1, 2, 0)))
    plt.show()
# torchvision.utils.make_grid将图片进行拼接
imshow(torchvision.utils.make_grid(iter(train_loader).__next__()[0]))
```

输出的 MNIST 数据集图片示例如图 8-17 所示。

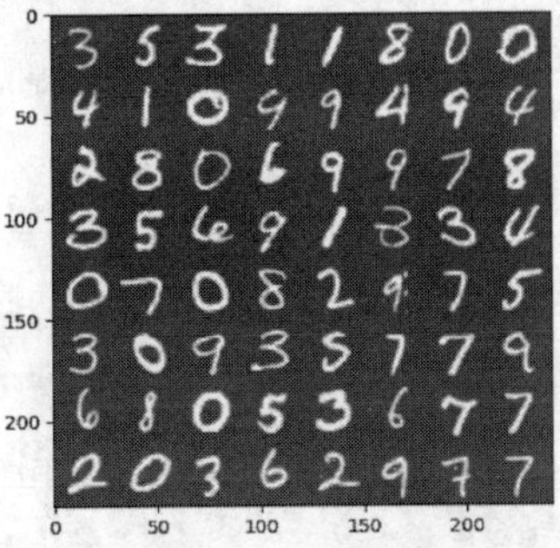

图 8-17　MNIST 数据集图片示例

(9)设置损失函数和优化器，代码如下：

```
# define loss
device=torch.device("cuda" if torch.cuda.is_available() else "cpu")
# 若检测到 GPU 环境则使用 GPU，否则使用 CPU
net=LeNet().to(device)    # 实例化网络，有 GPU 则将网络放入 GPU 加速
loss_fuc=nn.CrossEntropyLoss()    # 多类分类问题，选择交叉熵损失函数
optimizer=torch.optim.SGD(net.parameters(), lr=0.001, momentum=0.9)
# 选择 SGD 算法，学习率取 0.001
```

(10)训练模型，代码如下：

```
# 开始训练
EPOCH=8  # 迭代次数
loss_list=[]
for epoch in range(EPOCH):
    sum_loss=0
    # 数据读取
    for i, data in enumerate(train_loader):
        inputs, labels=data
        inputs, labels=inputs.to(device), labels.to(device)
        # 有 GPU 则将数据放入 GPU 加速
        # 梯度清零
        optimizer.zero_grad()
        # 传递损失+更新参数
        output=net(inputs)
        loss=loss_fuc(output, labels)
        loss.backward()
        optimizer.step()
        # 每训练 100 个 batch 打印一次平均损失
        sum_loss+=loss.item()
        if i%100==99:
            print('[Epoch:%d, batch:%d] train loss:%.03f'%(epoch+1, i+1, sum_loss/100))
            loss_list.append(sum_loss/100)
            sum_loss=0.0
    correct=0
    total=0
    for data in test_loader:
        test_inputs, labels=data
        test_inputs, labels=test_inputs.to(device), labels.to(device)
        outputs_test=net(test_inputs)
        _, predicted=torch.max(outputs_test.data, 1)  # 输出得分最高的类
```

```
        total+=labels.size(0)  #统计图片的总个数
        correct+=(predicted==labels).sum()  #统计正确分类的个数
        print('第{}个 epoch 的识别准确率为:{}%'.format(epoch+1, 100* correct.item()
/total))
    save_path='./Lenet.pth'
    torch.save(net.state_dict(), save_path)
```

LeNet5 模型在 MNIST 数据集上的训练过程如图 8-18 所示。

```
[Epoch:8, batch:100] train loss: 0.084
[Epoch:8, batch:200] train loss: 0.096
[Epoch:8, batch:300] train loss: 0.092
[Epoch:8, batch:400] train loss: 0.086
[Epoch:8, batch:500] train loss: 0.078
[Epoch:8, batch:600] train loss: 0.094
[Epoch:8, batch:700] train loss: 0.086
[Epoch:8, batch:800] train loss: 0.078
[Epoch:8, batch:900] train loss: 0.080
第8个epoch的识别准确率为：97.52%
```

图 8-18　LeNet5 模型在 MNIST 数据集上的训练过程

中间隐藏了部分迭代结果，网络的训练集为 60 000 张图片，验证集为 10 000 张图片，EPOCH＝8，识别准确率为 97.52％。

(11)打印训练过程中的损失值变化曲线，代码如下：

```
#打印损失值变化曲线
x=[]
for i in range(len(loss_list)):
    x.append(i)
print(x)
import matplotlib.pyplot as plt
plt.plot(x, loss_list)
plt.title('traning loss')
plt.xlabel('epochs')
plt.ylabel('loss')
plt.show()
```

训练过程中的损失值变化曲线如图 8-19 所示，随着迭代轮数的增加，训练的损失值先急剧下降，后趋于振荡稳定，损失值最终控制在 0.1 左右。

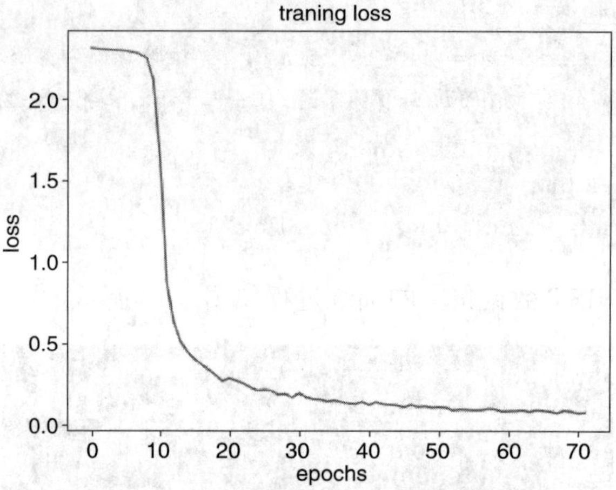

图 8-19　训练过程中损失值变化曲线

8.3 循环神经网络

循环神经网络(recurrent neural network，RNN)以序列数据作为输入，且在序列的演进方向进行递归，所有节点(循环单元)按链式连接进行递归。

使用 PyTorch 搭建循环神经网络

从生物神经学角度看 RNN，可以认为其是对生物神经系统交互式联系(recurrent connection)的简单模拟，这种交互式联系在大脑新皮质(neocortex)中是普遍存在的。这也从侧面反映了人类学习是一个动态变化的过程，因而对该神经元的模拟在生物工程上有着重要的意义。

RNN 是深度学习的一个重要分支，近年来与 RNN 模型相关的研究发展迅速。RNN 的应用场景有手写字体识别、语音识别、自然语言处理和基于计算机视觉等序列问题。

RNN 主要处理序列数据，其最大特点就是神经元在某时刻的输出可以再次输入到神经元，这种串联的网络结构非常适合时间序列数据，它可以保持数据中的依赖关系。到目前为止，具有代表性的 RNN 模型有长短期记忆网络及门控循环单元(gated recurrent unit，GRU)模型。

到目前为止，只是初步介绍了循环神经网络的基本概念，下面通过深入分析来全方位介绍循环神经网络。

8.3.1 标准循环神经网络

一个标准的 RNN 模型主要由输入层、隐藏层和输出层组成。传统神经网络的结构都是从输入层到隐藏层再到输出层，层与层之间是全连接或部分连接的，但每层内部的节点是无连接的，而 RNN 隐藏层内部的节点是有连接的，隐藏层的输入不仅包括输入层的输出，还包括上一时刻隐藏层得到的输出。这种位于同一层的神经元节点之间的连接，最终使 RNN 实现了时间记忆功能。最简单的 RNN 模型结构如图 8-20 所示。

图 8-20(a)为 RNN 结构图的折叠形式，图 8-20(b)为 RNN 结构图的展开形式，从图中

可以看出，隐藏层的输出有两个：一个输出反馈给自己，一个输出到下一时刻的神经元中。在每一时刻，模块 $\boldsymbol{S}$ 在读取了当前时刻的输入 $\boldsymbol{x}_t$ 和上一时刻的隐藏状态 $\boldsymbol{s}_{t-1}$ 之后会产生新的隐藏状态 $\boldsymbol{s}_{t+1}$，并产生本时刻的输出 $\boldsymbol{h}_t$。由于模块 $\boldsymbol{S}$ 中的运算和参数在不同时刻是相同的，因此可以将模块 $\boldsymbol{S}$ 看作同一神经网络结构被无限复制的结果。正如 CNN 在不同空间位置共享参数，RNN 在不同时间共享参数，从而能够使用有限的参数处理任意长度的序列。下面对 RNN 模型进行数学描述。

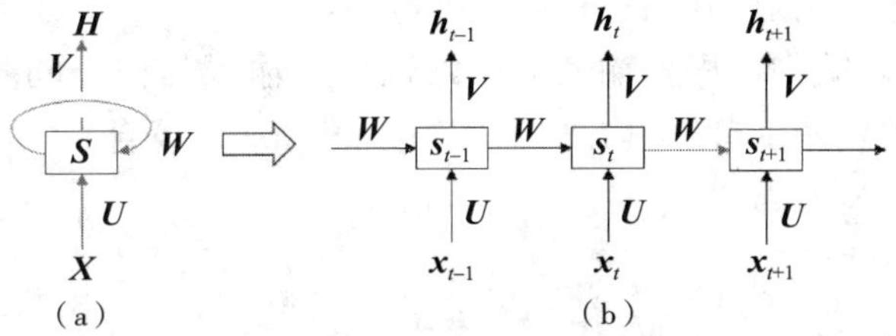

图 8-20　最简单的 RNN 模型结构

$\boldsymbol{x}_t$：t 时刻的输入，$\boldsymbol{X}=[\boldsymbol{x}_1, \cdots, \boldsymbol{x}_{t-1}, \boldsymbol{x}_t, \boldsymbol{x}_{t+1}, \cdots, \boldsymbol{x}_T]$为输入序列。

$\boldsymbol{s}_t$：t 时刻的隐藏状态，也称为网络的记忆单元，一个隐藏状态可以包含多个神经元，$\boldsymbol{S}=[\boldsymbol{s}_1, \cdots, \boldsymbol{s}_{t-1}, \boldsymbol{s}_t, \boldsymbol{s}_{t+1}, \cdots, \boldsymbol{s}_T]$为隐藏状态序列。

$\boldsymbol{h}_t$：t 时刻的输出，$\boldsymbol{H}=[\boldsymbol{h}_1, \cdots, \boldsymbol{h}_{t-1}, \boldsymbol{h}_t, \boldsymbol{h}_{t+1}, \cdots, \boldsymbol{h}_T]$为输出序列。

$\boldsymbol{U}$：输入序列信息 $\boldsymbol{X}$ 的权重参数矩阵。

$\boldsymbol{W}$：隐藏状态 $\boldsymbol{S}$ 的权重参数矩阵。

$\boldsymbol{V}$：输出序列信息 $\boldsymbol{H}$ 的权重参数矩阵。

$\boldsymbol{s}_t$ 是根据上一个时刻 $t-1$ 的隐藏状态 $\boldsymbol{s}_{t-1}$ 和当前时刻 t 的输入 $\boldsymbol{x}_t$ 计算得到的。假设函数 f 为隐藏状态的激活函数，当前隐藏状态 $\boldsymbol{s}_t$ 的计算公式为

$$\boldsymbol{s}_t=f(\boldsymbol{W}\boldsymbol{s}_{t-1}+\boldsymbol{U}\boldsymbol{x}_t) \tag{8-1}$$

假设函数 g 为输出的激活函数，则 t 时刻输出的计算公式为

$$\boldsymbol{h}_t=g(\boldsymbol{V}\boldsymbol{s}_t) \tag{8-2}$$

将式(8-2)反复代入式(8-1)，可得

$$\begin{aligned}\boldsymbol{h}_t &=g(\boldsymbol{V}\boldsymbol{s}_t)=g(\boldsymbol{V}f(\boldsymbol{W}\boldsymbol{s}_{t-1}+\boldsymbol{U}\boldsymbol{x}_t))=g(\boldsymbol{V}f(\boldsymbol{W}f(\boldsymbol{W}\boldsymbol{s}_{t-2}+\boldsymbol{U}\boldsymbol{x}_{t-1})+\boldsymbol{U}\boldsymbol{x}_t))\\ &=g(\boldsymbol{V}f(\boldsymbol{W}f(\boldsymbol{W}f(\boldsymbol{W}\boldsymbol{s}_{t-3}+\boldsymbol{U}\boldsymbol{x}_{t-2})+\boldsymbol{U}\boldsymbol{x}_{t-1})+\boldsymbol{U}\boldsymbol{x}_t))=\cdots\end{aligned}$$

RNN 模型由式(8-1)和式(8-2)组成，与人工神经网络模型相比，RNN 模型的参数多了 $\boldsymbol{W}$ 和 $\boldsymbol{V}$ 两个权重参数矩阵，并且网络数据传递方式也发生了改变。值得注意的是，图 8-20 的 RNN 模型的基本结构中每一个时刻 t 都会对应一个输出 $\boldsymbol{h}_t$，但在实际情况中，每一个时刻是否会有对应的输出，需要根据具体的任务需求变化。

RNN 模型并不是只有如图 8-20 所示的一种结构，其网络结构经过排列组合可以有多种变化。图 8-21 为单层 RNN 模型的各种结构，图中矩形框代表隐藏状态，箭头表示数据流动方向。

图 8-21(a)为一对一结构，单输入，单输出。该 RNN 模型适用于词性分类、时序回归或者图像分类问题，如输出单词的词性。

图 8-21(b)为一对多结构，单输入，序列输出。该 RNN 模型适用于图片字幕预测，如输入一张图片后输出一段文字序列；也可以作为解码器，如先训练好网络中的权重参数，用一个单词解码一个句子。

图 8-21(c)为多对一结构，序列输入，单输出。该 RNN 模型适用于文本分类、视频分类等。

图 8-21(d)为多对多结构，序列输入，序列输出，输入与输出不同步。该 RNN 模型适用于机器翻译，如读入英文语句然后将其以语法形式输出。

图 8-21(e)为多对多结构，序列输入，序列输出，输入与输出同步。该 RNN 模型适用于机器翻译模型、视频翻译字幕工具、机器问答系统等众多场合。

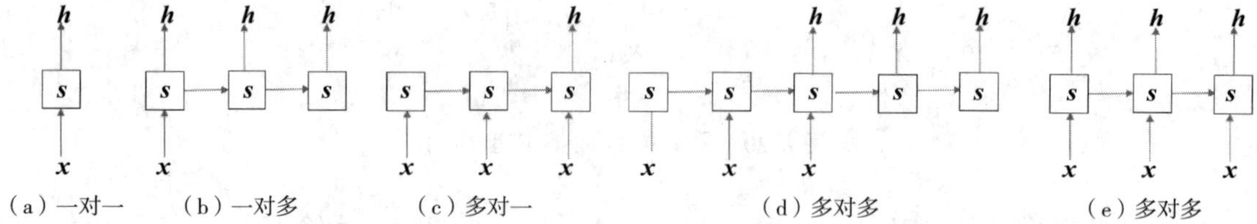

图 8-21　单层 RNN 模型的各种结构

单向 RNN 只能用到前面的信息，而不能利用后面的信息。鉴于单向 RNN 在需要关联未来数据等情况下存在不足，人们提出了双向 RNN。双向 RNN 同时考虑后面的信息，用未来的信息来帮助前面的信息，从而做出决定。

深度循环神经网络是在基本 RNN 结构的基础上改进得到的，为了增强模型的表达能力，可以在网络中设置多个循环层，每一个时刻 t 对应多个隐藏状态，将每层循环网络中的输出传给下一层处理，因而形成深度循环神经网络。该模型结构能够带来更好的学习能力，缺点在于难以对网络进行控制，并且随着网络层数的增多会带来梯度消失或梯度爆炸等问题。因此需要根据实际问题确定选择哪一种 RNN 结构。

8.3.2　长短期记忆网络

虽然 RNN 模型在设计之初就是为了解决序列数据的长期依赖性，但大量实践表明，标准的 RNN 由于存在梯度消失和梯度爆炸等问题，往往难以实现信息的长期保存。为解决长期依赖、梯度消失和梯度爆炸的问题，泽普·霍赫赖特(Sepp Hochreiter)提出 LSTM 模型，用于改进传统的 RNN 模型。

LSTM 模型在序列数据的实际应用中效果更好，相较于 RNN 模型的隐藏单元，LSTM 模型的隐藏单元的内部结构更加复杂，在信息沿着网络流动的过程中，LSTM 模型能够通过增加线性干预有选择地添加或者减少信息，从而解决了普通 RNN 模型记不住的问题(在处理长序列数据时面临的长期依赖问题及梯度消失和梯度爆炸问题)。

LSTM 模型与传统的 RNN 模型在时序的传播方式上并没有本质的差异，区别在于它们使用不同的方式计算隐藏层神经元的状态。LSTM 模型中的记忆功能被称为 Cells，这些 Cells 在神经元内部决定是否应该写入或删除对信息的记忆，并且可以将之前的状态、现在的记忆和当前输入的信息结合在一起，对长期信息进行记录。经过十几年的发展，LSTM

模型被证明比传统的 RNN 模型在处理长期依赖问题上更加有效，LSTM 模型自然而然地成为循环神经网络中最经典的网络模型。下面重点介绍 LSTM 模型的网络结构及其特性。

普通 RNN 模型的结构如图 8-22(a)所示，LSTM 模型为 RNN 模型的变体，也具有这种类似的链式结构，但 LSTM 模型的重复模块 **S** 与一般 RNN 模型相比具有不同的结构。LSTM 模型较传统 RNN 模型而言，模块 **S** 中的神经网络层是 4 个而不是 1 个，并且这 4 个神经网络层以一种特殊的方式进行交互。图 8-22(b)为常见的 LSTM 模型结构。

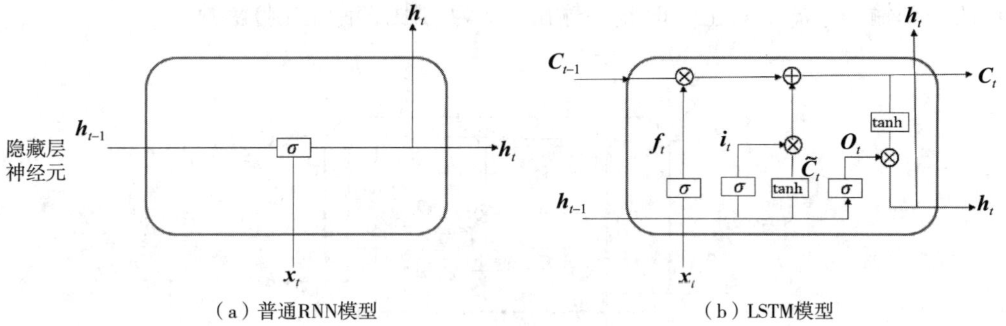

图 8-22　普通 RNN 模型和 LSTM 模型的结构

图 8-23 是对图 8-22(b)中部分结构的解释。圆圈表示逐点计算，如向量加法；方框代表学习的神经网络层，行合并表示串联，而分支表示内容正在被复制，并且副本将转移到不同的位置。

图 8-23　LSTM 模型结构中部分结构的解释

下面将 LSTM 模型中的记忆功能(Cells)统一称为记忆单元。记忆单元由 4 个要素组成，包括输入门、遗忘门、输出门及自循环连接神经元，如图 8-24 所示。其中，门机制将输出范围限制为 0～1 之间的数值，用于描述每个组成部分通过的信息量。数值 0 表示不允许任何信息通过，而数值 1 表示允许所有信息通过。LSTM 是最早提出的循环神经网络门控算法，它利用输入门、遗忘门和输出门这三个门来维护和控制记忆状态。

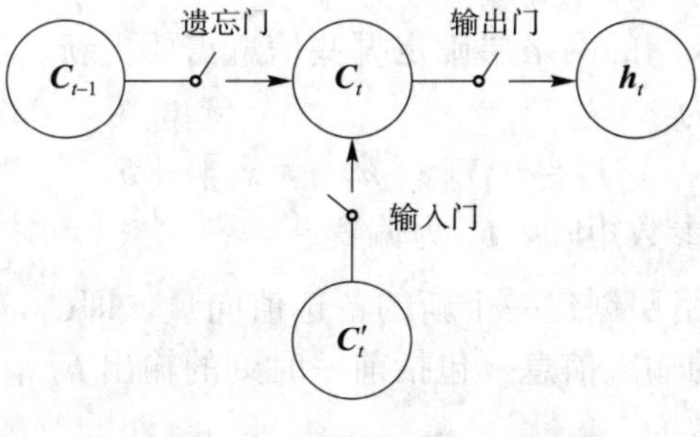

图 8-24　LSTM 信息流的门限控制

图 8-24 中，C_t 表示记忆功能信息(C_{t-1} 表示前一时刻的常时态信息)，C'_t表示短时态信

息，$\boldsymbol{h}_t$ 为经过 LSTM 单元后的输出信息，3 条线上的开关为门限开关。

LSTM 的第一步是确定从记忆功能中舍弃哪些信息。这由遗忘门决定，如图 8-25 所示。LSTM 接收 $\boldsymbol{h}_{t-1}$ 和 $\boldsymbol{x}_t$，并且对具有记忆功能的 $\boldsymbol{C}_{t-1}$ 中的每一个数来说，LSTM 的输出值都介于 0～1 之间，1 表示完全接受，0 表示完全忽略，用数学表达式描述为

$$\boldsymbol{f}_t=\sigma(\boldsymbol{W}_f \cdot [\boldsymbol{h}_{t-1}, \boldsymbol{x}_t]+\boldsymbol{b}_f)$$

其中，$\boldsymbol{f}_t$ 为 t 时刻遗忘门的状态，$\boldsymbol{W}_f$ 为遗忘门的权重矩阵，$\boldsymbol{b}_f$ 为遗忘门的偏置，$\boldsymbol{x}_t$ 为当前时刻的外部输入，$\boldsymbol{h}_{t-1}$ 为上一时刻的输出，σ 为门限激活(控制)函数。

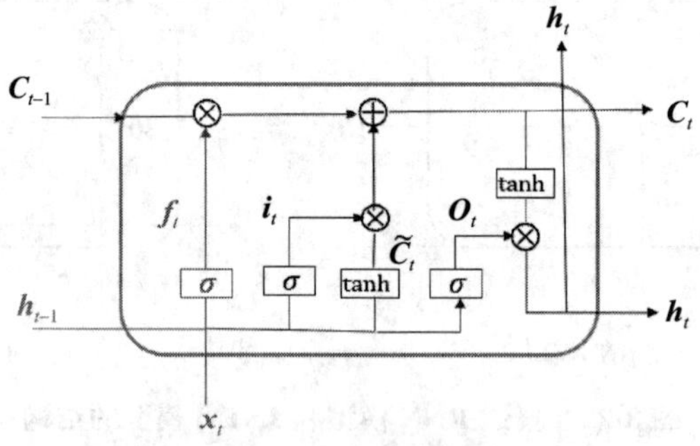

图 8-25　需遗忘的信息

LSTM 的第二步是确定需要在记忆功能中保存哪些新信息，如图 8-26 所示。这一步的工作分成两部分完成。

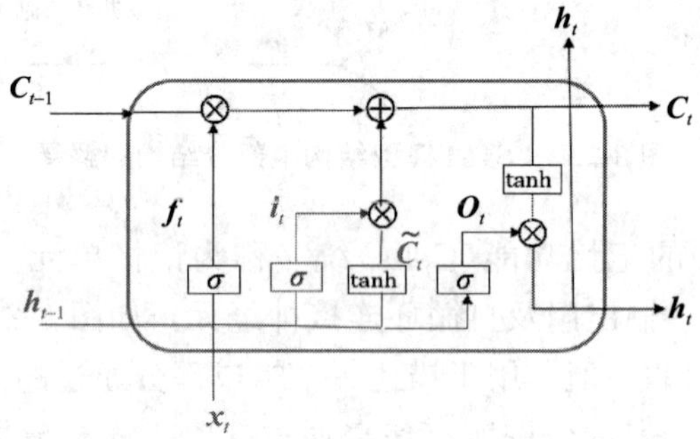

图 8-26　需保存的信息

第一部分，用一个输入门的网络层确定哪些信息需要更新。当前时刻(t 时刻)的输入门状态 $\boldsymbol{i}_t$ 用数学表达式描述为

$$\boldsymbol{i}_t=\sigma(\boldsymbol{W}_i \cdot [\boldsymbol{h}_{t-1}, \boldsymbol{x}_t])+\boldsymbol{b}_i$$

其中，$\boldsymbol{W}_i$ 为输入门的权重参数矩阵，$\boldsymbol{b}_i$ 为偏置。

第二部分，在 tanh 网络层创建一个新的备选值向量，即$\widetilde{\boldsymbol{C}}_t$，用来表示添加到记忆功能状态的信息，即当前时刻的输入信息，包括前一时刻的输出 $\boldsymbol{h}_{t-1}$ 及当前的外部输入 $\boldsymbol{x}_t$。当前时刻的输入信息可以表示为

$$\widetilde{\boldsymbol{C}}_t=\tanh(\boldsymbol{W}_C \cdot [\boldsymbol{h}_{t-1}, \boldsymbol{x}_t]+\boldsymbol{b}_C)$$

其中，$\boldsymbol{W}_C$ 为权重参数矩阵，$\boldsymbol{b}_C$ 为偏置，$\widetilde{\boldsymbol{C}}_t$ 为添加到记忆功能状态的信息。

LSTM 的第三步为记忆功能的更新，即将旧的记忆功能状态 $\boldsymbol{C}_{t-1}$ 更新到新的记忆功能状态 $\boldsymbol{C}_t$，如图 8-27 所示。这里将旧的状态 $\boldsymbol{C}_{t-1}$ 乘以遗忘门的状态 $\boldsymbol{f}_t$，用来去除需要忘记的信息，从而留下有用的信息；然后加上 $\boldsymbol{i}_t$ 和 $\tilde{\boldsymbol{C}}_t$ 的乘积，即可完成记忆功能状态的更新，表达式为

$$\boldsymbol{C}_t=\boldsymbol{f}_t \otimes \boldsymbol{C}_{t-1}+\boldsymbol{i}_t \otimes \widetilde{\boldsymbol{C}_t}$$

其中，$\tilde{\boldsymbol{C}}_t$ 表示用来添加到记忆功能的信息，⊗表示矩阵对应元素相乘。

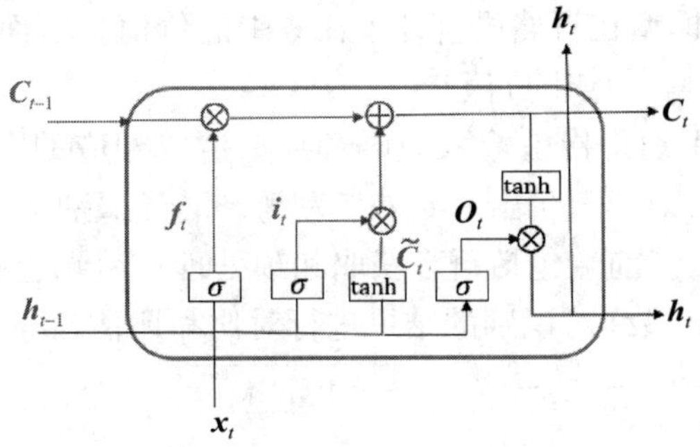

图 8-27　记忆功能状态更新

LSTM 的最后一步为确定输出值，如图 8-28 所示。输出依赖记忆功能状态，但会是一个过滤的版本。首先，运行输出门的网络层，用来确定记忆状态中哪些部分可以输出；然后，把记忆状态输入的 tanh 值(把数值调整到 −1～1 之间)和网络层的输出值相乘，从而输出想要输出的部分。整个过程的数学表达式为

$$\boldsymbol{O}_t=\sigma(\boldsymbol{W}_O \cdot [\boldsymbol{h}_{t-1}, \boldsymbol{x}_t]+\boldsymbol{b}_O)$$

$$\boldsymbol{h}_t=\boldsymbol{O}_t \otimes \tanh(\boldsymbol{C}_t)$$

其中，$\boldsymbol{O}_t$ 表示输出门状态，$\boldsymbol{W}_O$ 为权重参数矩阵，$\boldsymbol{b}_O$ 为偏置，$\boldsymbol{h}_t$ 为 t 时刻的输出，$\boldsymbol{C}_t$ 为当前时刻新的记忆状态。

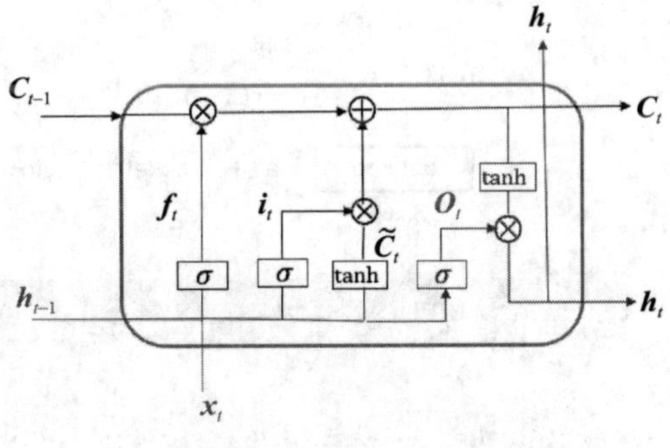

图 8-28　LSTM 的输出

LSTM 与 RNN 在工作方式上基本相似，其不同之处在于 LSTM 引入了一种更精细的内部处理单元，以实现有效的上下文信息存储和更新。通过这种更加细化的机制，LSTM 能够更好地捕捉和利用序列数据中的长期依赖关系。由于其出色的性能，LSTM 已广泛应

用于与序列学习相关的众多任务中，例如语音识别、语言模型、词性标注、机器翻译等。谷歌公司已成功地将LSTM应用于其智能手机上的语音识别功能及谷歌翻译服务中，以提供更准确和流畅的语音识别与翻译体验。

8.3.3 循环神经网络与自然语言处理

RNN模型在自然语言处理领域的应用非常广泛，包括问答系统、情感分析、图像到文字的映射、机器翻译、语音识别、词性标注、命名实体识别等。这些应用领域都取得了显著的进展，彰显了RNN模型在自然语言处理任务中的价值。下面介绍一些RNN模型的具体应用案例，以进一步了解其应用价值。

(1)语音识别。语音识别是指由输入的语音数据生成相应的文本信息。RNN模型在语音识别中有着重大突破。以微信的语音转文字为例，语音识别从结构上可以分为前端和后端两部分，如图8-29所示。前端包括语音获取和预处理；后端包括语音信号的特征提取和RNN模型的语音识别，并最终对识别的结果进行对比和评估。

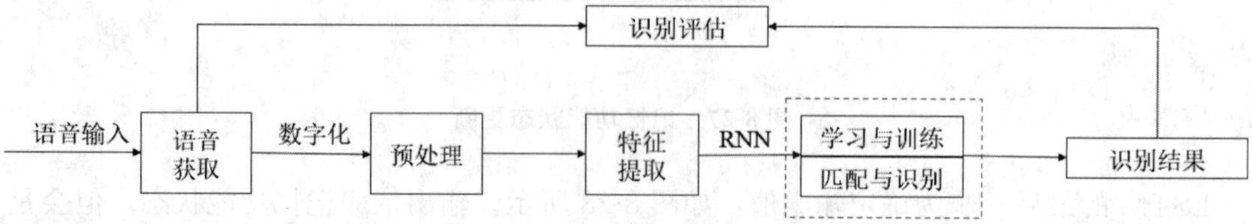

图8-29 语音识别结构图

(2)机器翻译。机器翻译是指从一种语言变换成另外一种语言。对于计算机来说，翻译就是一个解码再编码的过程。在翻译时，RNN将源语言作为输入序列，把翻译语言作为输出序列。由于每次输出都会参考上一次输出的结果，所以基于RNN模型的机器翻译更具有整体性，而不是简单地翻译单词。

(3)语言建模和文本生成。2016年，谷歌发布并升级了语言处理框架SyntaxNet，如图8-30所示。

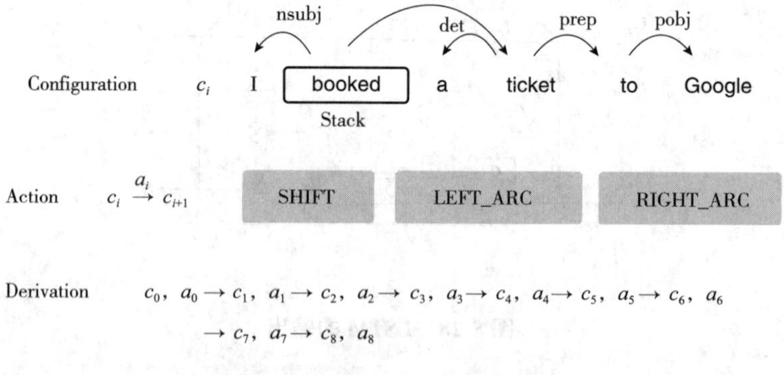

图8-30 语言处理框架SyntaxNet

SyntaxNet是一个用于分析和理解语法结构的RNN模型，在自然语言处理的语义理解领域的最高识别率上提高了25%，为40种语言带来了新的文本分割和词态分析功能。

8.4 项目实践——美食“图”鉴

8.4.1 项目介绍

在日常生活或节日盛典中，人们常常会遇到各式各样的食物，而某些人眼中的黑暗料理可能正是另一些人的喜好。然而，有时候人们也会面临无法准确命名食物的尴尬情况。在初步了解深度学习的基础上，是否可以搭建一个神经网络，通过机器自动识别那些“欲言又止”的美食？

答案当然是肯定的。读者可以利用本章所学的理论知识，通过卷积神经网络实现一个美食图片分类项目，即对常见食物图片进行分类以识别食物。要实现这个完整项目，需要理清思路。首先，需要获取数据。数据在深度学习的各个应用领域中起着至关重要的作用。如果没有合适的数据(从数量和质量两方面考虑)，即使拥有再好的算法和网络结构，也无法取得理想结果。这里的数据指的是图片及其对应的类别标签，通常还需要对这些图片进行预处理。然后，可以进入网络搭建过程，构建一个卷积神经网络实现美食图片分类。有了数据和网络结构之后，就需要通过训练网络来学习。在训练过程中，针对不同的食物类别，网络将从中学习到各种细节特征和语义信息，从而能够区分各种不同的食物。网络训练的效果还需要通过“考试”进行验证。这里的“考试”是指将训练好的模型应用于新的食物图片，并检验其分类效果。

基于上述流程分析，接下来将分步骤开始动手实战。本节所设计的代码部分参考了 https://github.com/chouxianyu/LHY_ML2020_Codes 的内容，读者可以到 GitHub 网站学习。

8.4.2 数据准备

根据上述分析可知，首先需要准备大量的食物图片，以及为每张图片打上类别标签，并且按照一定的比例将图片划分成训练集和测试集。食物图片可以通过自己拍摄或者通过爬虫下载，还可以使用现有的公共数据集。本书选用两个不同大小的食物图片数据集，这两个数据集分别包含 11 个类别(记为 Food-11)和 101 个类别(记为 Food-101)的食物，可满足不同需求下的美食“图”鉴任务。

读者可在 Kaggle 网站下载 Food-11 数据集，网址为 https://www.kaggle.com/c/ml2020spring—hw3/data。该数据集包含的 11 类食物分别为面包(bread)、乳制品(dairy product)、甜点(dessert)、鸡蛋(egg)、油炸食品(fried food)、肉类(meat)、面条/意大利面(noodles/pasta)、米饭(rice)、海鲜(seafood)、汤类(soup)、蔬菜/水果(vegetable/fruit)。Food-11 的原始数据集被划分成了训练集(9 866 张图片)、验证集(3 430 张图片)和测试集(3 347 张图片)。Food-101 数据集是一个更为庞大的食物图片数据集，从苹果派到华夫饼，该数据集对各种食物提供了细致的分类，可以在 https://www.kaggle.com/dataset/kmader/food41 下载 Food-101 数据集。Food-101 的原始数据集被划分成了训练集和测试集。

下载好数据集的压缩包之后，需要对原始数据进行一些预处理操作，后续才能将其送入网络中训练。这里以 PyTorch 为深度学习框架，以 Food-11 数据集为例进行说明。

首先，需要导入必要的库。

```
import os
import numpy as np
import cv2
import torch
import torch.nn as nn
import torchvision.transforms as transforms
import pandas as pd
from torch.utils.data import DataLoader, Dataset
import time
```

然后，设计 readimg()函数，通过 OpenCV 库读取 Food-11 数据集的图片及标签，并存放在数组中。

```
def readimg(path, label):
    # path 为数据集的路径，label 为训练集和验证集需要返回的标签
    image_dir=sorted(os.listdir(path))
    x=np.zeros((len(image_dir), 128, 128, 3), dtype=np.uint8)
    y=np.zeros((len(image_dir)), dtype=np.uint8)
    # 遍历所有图片，图片和标签分别填充在数组 x 和 y 中
    for i, file in enumerate(image_dir):
        img=cv2.imread(os.path.join(path, file))
        x[i,:,:]=cv2.resize(img, (128, 128))  # 大小调整为 128×128
        if label:
            y[i]=int(file.split("_")[0]) # 通过分割符切分得到标签
        if label:
            return x, y
        else:
            return x
```

将 Food-11 的训练集、验证集和测试集通过 readimg()函数读入，并查看各个子数据集的图片数量，运行后输出训练集的图片数量为 9 866 张，验证集的图片数量为 3 430 张，测试集的图片数量为 3 347 张。

```
workspace_dir='Food-11 文件夹的保存路径/food-11'
print("开始读入数据")
train_x, train_y=readimg(os.path.join(workspace_dir,"training"), True)
print("训练集的数量为:{}".format(len(train_x)))
val_x, val_y=readimg(os.path.join(workspace_dir,"validation"), True)
print("验证集的数量为:{}".format(len(val_x)))
test_x=readimg(os.path.join(workspace_dir, "testing"), False)
print("测试集的数量为:{}".format(len(test_x)))
```

定义数据增强方式和 ImgDataset 类，以便将数据集加载进后续的算法模型中进行训练、测试。

```
# 进行数据增强操作
train_transform=transforms.Compose([
    transforms.ToPILImage(),
    transforms.RandomHorizontalFlip(), # 随机将图片进行水平翻转
    transforms.RandomRotation(15), # 随机旋转图片
    transforms.ToTensor(), # 将图片转成 Tensor 类型
])
# 测试集不需要进行数据增强操作
test_transform=transforms.Compose([
    transforms.ToPILImage(),
    transforms.ToTensor(),
])
class ImgDataset(Dataset):
    def__init__(self, x, y=None, transform=None):
        self.x=x
        self.y=y
        if y is not None:
            self.y=torch.LongTensor(y)  # 将 y 转成 Tensor 类型
            self.transform=transform
    def__len__(self):
        return len(self.x)
    def__getitem__(self, index):
        X=self.x[index]
        if self.transform is not None:
            X=self.transform(X)
        if self.y is not None:
            Y=self.y[index]
            return X, Y
        else:
            return X
```

通过定义的 ImgDataset 类和 DataLoader 工具得到可用于网络训练和验证的数据集 train_loader 和 val_loader。

```
batch_size=128
train_set=ImgDataset(train_x, train_y, train_transform)
val_set=ImgDataset(val_x, val_y, test_transform)
train_loader=DataLoader(train_set, batch_size=batch_size, shuffle=True)
val_loader=DataLoader(val_set, batch_size=batch_size, shuffle=False)
```

8.4.3 网络搭建

本小节的目的是利用卷积神经网络实现食物图片分类任务，卷积神经网络结构的设计至关重要，网络的搭建可简单、可复杂，通过利用普通的卷积、池化、归一化、激活函数、全连接等基本操作进行模型组网，完全可以实现一个食物图片分类器。这里为读者展示一个 PyTorch 版本的简单的食物图片分类器，将其命名为 Fclassifier。

```
class Fclassifier(nn.Module):
    def __init__(self):
        super.__init__()
        self.cnn=nn.Sequential(
            nn.Conv2d(3, 64, 3, 1, 1),
            # 输出的特征维度为[64, 128, 128]，64 个卷积核
            nn.BatchNorm2d(64),    # 批归一化处理
            nn.ReLU(),
            nn.MaxPool2d(2, 2, 0), # 输出的特征维度为[64, 64, 64]
            # 最大池化之后，图片的长和宽减小为原来的一半

            nn.Conv2d(64, 128, 3, 1, 1),
            # 输出的特征维度为[128, 64, 64]，128 个卷积核
            nn.BatchNorm2d(128),
            nn.ReLU(),
            nn.MaxPool2d(2, 2, 0),    # 输出的特征维度为[128, 32, 32]

            nn.Conv2d(128, 256, 3, 1, 1),
            # 输出的特征维度为[256, 32, 32]，256 个卷积核
            nn.BatchNorm2d(256),
            nn.ReLU(),
            nn.MaxPool2d(2, 2, 0),    # 输出的特征维度为[256, 16, 16]

            nn.Conv2d(256, 512, 3, 1, 1),
            # 输出的特征维度为[512, 16, 16]，512 个卷积核
            nn.BatchNorm2d(512),
            nn.ReLU(),
            nn.MaxPool2d(2, 2, 0),    # 输出的特征维度为[512, 8, 8]

            nn.Conv2d(512, 512, 3, 1, 1),
            # 输出的特征维度为[512, 8, 8]，512 个卷积核
            nn.BatchNorm2d(512),
            nn.ReLU(),
            nn.MaxPool2d(2, 2, 0),    # 输出的特征维度为[512, 4, 4]
```

```
                #最后输出的特征将展开为一维，输入全连接网络
        )
        self.fc=nn.Sequential(
            nn.Linear(512* 4* 4, 1024),
            nn.ReLU(),
            nn.Linear(1024, 512),
            nn.ReLU(),
            nn.Linear(512, 11)              #11个类别，11种输出
        )

    def forward(self, x):
        out=self.cnn(x)
        out=out.view(out.size()[0], -1)
        return self.fc(out)
```

在上述代码中，nn.Conv2d(in_channels，out_channels，kernel_size，stride，padding)函数的参数分别为输入通道数、输出通道数、卷积核的大小、滑动步长、填充大小；nn.MaxPool2d(kernel_size，stride，padding)函数的参数分别为池化核大小、滑动步长和填充大小。食物图片分类器 Fclassifier 网络的输入大小为 3×128×128，之后经历 5 次卷积－正规化－激活－池化操作，该操作具体包含 3×3 卷积、批归一化处理、ReLU 激活函数、最大池化，每经过一次步长为 2 的最大池化 MaxPool2d，特征图的长和宽都会减小为原来的一半；最后经历 3 个全连接层，输出包含 11 个元素的特征向量，对应美食“图”鉴任务 Food-11 数据集中要识别的 11 个类别。

8.4.4 模型训练与测试

在完成网络模型结构的搭建后，需要让该模型通过 Food-11 数据集的训练集来学习各类食物图片的特征，这个过程称为模型训练，它指导着网络模型的学习过程。同时，还需要及时评估模型训练的效果，即在 Food-11 数据集的验证集上检查经过一定训练轮数后模型的表现如何。在分类任务中，可以使用准确率作为评价指标。模型可以边训练边验证，也可以在所有训练轮数完成后再进行验证。前者可以类比为“阶段测验”，后者类比为“结业考试”。

```
model=Fclassifier().cuda()  #配置GPU环境的训练效果更佳
loss=nn.CrossEntropyLoss()
#使用Adam算法进行优化
optimizer=torch.optim.Adam(model.parameters(), lr=0.001)
num_epoch=30

for epoch in range(num_epoch):
    epoch_start_time=time.time()
```

```
    train_acc=0.0
    train_loss=0.0
    val_acc=0.0
    val_loss=0.0

    model.train()  #使模型处于训练模式
    for i, data in enumerate(train_loader):
        optimizer.zero_grad()  #将模型的梯度归零
        train_pred=model(data[0].cuda())  #利用model()函数得到预测的概率分布
        batch_loss=loss(train_pred, data[1].cuda())  #计算损失
        batch_loss.backward()  #反向传播计算梯度
        optimizer.step()  #用梯度更新参数值

        train_acc+=np.sum(np.argmax(train_pred.cpu().data.numpy(), axis=1)==
data[1].numpy())
        train_loss+=batch_loss.item()

    model.eval()
    #处理验证集
    with torch.no_grad():
        for i, data in enumerate(val_loader):
            val_pred=model(data[0].cuda())
            batch_loss=loss(val_pred, data[1].cuda())
            val_acc+=np.sum(np.argmax(val_pred.cpu().data.numpy(), axis=1)=
=data[1].numpy())
            val_loss+=batch_loss.item()

    #将结果打印出来
    print('[% 03d/% 03d]% 2.2f sec(s)Train Acc:% 3.6f Loss:% 3.6f| Val Acc:% 3.6f
 loss:% 3.6f'% \
    (epoch+1, num_epoch, time.time()- epoch_start_time, \
    train_acc/train_set.__len__(), train_loss/train_set.__len__(), =\
    val_acc/val_set.__len__(), val_loss/val_set.__len__()))
```

在上述代码中，针对分类任务，损失函数使用交叉熵损失函数 CrossEntropyLoss()；训练过程中使用 Adam 优化器，学习率设为 0.001，训练轮数设为 30；同时，在训练过程中打印出所用时间、训练集和验证集的准确率和损失函数值，以便用户观察网络模型在训练过程中准确率等指标的动态变化，从而看出模型在整个过程中的收敛性如何。

网络在训练集上经过初步训练得到训练参数之后，再利用训练集和验证集共同训练，这样做的好处是训练数据增多，模型的训练效果更好。

```
train_val_x=np.concatenate((train_x, val_x), axis=0)
train_val_y=np.concatenate((train_y, val_y), axis=0)
train_val_set=ImgDataset(train_val_x, train_val_y, train_transform)
train_val_loader=DataLoader(train_val_set, batch_size=batch_size, shuffle=True)
```

根据设定加载好的训练集和验证集 train_val_loader，使用上面得到的模型参数接着训练，相当于把上面利用训练集训练后的模型看成预训练模型。设置过程与上面类似。

```
model_best=Fclassifier().cuda()
loss=nn.CrossEntropyLoss()
optimizer=torch.optim.Adam(model_best.parameters(), lr=0.001)
num_epoch=30

for epoch in range(num_epoch):
    epoch_start_time=time.time()
    train_acc=0.0
    train_loss=0.0

    model_best.train()
    for i, data in enumerate(train_val_loader):
        optimizer.zero_grad()
        train_pred=model_best(data[0].cuda())
        batch_loss=loss(train_pred, data[1].cuda())
        batch_loss.backward()
        optimizer.step()

        train_acc+=np.sum(np.argmax(train_pred.cpu().data.numpy(), axis=1)==
data[1].numpy())
        train_loss+=batch_loss.item()

    print('[%03d/%03d]%2.2f sec(s)Train Acc:%3.6f Loss:%3.6f' % \
    (epoch+1, num_epoch, time.time()- epoch_start_time, \
    train_acc/train_val_set.__len__(), train_loss/train_val_set.__len__()))
```

之后，可以利用最终训练好的网络模型 model_best 在测试集上进行预测，可视化地查看所设计的 Fclassifier 食物图片分类器在测试集上的表现效果，并将测试结果存储在 CSV 文件中。

```
test_set=ImgDataset(test_x, transform=test_transform)
test_loader=DataLoader(test_set, batch_size=batch_size, shuffle=False)
model_best.eval()
prediction=[]
```

```
with torch.no_grad():
    for i, data in enumerate(test_loader):
        test_pred=model_best(data.cuda())
        test_label=np.argmax(test_pred.cpu().data.numpy(), axis=1)
        for y in test_label:
            zprediction.append(y)
# 把结果写入 CSV 文件中
with open("predict.csv", 'w') as f:
    f.write('Id, Category\n')
    for i, y in enumerate(prediction):
        f.write('{}, {}\n'.format(i, y))
```

8.4.5 优化改进

本节设计了一个简单的卷积神经网络，用于完成常见的 11 类食物图片的分类任务。为了学有所用，读者可以进一步思考如何对其优化改进。下面提供几个方向。

(1)数据集的变化。之前使用的是 Food-11 数据集，其中只包含 11 个类别的美食，还有许多种美食未包含在内。读者可以尝试切换到 Food-101 数据集，以完成更精细分类的美食图片识别任务。

(2)网络结构的优化。之前设计的食物图片分类器 Fclassifier 仅经历了 5 次“卷积－正规化－激活－池化”操作和 3 层全连接层操作，结构相对简单。是否可以设计一个更深、更优的网络来应对 Food-101 数据集更复杂的食物图片分类任务？答案当然是肯定的！例如，可以尝试使用残差神经网络 ResNet。进一步地，可以将注意力机制(如通道注意力和空间注意力模块)与 ResNet 相结合，以探索达到怎样的效果。

(3)评价指标的多样性。对于图片分类任务，准确率是最基本的评价指标。然而，还可以从更加多样化的角度使用精确率、召回率、F_1 值、接受者操作特征(receiver operating characteristic，ROC)曲线等综合评估模型的性能。

(4)其他方面。读者在进一步学习的过程中，还可以关注预训练模型的合理选择、多种图像增强策略的应用、学习率动态调整的设置、智能优化网络参数等。

从浅入深、从易到难，这条深度学习之路道阻且长。在未来的探索中，读者将有更广阔的发展空间。

习　题

1. 为什么会出现深度神经网络？其与浅层神经网络的主要区别是什么？
2. 简述在卷积神经网络中池化、填充和激活函数的作用。
3. 用表格或示意图的形式，绘制 VGG19 网络的结构(需要展示各层特征图的大小变化)。
4. LSTM 主要由哪些部分组成？各部分的作用是什么？
5. 针对常见的图像识别和自然语言处理任务，可以从哪些方面对网络模型进行改进？

习题解析

第 9 章 大语言模型及其应用

章节导航

- 了解自然语言处理、文本挖掘等概念。
- 掌握大语言模型的概念、实例、研究热点。
- 熟悉大语言模型在相关领域的应用。

本章知识导图

9.1 自然语言处理

自然语言处理就是用计算机处理、理解及应用人类语言(如中文、英文等)，它属于人工智能的一个分支，是计算机科学领域与语言学的交叉学科，又称计算语言学。

9.1.1 自然语言处理方法

常用的自然语言处理方法包括分句、分词、词性标注、浅层语法分析。此外，自然语言处理社区有许多开源工具包，这些开源工具包能够帮助研究者和相关从业人员更加便捷地完成自然语言处理任务。常用的开源工具包包括 NLTK、jieba、spaCy、TextBlob、Gensim 等。

(1)分句。分句是指把一篇文本文档分解为句子的集合。许多文本处理的应用是以句子为单位的(如自动文摘，挑选文档集中有代表性的句子)。利用句号、问号、叹号等表示句子的间隔的标点符号对文档进行切分。

(2)分词。分词是指把一个句子表示成最基本的单词序列。英文的单词由空格隔开，分词比较简单，而中文分词存在某些难点，如歧义切分问题、新词发现问题、句法歧义等。其中新词是指从前的分词词典中没有收录，后来出现并被大家公认的词语。新词难以发现的原因在于新词的覆盖面广，词语构成没有普遍规律，低频新词数据稀疏，识别难度大。

(3)词性标注。词性是词汇基本的语法属性，通常也称词类。词性标注是在给定句子中判定每个词的语法范畴，确定其词性并加以标注的过程。其中研究难点包括中文词的类别难以像英文一样直接从词的形态变化判别；常用词兼类现象严重；研究者主观原因等。研究热点包括标注科学论文、新闻报道，以及对微博等非正式文本的词性标注。

(4)浅层句法分析。浅层句法分析是指识别句子中的某些结构相对简单的独立成分，如非递归的名词短语(noun phrase，NP)、动词短语(verb phrase，VP)等，这些被识别出来的结构通常称为语块(chunk)。浅层句法分析的两个子任务包括语块的识别和分析，以及语块之间的依附关系分析。完全句法分析要确定句子所包含的全部句法信息，并确定句子中各成分之间的关系，浅层句法分析使句法分析的任务得到了简化。

9.1.2 文本挖掘模型

文本挖掘模型包括以下几个重要模型，分别是词袋(bag-of-words，BOW)模型；统计特征模型，如数据项频率-反文档频率(term frequency-inverse document frequency，TF-IDF)模型；主题模型，如隐狄利克雷分布(latent Dirichlet allocation，LDA)模型。它们在文本挖掘和自然语言处理领域都有广泛的应用，可以根据具体任务的需求选择合适的模型来处理文本数据。

jieba 分词简介

1. 词袋模型

BOW 是最基础的文本表示模型。BOW 模型将文本中的每个单词视为独立的特征，不关注单词的顺序或语法关系。它通过创建一个单词的集合(袋子)来表示文本，每个单词在袋子中的出现次数(词频)作为该单词对文本的贡献度。BOW 模型可以简单地对文本进行分类和聚类，但无法捕捉到文本中的语义信息。

2. TF-IDF 与 BM25 模型

TF-IDF 和 BM25(best matching 25)模型都是文本检索和信息检索领域中常用的权重模型，用于衡量文档中词语的重要性，以便排序和检索相关文档。它们在搜索引擎、文本分类和信息检索系统中得到广泛应用。

TF-IDF 模型是一个用于评估文档中词语重要性的经典模型。它的计算基于两个主要因素：项频率(term frequency，TF)和反文档频率(inverse document frequency，IDF)。TF 衡量一个词在文档中出现的频率。通常可以使用标准的词频计算公式，如 TF=(词语在文档中出现的次数)/(文档中总词语数)。IDF 衡量一个词在整个文档集合中的重要性。IDF 越高，表示词语在文档集合中越不常见，从而其重要性越高。通常 IDF 计算公式如下：IDF=lg(文档总数 / 包含该词的文档数)。计算实例如下。

词语“母牛”在某一篇总词语数为 100 个的文件中出现了 3 次，该文件所在的语料库的文件总数为 10 000 000 份，并且“母牛”在其中的 1 000 份文件中出现过，求 TF-IDF 的值 。

计算过程如下：

TF(“母牛”)=3/100=0.03；

IDF(“母牛”)=lg(10 000 000 / 1 000)=4；

TF-IDF 的值为 0.03×4=0.12。

BM25 模型是一种改进的信息检索模型，特别适用于大规模文本检索任务。它相对于 TF-IDF 模型具有更好的性能和可调节的参数。BM25 模型的计算基于以下关键因素。

(1)与 TF-IDF 模型中的定义相同，TF 衡量词语在文档中出现的频率。

(2)与 TF-IDF 模型中的定义相同，IDF 衡量词语在整个文档集合中的重要性。

(3)文档长度(document length)衡量文档的长度，可以是词语数或字符数。

(4)文档平均长度(average document length)衡量整个文档集合中的平均文档长度。

(5)参数 k_1 和 b 是用于调整模型行为的超参数。k_1 控制 TF 的饱和程度，b 控制文档长度对得分的影响。BM25 模型的得分的计算公式如下：

$$BM25 = IDF \times [TF \times (k_1 + 1)] / \{TF + k_1 \times [1 - b + b \times (\text{文档长度}/\text{文档平均长度})]\}$$

BM25 模型具有一些优点，例如，能够处理较短文档和较长文档，以及具有可调节参数，可以根据特定任务进行参数调整。它在实践中常用于大规模文本检索系统，如搜索引擎。

3. 主题模型

常见的主题模型如 LDA，它常用于从大量文本中挖掘隐藏的主题信息。LDA 模型通过概率图模型将文本表示为一个主题分布，每个主题是由一组单词组成的概率分布。在 LDA 模型中，每个文档是由多个主题组成的概率分布，而每个单词则根据其所在的文档和主题具有不同的概率分布。LDA 模型可以捕捉到文本中的隐含主题，例如一篇新闻报道可能包含政治、经济、体育等主题。通过 LDA 模型，可以将大量文本划分为不同的主题类别，从而完成分类和聚类等任务。一篇文章的每个词都可以视作"以一定概率选择了某个主题，并从这个主题中以一定概率选择了某个词语"。

要生成一篇文档，每个词的出现概率如下：

$$p(\text{词语} \mid \text{文档}) = \sum_{\text{主题}} p(\text{词语} \mid \text{主题}) \times p(\text{主题} \mid \text{文档})$$

对大量文档进行分词处理，每篇文档表示为词语的集合。对于任意文档 C，已知"词语-文档"矩阵，通过一系列训练推理出"词语-主题"矩阵和"主题-文档"矩阵，LDA 模型示例如图 9-1 所示。

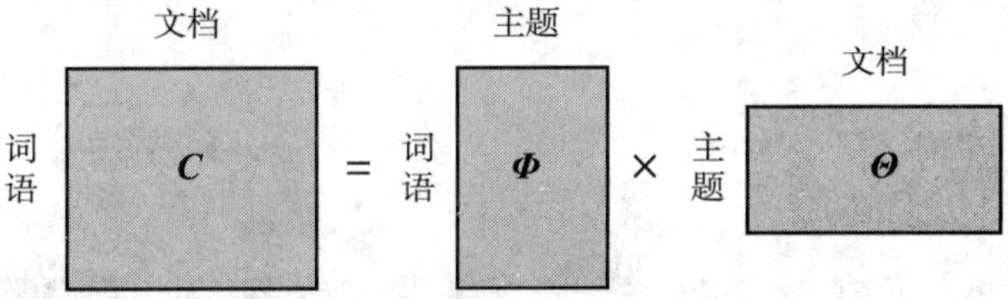

图 9-1　LDA 模型示例

9.1.3　智能问答

智能问答系统以问答形式，精确地定位用户所提问的知识，通过与用户进行交互，为用户提供个性化的信息服务。智能问答系统涉及的方法包括爬虫(爬取问答对)、问句处理(分词、去停用词等)、相似文本(问句之间的相似度匹配)，如图 9-2 所示。

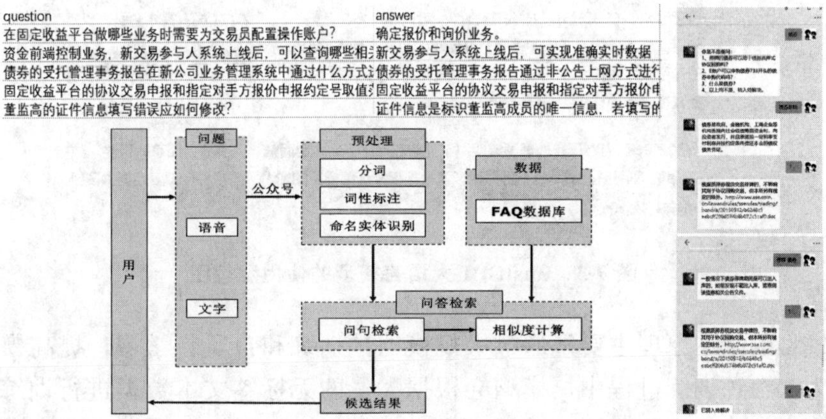

图 9-2　智能问答系统

智能问答系统和传统信息检索系统的主要区别如下。

(1)输入：传统信息检索系统的输入是查询关键词；智能问答系统的输入是自然日常语言的问句。

(2)输出：传统信息检索系统的输出是关键词相关文档，需要用户自己查找有用信息；智能问答系统的输出是直接返回针对用户提问的答案。

9.2 大语言模型的概念、实例与提示工程

9.2.1 大语言模型的概念

大语言模型(large language model，LLM)是指参数数量庞大、在预训练过程中使用大规模语料库进行自监督学习的自然语言处理模型，如GPT-3和T5等模型。这些模型已经在语言理解、文本生成、对话系统等多个任务中取得了重大突破，具有巨大的发展前景。

这些模型的应用场景多种多样。例如，它们可以作为聊天机器人，响应用户的问题、提供信息或进行对话。同时，它们也可以应用于文本生成，如自动写作、自动摘要、自动翻译等领域。此外，大语言模型还可以应用于语音识别、情感分析、智能客服、舆情分析、法律文本分析等领域，帮助人们更好地理解和处理自然语言。图9-3是近年火热的ChatGPT大语言模型的使用示意图。

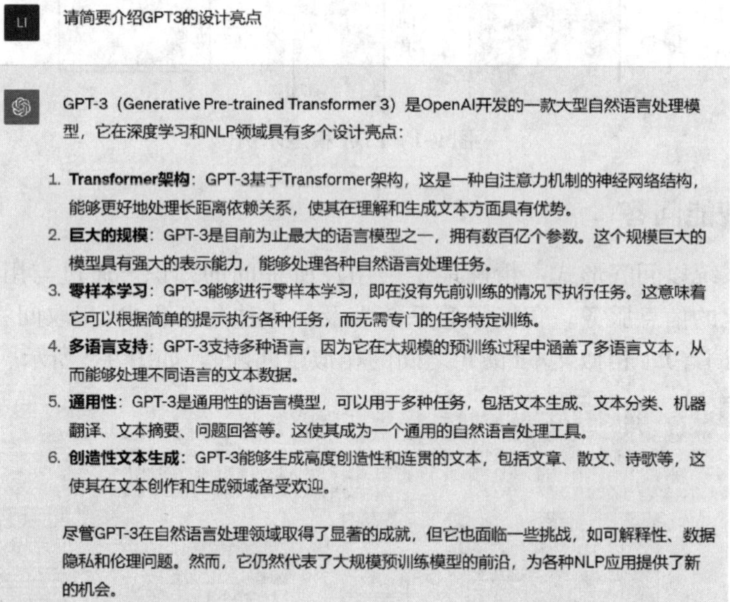

图 9-3 ChatGPT 大语言模型的使用示意图

大语言模型的基本原理主要是通过大规模的预训练和自监督学习，提高模型的语言理解和生成能力。在预训练过程中，模型会根据大量的无标签文本数据进行训练，通过学习大量的语料库中的语言模式，提高其对语言的理解能力。而自监督学习则是通过大规模的

监督信号进行训练，使模型能够自动发现输入序列中的规律和模式，从而在不需要人工标注的情况下完成对文本数据的理解和生成。具体而言，这些模型运用了深度学习的技术，如神经网络、注意力机制、Transformer 等，以实现对大规模文本数据的处理和分析。

大语言模型与传统的分词和自然语言处理模型之间的关系是相辅相成的。传统的分词和自然语言处理模型通常是针对特定的任务进行训练和优化，如词性标注、命名实体识别、依存句法分析等，而大语言模型则更加注重对大规模语料库的自监督学习和预训练，以获得更广泛的应用场景和更好的泛化能力。

在具体的应用过程中，大语言模型通常需要与传统的分词和自然语言处理技术相结合。例如，在机器翻译任务中，首先需要对输入的文本进行分词处理，然后将分词后的单词送入大语言模型中进行翻译，最后将翻译结果进行整理和输出。

同时，大语言模型的预训练过程也离不开传统的自然语言处理技术。例如，在预训练过程中，需要对文本进行清洗和处理，去除噪声和无关信息，并进行规范化和标准化处理，以保证预训练的质量和效果。

9.2.2　大语言模型的实例

大语言模型目前在各个领域都有广泛的应用，并可以构建各种自然语言处理应用，如聊天机器人、语音助手、机器翻译等。例如，百度的文心一言，能够与人对话互动、回答问题、协助创作，高效便捷地帮助人们获取信息、知识和灵感。图 9-4 是文心一言的初始界面，读者可以通过链接 https://yiyan.baidu.com/进入并使用它。

文心一言使用简介

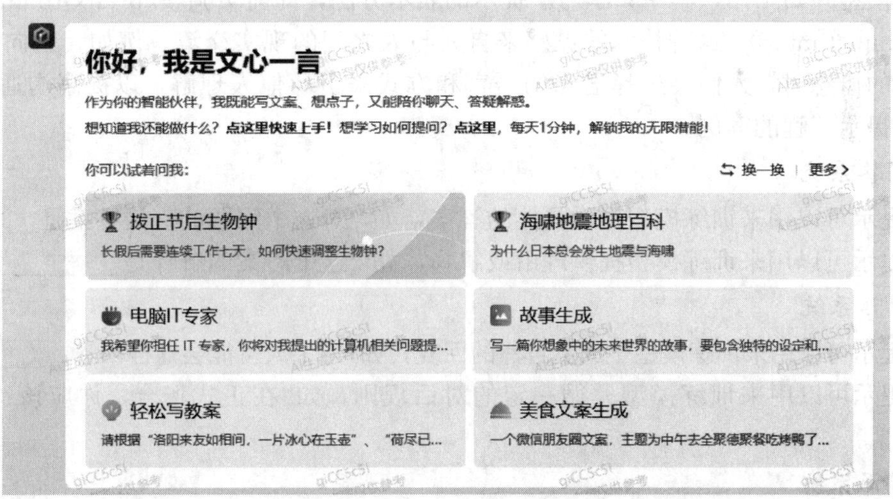

图 9-4　文心一言的初始页面

目前市面上与百度的文心一言、OpenAI 的 ChatGPT 相似的大语言模型主要包括以下几种。

(1)GPT-3：由 OpenAI 开发，它是目前先进的自然语言处理模型之一，可以生成高质量的自然语言文本，并且在多个自然语言处理任务中取得了很好的效果。

(2)360智脑：360智脑是360自研的认知型通用大模型，集成360 GPT大模型、360 CV大模型等技术推出的AI内容生产与创作工具，提供智能创作、智能办公、智能学习等多种功能。

(3)ELMo：由Allen Institute for AI开发，它是一种基于LSTM的自然语言处理模型，它可以学习上下文敏感的词向量表示，并且可以用于多种自然语言处理任务，如情感分析、文本分类等。

(4)RoBERTa：由Facebook(现名Meta)AI开发，它是基于RoBERTa的自然语言处理模型，它在BERT的基础上进行了一些改进，使得它能够在更短的时间内进行训练，并且具有更高的性能。

(5)ALBERT：由谷歌开发，是一种基于Transformer的自然语言处理模型，它通过共享参数和跨层参数共享等方式进行优化，可以应用于多种自然语言处理任务，如文本分类、命名实体识别等。

(6)XLNet：由卡耐基梅隆大学和麻省理工学院等机构联合开发，它是一种基于Transformer的自然语言处理模型，它通过采用自回归和自编码相结合的方式进行训练，可以生成高质量的自然语言文本。

9.2.3 提示工程

提示工程是在自然语言处理和机器学习模型中，通过精心设计和优化输入文本(提示)来提高模型输出质量的一种技术。模型接收到的输入格式或内容的微小变化，都可能导致模型产生完全不同的输出。提示工程的典型工作方式是将一个或多个任务转换为基于提示的数据集，并通过基于提示的学习来训练语言模型。提示工程可以从一个大型的“冻结”预训练语言模型开始工作，其中只学习了提示的表示方法，即前缀调整(prefix-tuning)或提示调整(prompt tuning)。这种技术的灵感来自人与人之间的现实交流。例如，当向他人解释一个复杂的概念时，人们会选择适当的语言和方式来引导他人理解，以提高沟通效果。以下是一些提示工程的案例。

1. 问答系统

(1)提示可以用来训练模型提供具体的答案，如“对这个问题的直接答案是________”。

(2)提示可以用来训练模型提供理由或解释，如“这个答案的解释是________”。

2. 对话系统

(1)提示可以用来训练模型生成更自然的回复，如“一个人可能会这样回答：________”。

(2)提示可以用来训练模型遵循一定的对话规则，如“在正式场合，你应该这样回答：________”。

3. 翻译系统

(1)提示可以用来引导模型进行语言翻译，如“这段文本用英语来表达应该是________”。

(2)提示可以用来引导模型理解文化背景，并在翻译时考虑到，如“考虑到文化差异，这段文本用英语来表达应该是________”。

以上是一些简单的例子，提示工程的实际应用是多种多样的，不仅限于上述情况。实际上，提示工程可以被应用于任何自然语言理解任务中，关键在于如何设计出能够有效引导模型的提示。

此外，还可以使用大语言模型生成一些考核用的文本，例如，要让大语言模型生成 Python 语言相关的试题，以“请给我 3 道 Python 相关的单选题 ”进行提问时，结果如图 9-5 所示。

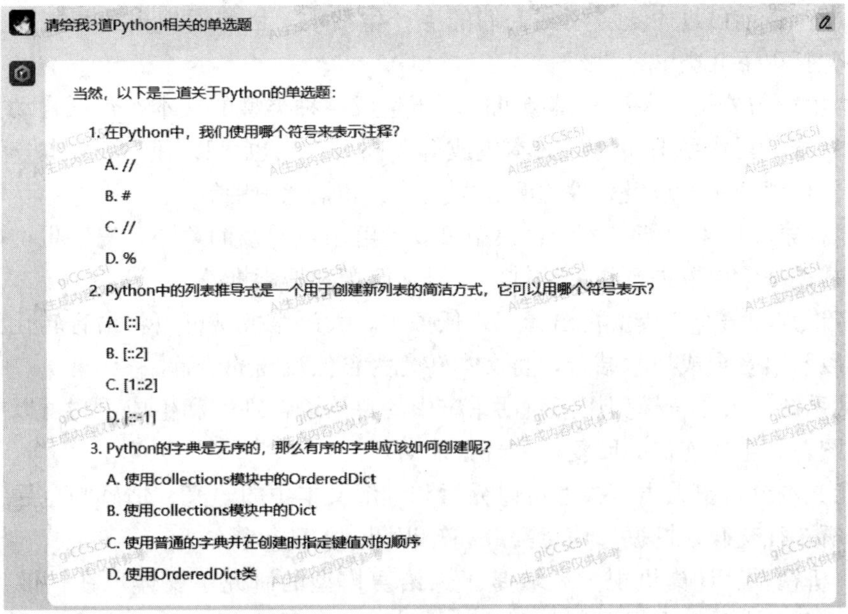

图 9-5　使用大语言模型进行简单提问

用户也可以提出更多的要求让大语言模型生成更加符合需要的内容，例如，以“请按照难度为低级、中级、高级，给我 3 道 Python 相关的单选题 ”进行提问时，结果如图 9-6 所示。可以发现，大语言模型按照低级、中级、高级的难度分别生成了 3 道试题，试题的难度逐步提升。此外，还可以按照想考察的领域、试题类型，再逐步向大语言模型提问，从而获取更加准确的结果。

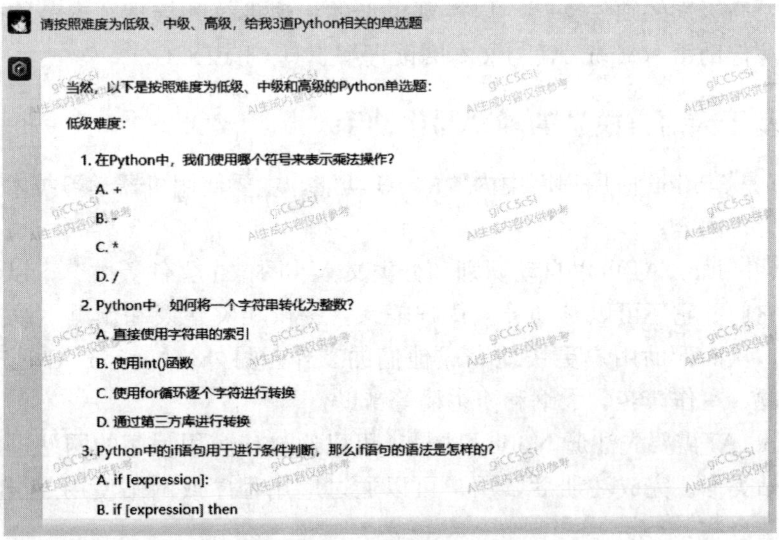

图 9-6　使用大语言模型进行追问

9.3 大语言模型的应用

大语言模型目前已经广泛应用到人们的生产生活中，目前涌现出的智能化大语言模型的应用主要包括以下几类。

(1)文本生成与分类。大语言模型可以用于生成各种类型的文本，包括自动摘要、机器翻译、对话系统、写作助手和创意文本生成等。同时，它也可以用于将文本分为不同的类别或标签，如情感分析、垃圾邮件检测、主题分类和情感识别等。

(2)信息检索和搜索引擎。大语言模型可以理解用户的查询意图，提供更准确的搜索结果。它可以帮助搜索引擎进行相关性排序、语义匹配和搜索推荐。

(3)语音识别和语音合成。在语音识别任务中，大语言模型可以将语音转化为文本。同时，它也可以与语音合成技术结合，将文本转化为自然流畅的语音。

(4)对话系统。大语言模型用于对话系统中的自然语言理解和生成。它可以帮助系统理解用户的意图，并生成连贯的回复，实现智能对话。

(5)智能文本分析。大语言模型可以分析和理解文本中的语义、情感与主题。它可以应用于舆情分析、社交媒体挖掘、信息提取和知识图谱构建等领域。

(6)计算机视觉。计算机视觉领域基于大语言模型的研究主要体现在扩散生成模型方法，这种方法基于大量文本提示词与图像的训练技术能够实现一种生成式模型，它通过模拟数据的扩散过程来生成新的样本。这种模型最近在提高图像的分辨率、图像和音频生成方面显示出了巨大的潜力。

(7)金融领域。大语言模型能够处理和分析大规模文本数据，辅助进行宏观经济分析、市场趋势预测等。在投资场景中，大语言模型可用于投资决策、风险评估、市场分析等，例如分析央行对货币政策的态度。

这些大语言模型的应用通常需要大量的数据进行训练，以获取足够的模型表现。同时，它们也通常需要高级别的硬件支持，以实现模型的快速训练和推理。本节将介绍基于大语言模型的辅助写作助手 Notion AI 与文本阅读理解工具 ChatDOC。

9.3.1 基于大语言模型的辅助写作助手

Notion AI 是 Notion 应用程序中内置的 AI 功能，主要使用机器学习技术来帮助用户更高效地组织和管理内容。

具体来说，Notion AI 可以自动识别和分类文本、图像、文件等内容，以便用户更轻松地查找和使用它们。它还可以自动补全用户输入，提供相关建议和预测，以及将用户的语音转换为文本，从而帮助用户更快地完成他们的工作。另外，Notion AI 还有一些预设指令，如提供选题、写作博客、大纲和演讲稿等帮助。

使用 Notion AI 需要先注册 Notion 账号，可以通过该应用程序的网站进行注册，注册流程与其他网站类似。完成注册后，用户可以通过应用程序或网站使用 Notion AI 提供的功能。

图 9-7 是使用 Notion AI 进行自动写作的方法。Notion AI 通过 NLP 技术来自动补全用户

输入。具体来说，Notion AI 使用预训练的模型和算法来分析用户输入的文本，根据上下文和语境等信息，推荐接下来用户可能输入的文本内容。

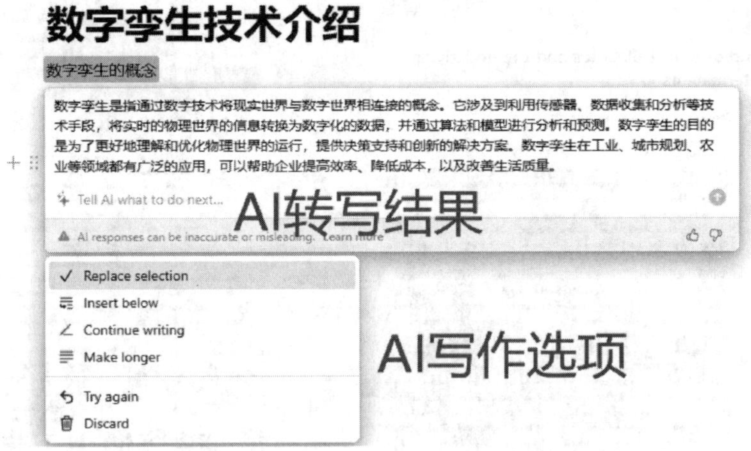

图 9-7　使用 Notion AI 转写文本

比如，如果用户在 Notion 中创建一个新的页面，并输入了一些文字，Notion AI 会自动分析这些文字，并根据用户的输入推荐接下来用户可能输入的文本内容。这些推荐内容会以建议列表的形式展示在页面下方，用户可以从建议列表中选择自己需要的内容，并将其添加到页面中。同时，Notion AI 还支持语音输入功能，用户可以通过语音来输入文本内容，这个功能是基于语音识别技术实现的。以图 9-7 为例，用户想要输入一些关于“数字孪生技术介绍”的相关文本，可以选中该段文本，并选择 Make longer 选项，系统会将更多相关的文本添加到页面中。

9.3.2　基于大语言模型的文献辅助阅读工具

在初步接触和阅读某一领域的文献时，大语言模型可以帮助读者很好地理解这一领域的知识，可以提高读者获取知识的效率，从而读者能够更有效地处理和理解文档内容。在这一领域，发展较为成熟的工具有 ChatPDF、ChatDOC、Notion AI 等，它们都是以 LLM 为基础构建的文献理解工具，链接如下。

ChatDOC 使用简介

ChatDOC：https://chatdoc.com/

ChatPDF：https://www.chatpdf.com/

Notion AI：https://www.notion.so/

以 ChatDOC 为例，该工具有文本智能分析功能，可以准确高效地处理文本和表格数据，如图 9-8 所示。基于大语言模型的强大能力，该工具可以对文献内容进行总结、摘要、翻译、知识点查询等，并能在 AI 的辅助下快速完成。同时，ChatDOC 还支持追问功能，允许用户针对某一特定问答，以新的子窗口持续进行多轮问答。读者可以前往 ChatDOC 网站上传文档，使用该工具辅助文献阅读。

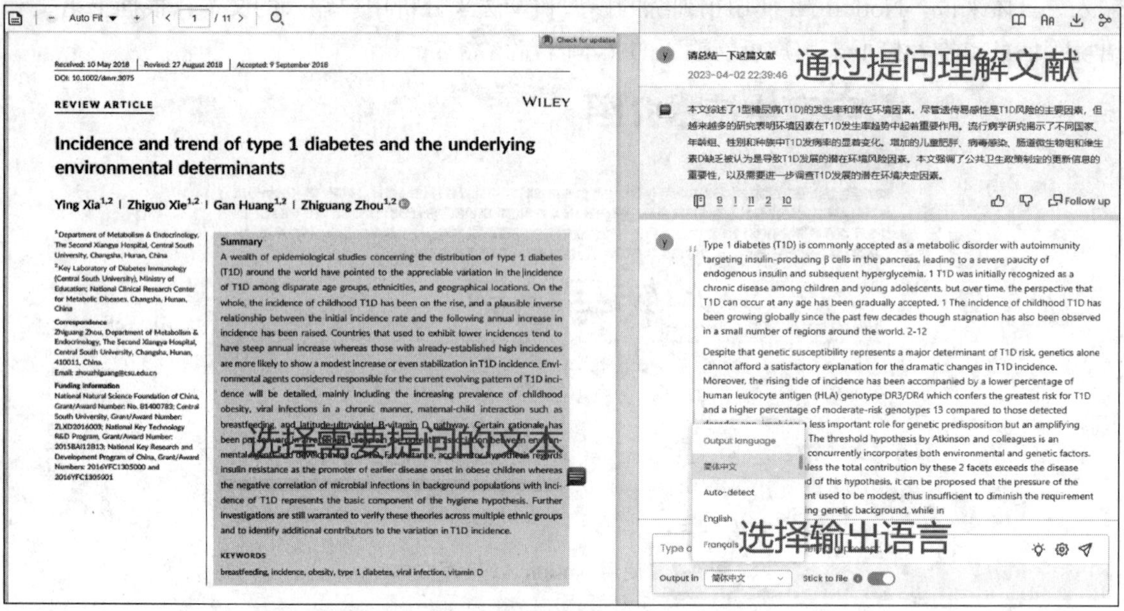

图 9-8　文献辅助阅读工具 ChatDOC

ChatPDF 的使用示例如图 9-9 所示，这类文献辅助工具均提供了问题示例，可以通过系统提供的简单问题对文章进行总结或分析。

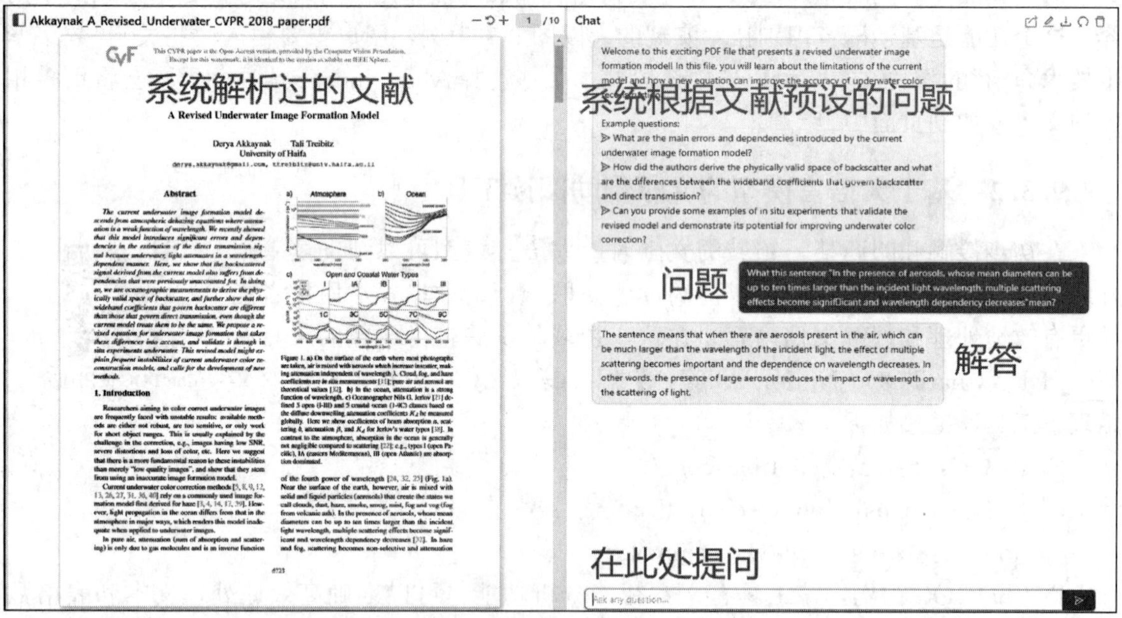

图 9-9　文献辅助阅读工具 ChatPDF 的使用示例

9.3.3　基于大语言模型的金融服务助手

金融业作为数据密集型行业，是大模型应用落地的优选场景之一。大语言模型在模型性能及能力上的跨越式提升，更好地满足了众多金融场景，如智能投顾、智能投研、智能风控、智能交互等对人工智能技术有需求场景，加快了金融行业的技术升级进程。

2023 年 9 月 8 日，在上海举行的外滩大会上，蚂蚁集团正式发布了蚂蚁金融大模型。聚焦金融场景的“研判观点提取”“金融意图理解”“金融事件推理”能力在两款产品上得到应用，分别是面向消费者的智能金融助理“支小宝 2.0”和服务金融产业专家的智能业务助手“支小助”，这也展示了蚂蚁集团在大模型领域从技术到产业应用的全面进展。做出理想的金融小助手，是近些年来金融科技圈想要攻克的难题。接入了蚂蚁金融大模型技术的智能金融助理“支小宝 2.0”，率先实现了从检索式 AI 到生成式 AI 的跃升。

据统计，“支小宝 2.0”的金融意图识别准确率达到 95%，金融资讯总结和事件推理水平已经达到了行业专家平均水平。无论是产品评测、收益分析、要不要加减仓、解读行情，或者是咨询资产配置方案，选择保险，都可以通过向“支小宝 2.0”提问来获得参考答案。

另一个智能业务助理“支小助”，则是一个真人专家一样的“打工人”，被认为可能引发金融机构从业人员生产模式和生产力的变革。“支小助 1.0”包含“服务专家版”“投研专家版”“理赔专家版”“保险研究专家版”等 6 个版本，可以在投研分析、信息提取、专业创作、商机洞察、金融工具使用等环节，为理财师、保险代理人等从业人员提供深度智能服务。

以医疗险理赔为例，用户平均要提交 11 张医疗单据，基于海量图文预训练的多模态大模型可将复杂单据的整案提取准确率由 80%提升至 98%。“理赔支小助”让门诊险理赔和 30%以上的住院医疗险理赔能够完全自动化完成，而且这个比例还在快速提高，为保险公司降本增效。

习　题

1. 相似文本匹配。

有一个搜索引擎资源库，里面包含 sentence1、sentence2、sentence3 三个句子，现在要进行查询并按相似度排序后返回结果。使用 Python 语言的 Gensim 库完成文本相似度的匹配。参考代码如图 9-10 所示。

```
from gensim import corpora, models, similarities
import jieba
from collections import defaultdict
# 1.导入句子
sentence1 = "我喜欢吃番薯"
sentence2 = "番薯是个好东西"
sentence3 = "利用python进行文本挖掘"
# 2.分词
data1 = " ".join(jieba.cut(sentence1))
data2 = " ".join(jieba.cut(sentence2))
data3 = " ".join(jieba.cut(sentence3))
# 3.转换格式："词语1 词语2 词语3 … 词语n"
texts = [list(data1), list(data2), list(data3)]
# 4.基于文本建立词典
dictionary = corpora.Dictionary(texts)
featureNum=len(dictionary.token2id.keys())#提取词典特征数
dictionary.save("./dictionary.txt")#保存语料库
# 5.基于词典建立新的语料库
corpus = [dictionary.doc2bow(text) for text in texts]
# 6.TF-IDF处理
tfidf = models.TfidfModel(corpus)
```

```
# 7.加载对比句子并整理其格式
query = "吃东西"
data4 = jieba.cut(query)
data41 = ""
for item in data4:
    data41 += item+" "
new_doc = data41
# 8.将对比句子转换为稀疏向量
new_vec = dictionary.doc2bow(new_doc.split())
# 9.计算相似性
index = similarities.SparseMatrixSimilarity(tfidf[corpus],num_features=featureNum)
sim = index[tfidf[new_vec]]
for i in range(len(sim)):
    print("查询与第"+str(i+1)+"句话的相似度为:"+str(sim[i]))
```

图 9-10　相似文本匹配参考代码

输出结果如下。

```
查询与第 1 句话的相似度为：0.399284
查询与第 2 句话的相似度为：0.347683
查询与第 3 句话的相似度为：0.0
```

2. 使用 ChatGPT 或百度文心一言等大语言模型，对比使用提示工程与不使用提示工程的回答结果。

3. 使用 ChatDOC 快速理解某一领域的文献。具体步骤如下。

(1)前往 ChatDOC 官网，上传一篇英文文献。

(2)使用如下提问方式对文章进行总结：“请帮我总结这份文献的主要工作”。

(3)对于不理解的细节语句，利用 ChatDOC 的“灯泡图标”功能，单击并弹出相关问题参考。

习题解析

第 10 章 数据科学竞赛

章节导航

• 了解国内外大数据竞赛平台的基本情况，熟悉大数据竞赛平台的主要功能、风格及竞赛开展方式。

• 了解参加数据科学竞赛的基本流程。

• 通过 2021 年“数字中国”创新大赛大数据赛道——城市管理大数据专题赛题解析，了解并掌握数据科学竞赛的解题流程与关键步骤，为参加数据科学竞赛积累经验。

本章知识导图

10.1 竞赛平台

本节将简要介绍国内外精彩纷呈的大数据竞赛平台，让读者了解参赛途径，积极参与自己感兴趣的赛事。

kaggle 比赛的报名与参赛

10.1.1 kaggle

kaggle 竞赛平台首页（https://www.kaggle.com）如图 10-1 所示。kaggle 成立于 2010 年，是一个数据科学和机器学习社区平台，2017 年 3 月被谷歌 Cloud 收购。企业和研究者可在 kaggle 上发布数据，统计学者和数据挖掘专家可在平台上进行竞赛以获得最好的模型。

图 10-1 kaggle 竞赛平台首页

kaggle 中的数据科学家和机器学习爱好者可以访问大量的开放数据集，参与数据竞赛，分享项目和代码，以及学习最新的数据科学技术和方法，同时，kaggle 也为用户提供了项目协作、项目学习的机会。该平台还提供了一个内置的 Python 环境和 GPU 支持，以帮助用户进行数据分析和机器学习建模。kaggle 作为知名的数据科学社区，为参与者提供了各种协作与知识共享的机会。

10.1.2 DrivenData

DrivenData 竞赛平台首页（https://www.drivendata.org）如图 10-2 所示，DrivenData 是德国的一个与数据科学相关的众包网站。DrivenData 举办数据科学竞赛的目的是要建设更美好的世界，用最先进的预测模型来解决世界上最棘手的问题。DrivenData 在国际发展、医疗、教育、研究和保护及公共服务等领域举办数据科学竞赛，以谋求社会效益。

图 10-2 DrivenData 竞赛平台首页

用户可以参加 DrivenData 平台上的竞赛，也可以通过该平台举办自己的竞赛。发起人可将竞赛托管给 DrivenData 平台(竞赛时间通常为 2～3 个月)。该网站有专门的示例项目部分，以案例研究的形式展示了一些成功的项目。DrivenData 列出的数据集都与一些非营利组织相关，数据从野生动物保护到公共卫生都有。

10.1.3 阿里云天池

阿里云天池竞赛平台首页(https://tianchi.aliyun.com)如图 10-3 所示。阿里云天池是国内的一个大数据竞赛平台。大数据竞赛面向全社会开放，高等院校、科研单位、互联网企业等人员均可报名参赛，挖掘复杂异构多源数据之间的关联关系，开发并创作各种正能量的作品，并以形象生动的方式呈现给公众。平台理念是用算法解决社会或业务问题。竞赛主要包括算法大赛、创新应用大赛、云开发大赛等。

图 10-3 阿里云天池竞赛平台首页

阿里云天池竞赛平台的主要特色是为参赛者提供算力。众所周知，处理庞大的数据量往往需要配置高性能的计算机作为支持，对于没有条件追求高性能计算机的参赛者来说这是一个不利因素，阿里云天池竞赛平台充分考虑这一因素，为每位参赛选手提供了远程计算平台，即分布式计算平台，消除硬件配置对参赛者的影响。

10.1.4 DataCastle

DataCastle(DC)竞赛平台首页(https://www.datacastle.cn)如图 10-4 所示。DataCastle 是为企业和科研院所提供服务的竞赛平台，它的竞赛形式主要有算法竞赛、创意竞赛、与企业合作的开发竞赛。例如，某企业 Watch APP 应用开发大赛，基于 Android 系统，结合企业提供的系统用户界面(user interface，UI)规范、控件库、软件开发工具包(software development kit，SDK)等内容进行定制化开发等。

DataCastle 竞赛平台的参赛题目大多采取开放式，涉及生活、内容、社交、健康、休闲小程序等。

图 10-4　DataCastle 竞赛平台首页

10.1.5　DataFountain

DataFountain(DF)竞赛平台首页(https://www.datafountain.cn)如图 10-5 所示。DataFountain 通过众包模式汇集各类大数据资源；以“众筹”模式汇集行业需求，形成大数据问题求解、科学发现、人工智能、商业智能、情报挖掘、大数据分析和大数据管理等具挑战性的问题集合；以众创模式吸引全国最大规模的数据创新创业人才和最优秀的数据科学家共同解决复杂的大问题；通过创意大赛挖掘有价值的大数据应用及创新的商业模式。

图 10-5　DataFountain 竞赛平台首页

DataFountain 是中国计算机学会(China Computer Federation，CCF)指定的专业大数据及人工智能竞赛平台，支持 CCF 主办的大数据及人工智能领域算法挑战及应用创新大型赛事。CCF 大数据与计算智能大赛每年由不同的高校或者企业出题，赛事题目比较前沿且具有挑战性。

10.1.6　ChinaVis

ChinaVis 竞赛平台首页(https://chinavis.org)如图 10-6 所示。ChinaVis 竞赛平台定期举办 ChinaVis 挑战赛，这是中国可视化与可视分析大会的一个重要环节。挑战赛邀请科研人员、开发人员和爱好者使用他们最有效的可视分析技术和工具来完成数据分析任务。挑战赛旨在帮助研究人员、开发人员和爱好者评估他们的技术与工具在解决复杂问题中的有效性和新颖性，并促进我国可视化与可视分析相关研究及应用的发展和进步。

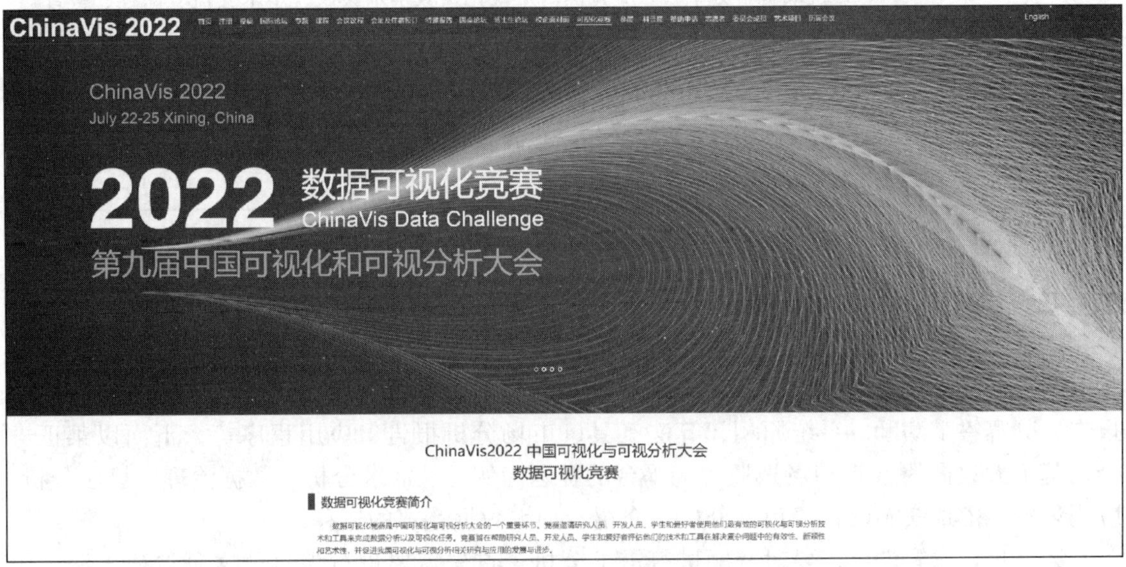

图 10-6　ChinaVis 竞赛平台首页

该平台的功能较广，除了可视化竞赛，还涉及国内可视化领域学术会议、学术交流、可视化技术应用课程、科普等多项功能，是我国可视化领域学术交流的综合性平台。

10.1.7　和鲸社区

和鲸社区(https://www.heywhale.com)是中国知名的第三方数据科学协同平台之一。用户可向平台申请举办比赛，公开发布比赛信息，参赛者可选择感兴趣的比赛参与。平台汇集来自企业和科研机构的数据科学任务，用户可以自由申请参加比赛，锻炼实战能力，获得悬赏奖金。

和鲸社区使用指南

表 10-1 是上述国内外大数据竞赛平台一览表。

表 10-1　大数据竞赛平台一览表

竞赛平台	简介
kaggle	国际认可度最高的竞赛平台之一，众包平台，集竞赛、在线学习、竞赛练习、社区于一体
DrivenData	数据科学相关的众包网站，开放的数据源

续表

竞赛平台	简介
阿里云天池	阿里巴巴公司主办的竞赛平台，国内认可度最高，比赛奖金较高，难度较大，参赛人数很多
DataCastle	电子科技大学主办的竞赛平台，比赛很多、较成熟
DataFountain	CCF 数据竞赛指定平台
ChinaVis	ChinaVis 挑战赛官方平台，支持国内可视化领域学术会议、学术交流、课程、科普等活动
和鲸社区	众包网络平台，集数据集、比赛、众包项目、大数据 AI 教学/科研平台于一体
其他	Biendata(人工智能技术竞赛平台)、百度点石隐私计算平台、腾讯云开发者社区竞赛平台、华为云开发者竞赛平台等

10.2 参赛流程

在数据科学竞赛中，参赛选手通过对赛题的理解、分析，形成的输出成果主要有算法报告、决赛答辩演示、系统原型、算法工具、市场分析报告、应用程序等。下面以某证券公司基于大数据的 A 股市场选股咨询平台的赛题为例，从需求分析、数据治理、算法分析、应用创新、落地实施践行等角度分析，介绍参加大数据竞赛的流程。

第一步，参赛选手需要对赛题进行需求分析。首先需要进行大量的文献调研，深入了解他人所做的前沿工作，借鉴前人处理问题的思路、技术路线与方法论。以本赛题为例，参赛选手在充分调研后，了解到 A 股市场选股咨询平台的现状如下：

(1)根据多年的炒股经验预测股价；

(2)根据历史基本面数据和交易数据预测股价。

通过数据建模，参赛选手想要达到的预期效果是充分挖掘出 A 股的新闻事件与文本信息，并利用这些信息，给客户提供准确和实时的股票推荐。

第二步，充分理解赛题的基本任务后，需要获取数据。这部分工作主要涉及数据隐私，可通过公开渠道获取 A 股市场的基本面数据和交易数据，例如，通过网络爬虫技术爬取上市公司的公告文本和新闻标题。数据采集完成后，开始对数据进行预处理，主要包括对数据进行清洗和对数据进行标准化，如归一化处理。

在这个赛题的解析过程中，可以通过爬取上市公司公告的方式获取相关文本信息，对采集到的数据进行清洗后，用文本处理方法就能够得到一系列结构化数据，如图 10-7 所示。


```
"000806-*ST 银河-关于公司相关人事变动的公告":{
    "证券代码":"000806",
    证券简称":"*ST 银河",
    "人事变动":{
        "离职高管姓名":"谢家浩",
        "离职高管性":"先生",
        "高职高管职务 ":"监事",
        "离职原因":"个人原因",
        "继任者姓名":" ",
        "继任者性别":" ",
        "继任者职务":" ",
    },
    {
        "离职高管姓名":"裴小静",
        "离职高管性别":"女士",
        "离职高管职务":"监事",
        "离职原因":"个人原因",
        "继任者姓名":" ",
        "继任者性别":" ",
        "继任者职务":" ",
    },
    {
        "离职高管姓名":"李武",
        "离职高管性别":"先生",
        "离职高管职务":"独立董事",
        "离职原因":"个人原因",
```


图 10-7　一系列结构化数据

第三步，建模。基于采集数据对赛题的基本任务建立数学模型。建模分为以下几个步骤：

(1)基本面分析；

(2)利用增持发生前的基本面数据和交易数据对收益进行建模与预测；

(3)利用公告文本、历史基本面数据和交易数据对收益进行建模与预测；

(4)利用新闻标题、基本面数据和交易数据对收益进行建模与预测。

第四步，将前端与后台结合，如图 10-8 所示，完成一个股票咨询平台。至此，整个赛题的基本流程就结束了。

综上所述，数据科学竞赛流程如图 10-9 所示。首先，要做数据准备，包括理解任务、导入数据、数据清洗；其次，要构建模型，设计算法框架，进行模型预训练，训练现有数据集，并完善模型；再次，选择合适的评价指标，对模型进行评估，再将之转化为最终的参赛作品；最后，提交作品并进行计分排名，进行最终的答辩准备与提交成果报告。

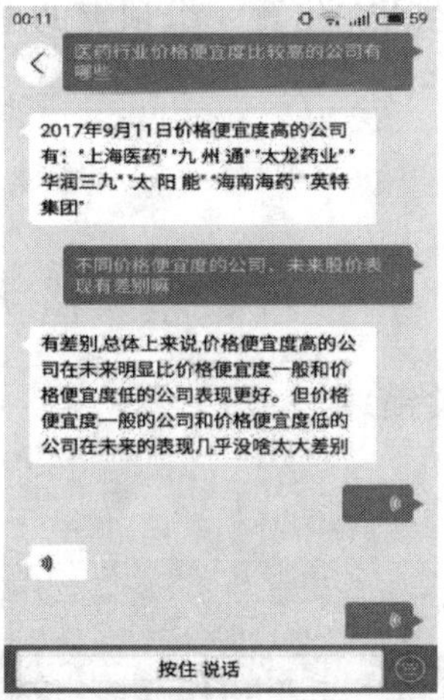

图 10-8 股票咨询平台成果展示

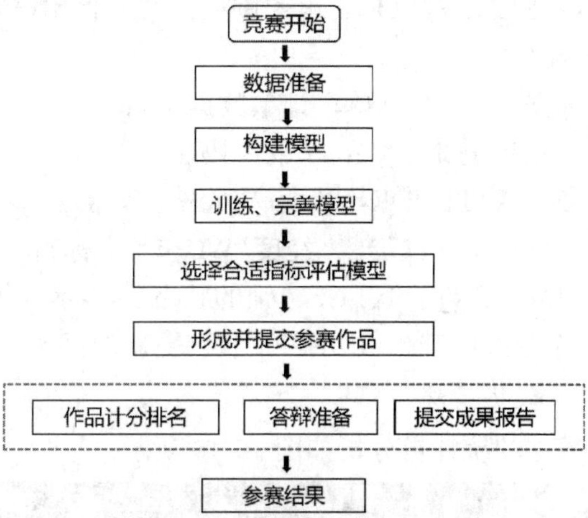

图 10-9 数据科学竞赛流程

10.3 赛题解析

本节将以 2021 年“数字中国”创新大赛大数据赛道——城市管理大数据专题的获奖案例为例，对赛题(早高峰共享单车潮汐点的群智优化)进行详细分析与讲解，并给出赛题的算法分析报告与答辩报告。

10.3.1 算法分析报告

1. 赛题需求

在早高峰(7:00—9:00 AM)，部分繁忙地段时常发生因共享单车围栏爆满或缺乏导致的共享单车占道及“乱停车”问题。通过对哈啰单车调度人员的调查发现，目前较为常用的解决“借不到”“还不进”问题的方案是：通过调度车全天将单车淤积严重地区的共享单车运送至邻近的非淤积点，较为耗费人力、物力。

早高峰共享单车潮汐点的群智优化赛题解析

本赛题中，城市公共自行车从业者将发生在早晚高峰时段共享单车“借不到”“还不进”的问题称为潮汐现象。为更好地掌握早高峰潮汐现象的变化规律与趋势，参赛者需基于主办方提供的数据进行数据分析和计算模型构建等工作，聚集“还不进”问题，识别出工作日早高峰(7:00—9:00 AM)潮汐现象最突出的 40 个区域，列出各区域所包含的共享单车停车点位编号、名称，并提供计算方法说明及计算模型。参赛选手需根据计算得到的 40 个区域，进一步设计高峰期共享单车潮汐点优化方案，通过主动引导停车用户到邻近停车点位停车，进行削峰填谷，缓解潮汐点停车位(如地铁口)的拥堵问题。大赛中，允许参赛选手自带训练数据，但需在参赛作品中说明自带数据的来源及使用方式，保证其合法合规。

2. 数据来源

官方提供的数据为共享单车停车点位数据及共享单车订单数据，主要包括以下内容。

数据集 1：共享单车停车点位(电子围栏)数据（fence）。

(1)FENCE_ID：电子围栏唯一编号。

(2)FENCE_LOC：电子围栏位置坐标串(包括电子围栏所在位置 4 个顶点的坐标信息，WGS84 坐标)。

数据集 2：共享单车订单数据（bike）。

(1)BICYCLE_ID：车辆编码。

(2)LATITUDE：纬度(WGS84 坐标)。

(3)LONGITUDE：经度(WGS84 坐标)。

(4)LOCK_STATUS：锁的状态(0 表示开锁，1 表示关锁)。

(5)UPDATE_TIME：锁状态更新时间。

3. 数据清洗

数据的统计量分析如图 10-10 所示。

	BICYCLE_ID	LATITUDE	LONGITUDE	LOCK_STATUS	UPDATE_TIME
count	585292	585292.000000	585292.000000	585292.000000	585292
unique	53630	NaN	NaN	NaN	67030
top	1677a23507c85c2e90f7d6f7fb30d07e	NaN	NaN	NaN	2020-12-25 08:18:42
freq	687	NaN	NaN	NaN	55
first	NaN	NaN	NaN	NaN	2020-12-21 06:00:01
last	NaN	NaN	NaN	NaN	2020-12-25 09:59:59
mean	NaN	24.493837	118.126170	0.384367	NaN
std	NaN	0.023531	0.031745	0.486446	NaN
min	NaN	24.425358	118.058908	0.000000	NaN
25%	NaN	24.476612	118.100946	0.000000	NaN
50%	NaN	24.490166	118.122539	0.000000	NaN
75%	NaN	24.511676	118.151563	1.000000	NaN
max	NaN	24.559082	118.195922	1.000000	NaN

图 10-10　数据的统计量分析

数据清洗任务主要是清洗以下两种情况的数据：

(1)存在连续的开关锁数据(某些锁已损坏)；

(2)提供的数据其 UPDATE_TIME 并不在 7 点至 9 点之间。

4. 特征挖掘

根据官方提供的参赛数据，可以对共享单车开/关锁数据进行进一步特征挖掘与可视化分析。

1)关于“乱停车”现象集中时段和地区的探索

共享单车“时间-停放量”可视化结果如图 10-11 所示，在允许范围外停车/取车量与在允许范围内停车/取车量的变化趋势没有特别明显的不同。

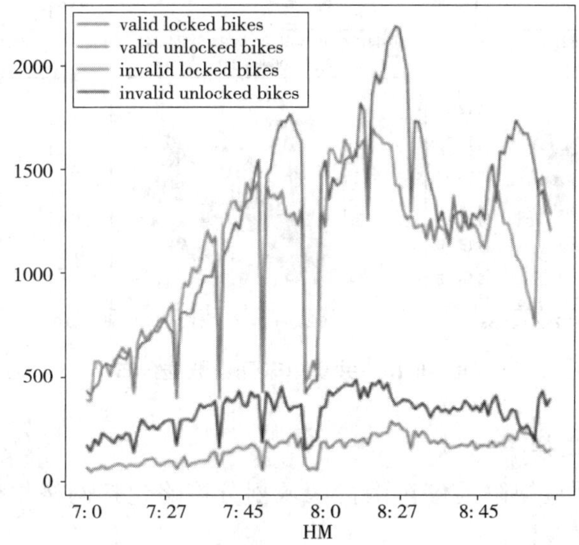

图 10-11 共享单车“时间-停放量”可视化结果

2) 不同日期下的开/关锁数据分布情况

12 月 21 日—12 月 25 日的共享单车开/关锁数据分布如图 10-12 和图 10-13 所示，根据对比分析可知，可能因为圣诞节的缘故而导致早高峰潮汐现象的地点不同。

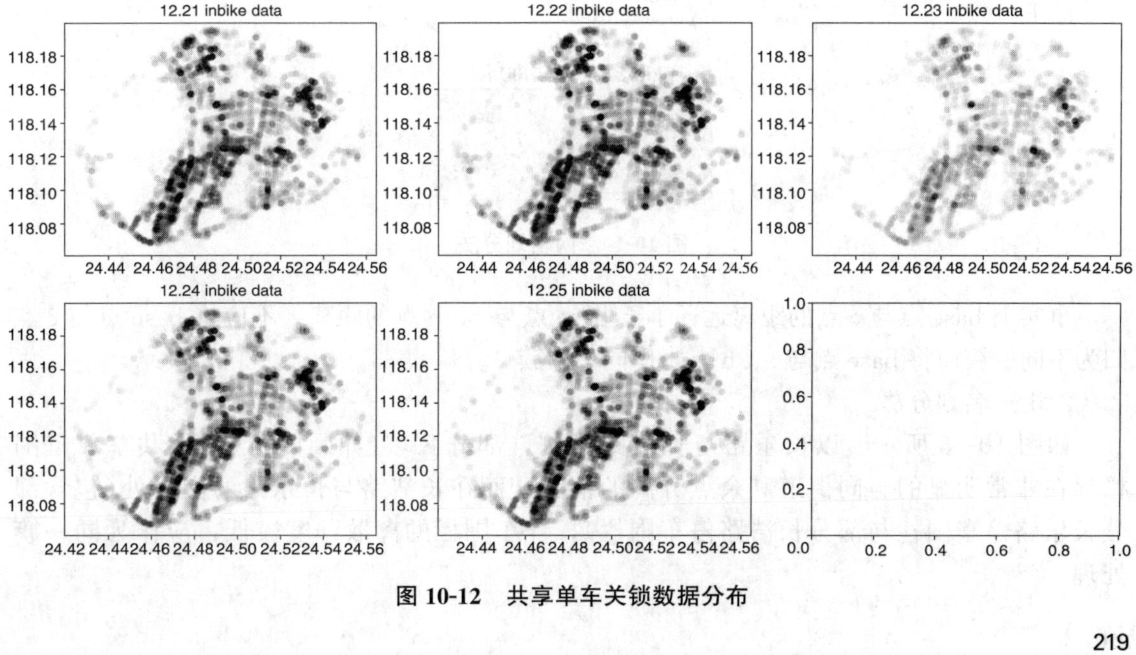

图 10-12 共享单车关锁数据分布

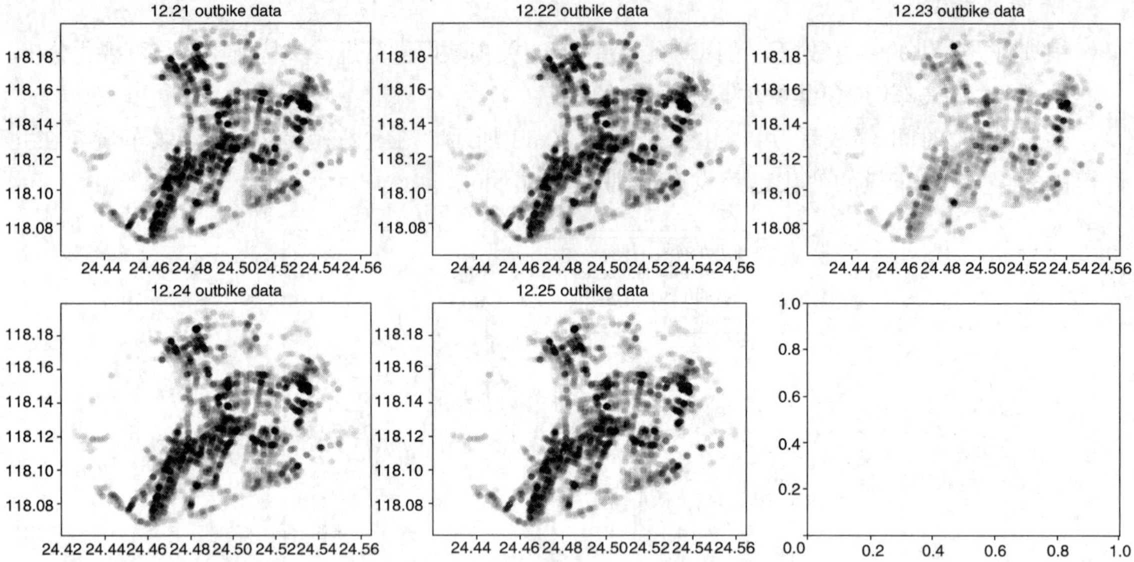

图 10-13 共享单车开锁数据分布

5. 区域划分模型选择

目前常用但有较明显缺陷的停车围栏区域划分策略包括网格划分法、街道名划分法、k 均值算法、DBSCAN 算法。

1)网格划分法

网格划分法的原理是将地图变成一个个方块，将同方块内的点作为同一个类进行处理。

如图 10-14 所示，在使用固定地理网格划分时，a、b、c、base 四个点会出现以下错误划分。

簇 A：（a，b，base）

簇 B：（c）

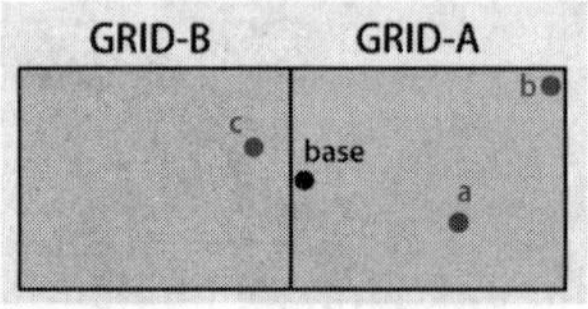

图 10-14 网格划分法

事实上 base 点与 c 点的距离远远小于 base 点与 a、b 点的距离，不应将 base 点与 c 点归为不同的簇而将 base 点与 a、b 点当作同一个簇。

2)街道名划分法

如图 10-15 所示，以长乐路与长浩路为例，部分区域(如圆圈所示)的共享单车围栏存在非常明显的与同街道其余点分离的情况，而在长浩路与长乐路的交界处(包含部分长乐路停车围栏与部分长浩路停车围栏)，停车围栏的离散程度极低，应作为同一簇处理。

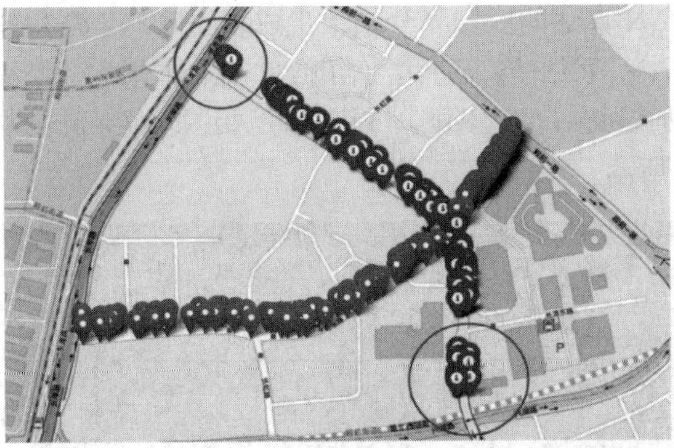

图 10-15 街道名划分法

3)k 均值算法

k 均值算法非常适合处理空间直线距离等于实际距离且已知分类树(分类树指根据训练数据集构造的一个类似树形的分类决策模型，可用来辅助决策)凸集的情况，但在实际地理信息中，经常出现“内外环”“两条直线距离极近的平行街道不互通”的状况。也就是出现不连通的非凸集合时，会出现错误的分类。在本项目中，无法确定簇数量，即无法定义 n_clusters 参数。

4)DBSCAN(密度聚类)算法

DBSCAN 是目前较为常用的聚类不规则形状簇的算法。本项目曾尝试过使用该算法进行聚类，发现了以下两个问题：

(1)DBSCAN 对 epsilon 参数极为敏感(该参数的细微变化都会导致结果截然不同，而如果不知道恰当的 epsilon，则无法进行聚类)；

(2)存在链式传导，即只要有少量的点断开，就会导致本应被分为同一个簇的点分裂为多个簇。

根据以上分析，区域划分模型的最终方案采取的划分方式为 HDBSCAN(hierarchical density-based spatial clustering of application with noise)。HDBSCAN 是 DBSCAN 算法与层次聚类算法的结合，可用于发现任意形状的簇，且在存在少量不连续点时也不会错误地将簇分裂。DBSCAN 和 HDBSCAN 算法的聚类效果的区别如图 10-16 所示。

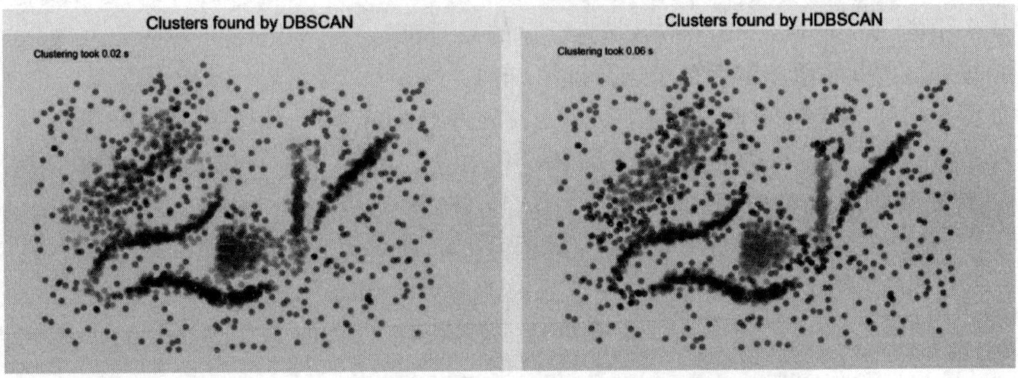

图 10-16 DBSCAN 和 HDBSCAN 算法的聚类效果的区别

最终基于 HDBSCAN 算法的区域划分结果生成了 1 733 个簇和分类为－1 的离群点集。其中，在原始 HDBSCAN 算法的基础上增加了合并簇的规则：若两簇之间的距离小于 33 m（规格小于双向六车道加绿化带的道路），或者中间无道路横穿的围栏，则应判断为同一区域。源代码如图 10-17 所示。

```
x = list(zip(fences['F_LATITUDE'].tolist(), fences['F_LONGITUDE'].tolist()))
cluster = hdbscan.HDBSCAN(min_cluster_size=2, gen_min_span_tree=True, cluster_selection_epsilon = 0.0003).fit(x).labels_

fences['CLUSTER'] = cluster
cluster_counter = collections.Counter(cluster)
print("{} fences in {} clusters".format(len(fences), len(cluster_counter)))
sorted_cluster =sorted(cluster_counter, key=lambda x: cluster_counter[x], reverse = True)
max_index = sorted_cluster[0] if sorted_cluster[0] != -1 else sorted_cluster[1]
print("Cluster {} has maximun number of fences, with fence number {}".format(max_index, cluster_counter[max_index]))

14071 fences in 1733 clusters
Cluster 1565 has maximun number of fences, with fence number 100
```

图 10-17　源代码-1

最后，再将每个离群点单独作为一个簇，最终簇数量为 3 109。源代码如图 10-18 所示。

```
fences['CLUSTER'] = cluster
cur = len(cluster_counter) - 1
# 将离群点(hdbscan分类为-1)提出来变成一个单独的簇,而不都是-1
for i in range(len(fences['CLUSTER'])):
    if fences.loc[i, 'CLUSTER'] == -1:
        fences.loc[i, 'CLUSTER'] = cur
        cur += 1
print("Number of clustering after let all outlier points become a single cluster: {}".format(cur))

Number of clustering after let all outlier points become a single cluster: 3109
```

图 10-18　源代码-2

10.3.2　答辩报告

在对 2021 年“数字中国”创新大赛大数据赛道——城市管理大数据专题分析报告有基本认识后，本节将根据参赛获奖者的答辩报告对赛题做更深层的解析，从解决方案、应用设计、总结思考 3 部分逐一作详细的报告。

1. 解决方案

解决方案部分主要针对共享单车潮汐区域的“车多”“车挤”“又多又挤”3 种识别方法做解析。代码中的 cluster _ detail 为按区域聚合后的数据表。

1）按区域内共享单车留存数量进行排序（车多）

如图 10-19、图 10-20 和图 10-21 所示，首先将 cluster _ detail 按照 FLOW 字段（共享单车留存数量）降序排列，观察前 40 个区域，其中一共包括 559 个共享单车围栏，然后用 Folium 库可视化潮汐停车围栏位置。

```
sorted_cluster_detail = cluster_detail.sort_values("FLOW", ascending = False)
sorted_cluster_detail.head(40)
```

图 10-19　源代码-3

```
top_40_flow = sorted_cluster_detail.index[:40]
top_40_flow_numbers = sum(sorted_cluster_detail['FID'][:40])
print("Number of fence in top 40 crowded clusters is :{}".format(top_40_flow_numbers))

Number of fence in top 40 crowded clusters is :559
```

图 10-20 源代码-4

图 10-21 潮汐停车围栏位置可视化-1

2)按区域内共享单车留存密度进行排序(车挤)

如图 10-22 和图 10-23 所示，首先将 cluster detail 按照 FLOW_DENSITY 字段(共享单车留存密度)进行排序，观察前 40 个区域，其中只有 64 个围栏。观察到这些数据中大部分留存密度较大的围栏都是单独成簇，即距离其他围栏较远，然后用 Folium 库可视化潮汐停车围栏位置。

```
top_40_density = sorted_density_detail.index[:40]
top_40_density_numbers = sum(sorted_density_detail['FID'][:40])
print("Number of fence in top 40 crowded clusters is :{}".format(top_40_density_numbers))

Number of fence in top 40 crowded clusters is :65
```

图 10-22 源代码-5

图 10-23 潮汐停车围栏位置可视化-2

3)按区域内共享单车留存数量与留存密度的综合指标进行排序(又多又挤)

如图 10-24、图 10-25 和图 10-26 所示，首先，将留存数量和留存密度采用 z-score 标准化后相加，以此排序，这样可以兼顾留存数量和留存密度两个指标，可以看到前 40 个区域共包含 353 个围栏，然后用 Folium 库可视化潮汐停车围栏位置。

```
flow_zscore = (cluster_detail['FLOW'] - cluster_detail['FLOW'].mean())/cluster_detail['FLOW'].std()
density_zscore = (cluster_detail['FLOW_DENSITY'] - cluster_detail['FLOW_DENSITY'].mean())/cluster_detail['FLOW_DENSITY'].std()
cluster_detail['MIXED_SCORE'] = flow_zscore + density_zscore
```

图 10-24　源代码-6

```
export_res(top_40_mix, '../result.txt', fences)
f = pd.read_csv('../result.txt', sep = '|')
sum(f['FENCE_TYPE'])

353
```

图 10-25　源代码-7

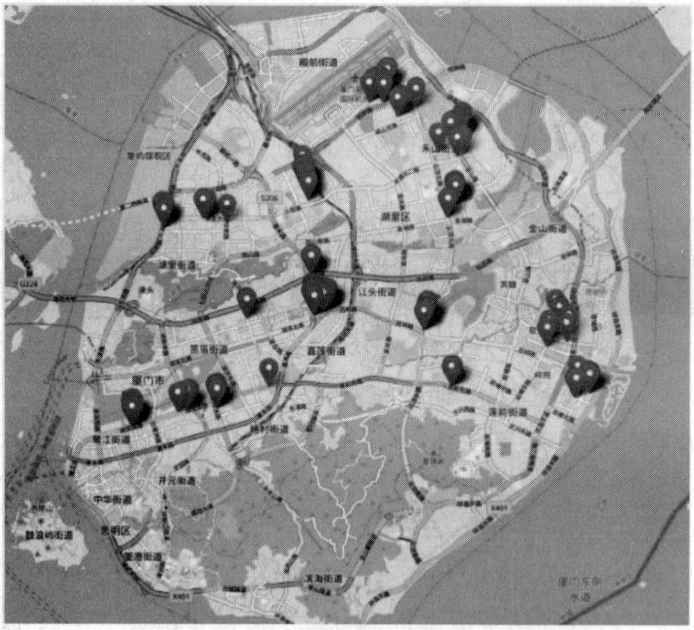

图 10-26　潮汐停车围栏位置可视化-3

在针对共享单车潮汐区域的“车多”“车挤”“又多又挤”3 种识别方法做解析后，继续探讨“又多又挤”指标下的聚类结果分析及调度可行性。

如图 10-27 所示，经地图放大和实地调研后，可以发现：潮汐簇所处区域均为企业密集区域、学校或商业区，如五一文化广场周边、双十中学周边、金源大厦周边、软件园 2/3 期等，符合实际情况。

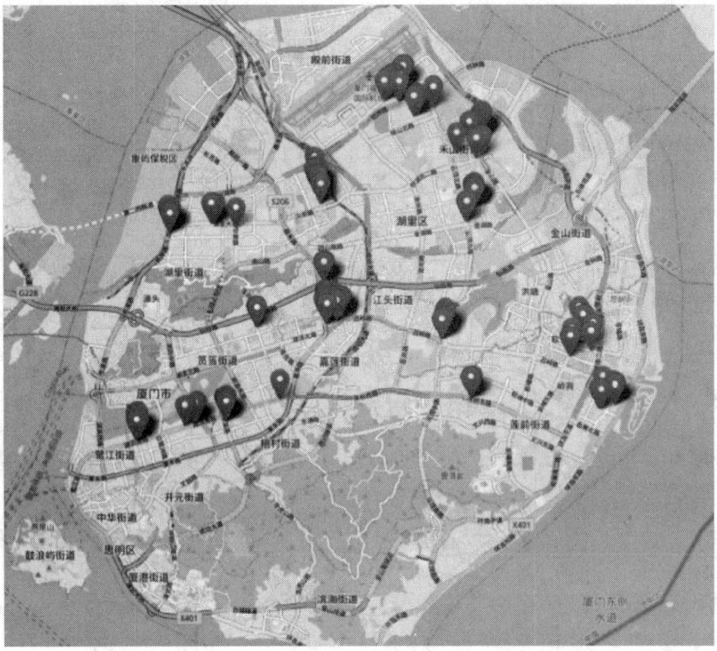

图 10-27 潮汐停车围栏位置可视化-4

在混合指标下排名第 800 位的共享单车围栏的拥挤程度已经可以接受(5 日留存数量 27，留存密度 1.51，综合分数 1.616 992)。将“又多又挤”程度排名在 800 位之前的围栏称为繁忙围栏，其余称为不繁忙围栏。如图 10-28 所示，对前 40 个繁忙簇中 353 个围栏进行繁忙度区分后，发现其中有 52.41%属于不繁忙围栏。而剩下的 47.59%繁忙围栏中存放了 92.86%(14 766 辆)的滞留单车，接下来可以选取一个繁忙簇进行观察，以证明相邻或相近的停车围栏是否存在着较大潮汐程度差距。

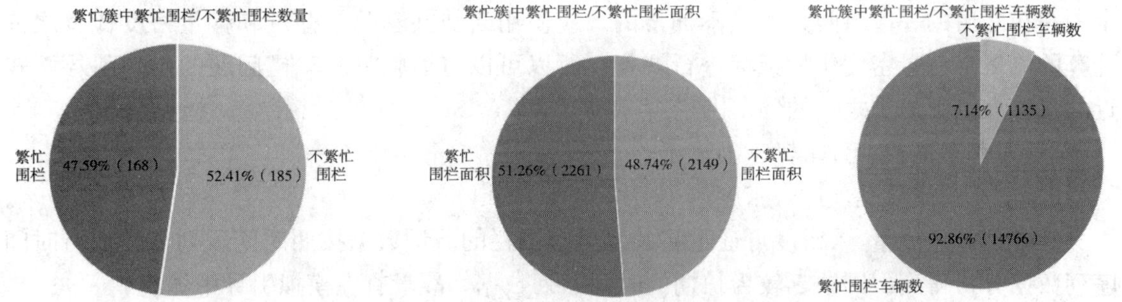

图 10-28 繁忙簇中繁忙/不繁忙围栏的分布

如图 10-29 所示，选取一个拥有 35 个停车围栏的繁忙簇进行观察，将综合分数高于 8 的围栏标记为黑色，其余繁忙围栏（1.61＜综合分数＜8)标记为红色，将不繁忙围栏标记为绿色。可以发现距离相近甚至相邻的围栏中，繁忙程度也有极大差距。这充分说明繁忙簇中距离相近的围栏中也存在着部分较为空闲的围栏可供潮汐围栏分流，为后续的共享单车调度提供了可行性支持。

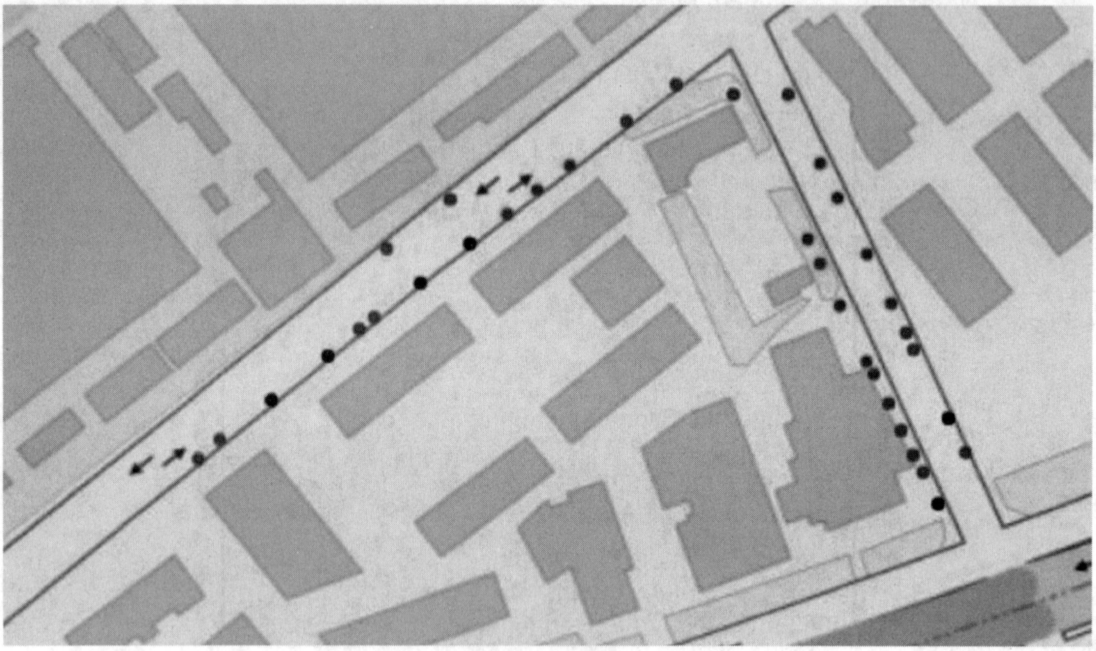

图 10-29　繁忙簇中不同停车围栏的繁忙程度

2. 应用设计

应用设计这一部分，首先针对共享单车“还不进”问题设计用户调度算法，然后基于早高峰“乱停车”数据给出相关科学建议，最后对共享单车引导系统进行详细设计。

1)共享单车“还不进”问题的用户调度算法

经过对哈啰单车调度人员的调查，得知共享单车调度是全天进行的。因此，实际上拥挤围栏和算法中的繁忙围栏可能存在着差距，如若某个围栏刚刚实行过单车调度，那么这个围栏在之后的一段时间其实是不拥挤的。应使用当前共享单车存量和存量密度代替之前计算的流量与流量密度作为指标进行调度。所以可以将面临“停车难”问题的用户引导至较近的、符合以下规则之一的停车围栏：

(1)现存车辆较少且车辆密度较小；

(2)预计入流量及预计入密度较小。

其中预计入流量/入密度可通过将共享单车围栏的流量数据按照时间段划分后进行时间序列数据分析得到。因缺乏较为长期的时间序列数据，故没有在模拟引导中体现。

详细的算法调度过程的实施步骤如下。

(1)采用 geohash 算法获取当前坐标点的 geohash，并列举出当前 geohash 单元格及临近 8 个单元格的所有围栏。

(2)使用 Dijkstra 算法算出当前共享单车所在点与这些围栏之间在有向有权图中的最短路径。

(3)抛弃用户接受范围（max_distance)外的围栏，即移除最短路径距离大于该值的围栏。

(4)将停车围栏“又多又挤”的程度(现存车辆与现存车辆密度的 z-score 之和，若已知预计入流量，可用预计入流量代替“又多又挤”程度，或将其作为一个新的维度)、当前距离、正流量天数(可不用)标准化，分别乘以不同的正经验权重 k_1、k_2、k_3。设“又多又挤”程度为 x_1、当前距离为 x_2、正流量天数为 x_3，那么最终得到分数 $s=k_1x_1+k_2x_2+k_3x_3$，将用户引导至 s 最小的点。要注意的是调度决策做出之后需要将目标围栏的车辆数暂时+1，防止出现相近时间多车同时调度导致的全部车辆涌向同一个点的问题。若接受调度的车辆最终关锁点不属于目标围栏，则目标围栏车辆计数−1。

最后基于上述调度算法，设计的模拟网页版 demo(bike_app 应用)，如图 10-30 和图 10-31 所示。本次设置 $k_1=0.3$，$k_2=0.5$，$k_3=0$，max_distance=500，实际应用中应根据具体情况修改。

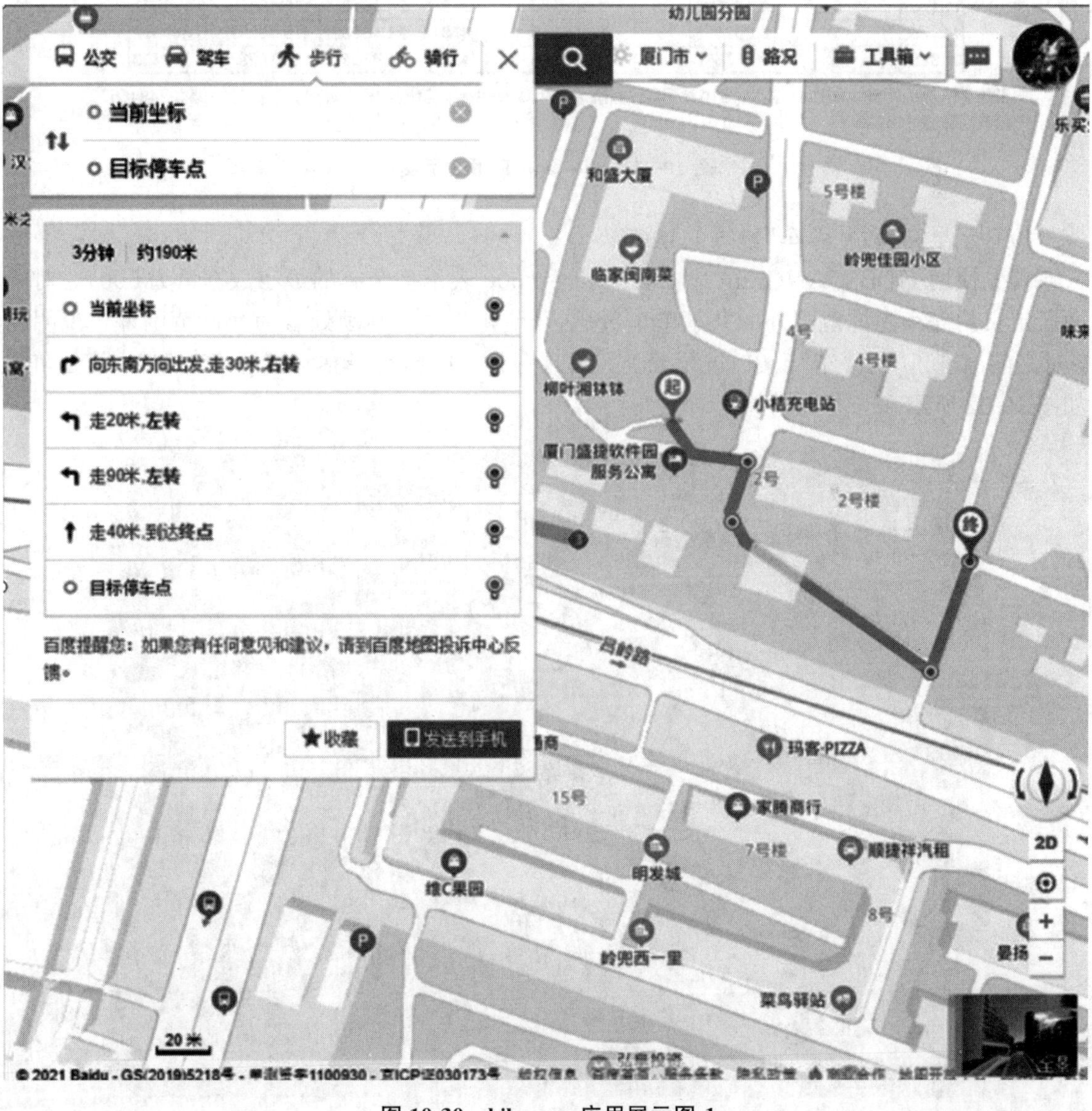

图 10-30 bike_app 应用展示图-1

	FID	ACTIVE_DAYS	DENSITY	FLOW	MIXED_SCORE	DISTANCE	LATITUDE	LONGITUDE	SCORE
16	1758	0	-0.761995	-9	-0.735531	189	24.490702	118.183098	-1.670227
8	9678	0	-2.615640	-18	-1.849687	370	24.488785	118.183478	-0.758149
5	9679	0	-2.221277	-17	-1.648761	393	24.488745	118.183476	-0.515803
15	9677	4	0.622175	5	0.383801	255	24.490640	118.183468	-0.313108
2	9731	1	-0.317668	-7	-0.474674	364	24.491127	118.183547	-0.179060
6	9680	0	-1.857759	-15	-1.420987	431	24.488430	118.183441	-0.153871
12	1752	0	-0.552064	-6	-0.531159	395	24.488707	118.183476	-0.088582
1	9732	0	0.000000	0	-0.068293	376	24.490747	118.183530	-0.056621
3	9675	1	-0.128349	-1	-0.160314	369	24.490716	118.183468	-0.026446
7	9733	0	-0.958979	-14	-1.013553	436	24.488272	118.183422	0.033104
10	1754	2	0.000000	0	-0.068293	371	24.490680	118.183471	0.137478
9	1751	0	-0.254171	-3	-0.290776	435	24.488336	118.183430	0.292628
13	9681	1	-0.368869	-3	-0.337734	432	24.488385	118.183436	0.368686
4	1753	4	0.689647	5	0.411424	377	24.490686	118.183524	0.589108
11	1757	5	1.477587	20	1.326136	319	24.491269	118.183139	0.618057
14	1759	3	0.259898	3	0.156535	440	24.488622	118.182973	0.840312
0	9750	3	0.587687	4	0.330206	437	24.488528	118.182975	0.882493

即将导航前往共享单车围栏会展路(塔埔路至吕岭路段)_L_2, 该围栏单车流量为-9, 流量密度为-0.7619954224846628, 距离当前位置189米

图 10-31　bike_app 应用展示图-2

2)基于早高峰“乱停车”数据的建议

首先使用 HDBSCAN(min_cluster_size=500 表示一个簇的最小数据量为 500)，对前面所定义的停车允许范围外的共享单车(包括开锁和关锁，开锁处若为允许范围外，说明在 7 时之前出现了“乱停车”现象)进行聚类，发现存在 19 处较为集中的“乱停车”点，其分布图如图 10-32 所示。

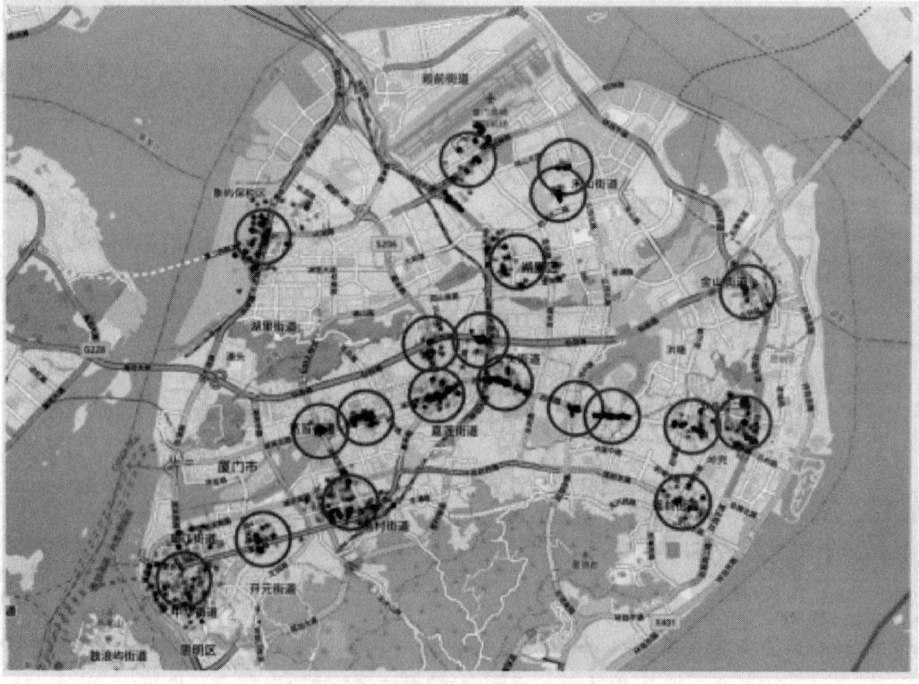

图 10-32　“乱停车”点分布图

图 10-33 是在中山路步行街附近（中华街道）的“乱停车”现象，可以看出，较近的共享单车围栏分布在镇海路、厦禾路和轮渡一侧，而该区域道路狭窄，车流量大，店铺众多，共享单车是此处最为便捷的出行方式。

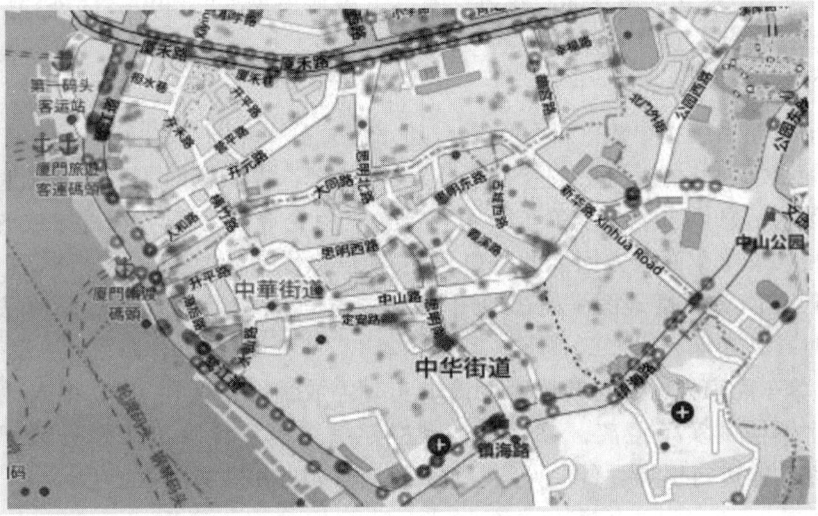

图 10-33 中山路步行街附近的“乱停车”现象

前往该处进行实地调查后发现以下问题。

(1)咨询执勤交警得知，中山路步行街内不允许骑自行车进入。

(2)思明南路与思明西路部分未开业的商铺门口存在不少随意停放的共享单车。

(3)如图 10-34 所示，思明南路、思明北路、思明东路、思明西路道路狭窄，两侧均为商铺，不适合设立共享单车停车围栏。

(4)该区域小巷极多，调度车辆（在之前对于调度人员的调查中发现调度车辆均为小型卡车）难以进入，调度人员也很难在纵横交错的小巷中准确找到被随意停放的共享单车。

图 10-34 思明区附近某街道实况图

对此“乱停车”现象，除单车调度方法外，具体的实施建议如下。

(1)观察到中山路步行街入口处较为宽敞，是否可以在市政规划及市容允许的前提下于此处设立共享单车围栏。

(2)因小巷内散落共享单车的收集难度过高，应适当提高“乱停车”的处罚力度，并使用后续的调度系统进行引导。

3)共享单车引导系统的设计

共享单车引导系统主要由 3 部分组成，其元素关系图如图 10-35 所示。

(1)总调度数据库(可以考虑放置在厦门)及其 API：提供实时围栏存量信息或最新基于时间序列的预测信息供多个共享单车商家调用，避免企业间信息不互通导致的调度混乱问题，并可接收共享单车商家方回传的用户开/关锁信息供持续改进。

(2)地图 API（如百度地图、高德地图等)：提供城市图数据及最短路算法计算出的距离、提供实时寻路功能。

(3)共享单车商家方：从总数据库处请求实时停放情况，使用 APP 接入地图 API 获取当前点到各个围栏的实际距离，综合实时围栏存量等信息计算出围栏分数 s 并结合地图 API 实时寻路功能进行引导，传递开/关锁信息，确定奖惩措施。

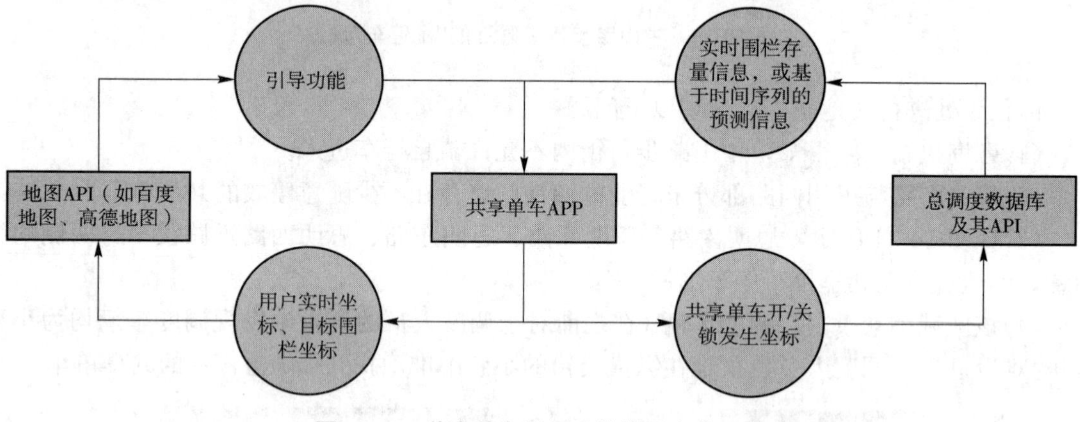

图 10-35　共享单车引导系统的元素关系图

3. 总结思考

基于上述对“数字中国”创新大赛——共享单车案例的具体分析，对本次作品做一个价值总结，主要从以下两方面总结。

1)基于共享单车商家和城市规划层面

(1)针对潮汐现象进行削峰填谷，使共享单车得到合理的调度，减少调度车使用次数，节约成本。

(2)针对开/关锁状态分析，能够发现共享单车是否存在故障现象，方便商家及时检查维修损坏车辆，保证共享单车的可用性。

(3)通过研究共享单车停放数据得出的用户通勤特征，结合实地考察分析“乱停车”现象，可以帮助设立更多合理的停车点，用以减少“乱停车”现象，美化市容市貌。

(4)通过数据交互实现市政与多个共享单车企业联动，提高共享单车交通治理效率；共享单车企业可通过优惠券的形式进行“留客”。

2)基于用户层面

(1)缓解用户找不到最近停车围栏被迫“乱停车”被罚款的问题，改善用户体验。

(2)可以大大减少在下班高峰期、节假日的用餐时间等用车拥挤时段用户“还不进”车的问题，使得用户的生活出行变得更加便利、高效。

(3)以服从引导提供优惠券或 APP 游戏数值的形式，减少用户因“还不进”导致的烦躁感，为生活提供额外趣味。

习 题

1. 金融舆情信息识别分析

【赛题背景】

近年来，随着互联网和个人移动信息终端的持续发展，金融行业相关舆情(简称金融舆情)呈现新的态势，舆情出现时间集中、信息交互量大且传播速度快。金融舆情的产生和传播对投资者、金融机构乃至金融业都会产生显著的影响。某些小范围的信用危机，经过金融舆情的传导，则有可能酿成金融危机事件。因此，对金融舆情进行准确识别、自动分析和实时监测尤为重要。

【赛题任务】

根据给定的金融文本和文本中出现的金融实体列表，判定文本中是否包含金融实体的负面信息。如果该文本不包括负面信息，或包含负面信息但负面信息未涉及金融实体，则负面信息判定的结果为 0。

【数据】

(1)数据概况。

数据说明：中文自然语言文本——金融网络文本。

数据量：训练集数据量 5 000 条，测试集数据量 5 000 条，训练数据与测试数据样本包含的字段信息如表 10-2 和表 10-3 所示。

(2)字段说明。

数据全部以 .csv 格式给出。

训练数据样本包括标识号(id)、文本标题(title)、文本内容(text)、是否负面(negative)。

测试数据样本包括标识号(id)、文本标题(title)、文本内容(text)。

表 10-2 训练数据样本的字段信息

字段信息	类型	描述
id	String	标识号
title	String	文本标题
text	String	文本内容
negative	Int	文本是否包含负面信息，0 代表正面，1 代表负面

表 10-3　测试数据样本的字段信息

字段信息	类型	描述
id	String	标识号
title	String	文本标题
text	String	文本内容

2. 2019 年腾讯广告算法大赛

【赛题背景】

广告曝光预估的目的是在广告主创建新广告和修改广告设置时，为广告主提供未来的广告曝光效果参考。通过这个预估参考，广告主能避免盲目地尝试优化，有效缩短广告的优化周期，降低试错成本，使广告效果尽快达到广告主的预期范围。比赛中使用的数据经过脱敏处理，本次大赛旨在挑选出更为优秀的曝光预估算法，以及遴选出杰出的社交广告算法达人。

【赛题任务】

腾讯效果广告采用的是 广义第二价格(generalized second-price，GSP)竞价机制，广告的实际曝光取决于广告的流量覆盖大小和在竞争广告中的相对竞争力水平。其中广告的流量覆盖取决于广告的人群定向(匹配对应特征的用户数量)、广告素材尺寸(匹配的广告位)及投放时段、预算等设置项。

【数据】

测试集是新的一批广告设置(有新的广告 id，也有老的广告 id 修改了设置)，要求预估这批广告的日曝光量 。

注意：

(1)目标为预测广告在特定配置下指定日期的曝光量；

(2)数据没有直接给出 label，需要自己从曝光日志数据中统计每个广告在每天的曝光量。

习题解析

附录 DT 数据科学平台

1. 平台简介

DT 数据科学平台(ds. ditwin. cn)由本书编写组与协作单位联合开发。平台提供数据科学案例学习、实训案例练习、资讯浏览等功能。平台支持在线编码与调试，用户无须安装编程环境。平台案例模块收录了数据科学建模领域的经典案例，并提供详细的赛题解析、算法建模流程和性能测试功能。实训模块提供在线建模与评分功能。用户可以在线组队，提交实训结果，查看得分，并通过建模分析与系统评价不断优化模型效果。资讯模块包含平台更新动态、机器学习建模调参技巧、数据科学领域研究成果等资讯，供用户闲暇时浏览、学习。该平台目前仅对厦门大学自动化系研究生开放，其他读者如需注册请联系本书编者。

数据科学实训平台使用指南

2. DT 使用手册

(1)DT 数据科学平台的登录页如图 A-1 所示，未登录的用户访问该平台时，会跳转至登录页面。

图 A-1　DT 数据科学平台的登录页

（2）DT 数据科学平台的首页如图 A-2 所示。

图 A-2　DT 数据科学平台的首页

（3）DT 数据科学平台的案例页如图 A-3 所示，平台提供数据科学分析的各类案例，用户可以根据个人喜好学习不同案例，提升自己的数据处理与分析技能。

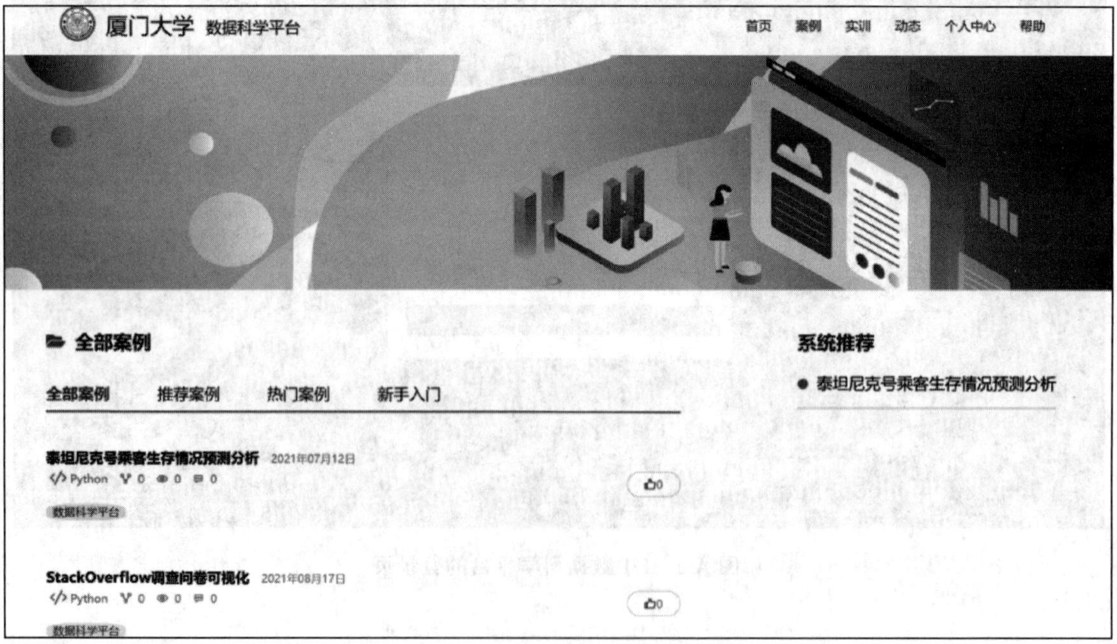

图 A-3　DT 数据科学平台的案例页

图 A-4 为 DT 数据科学平台的案例详情页，其中展示了案例的详细代码介绍。用户如果对案例感兴趣，可以单击“Fork 案例”按钮，将案例添加到个人中心。

图 A-4　DT 数据科学平台的案例详情页

添加后，在“个人中心”→“我的案例”页会显示新增的案例，如图 A-5 所示，用户每次登录后可快速访问、学习所选案例。

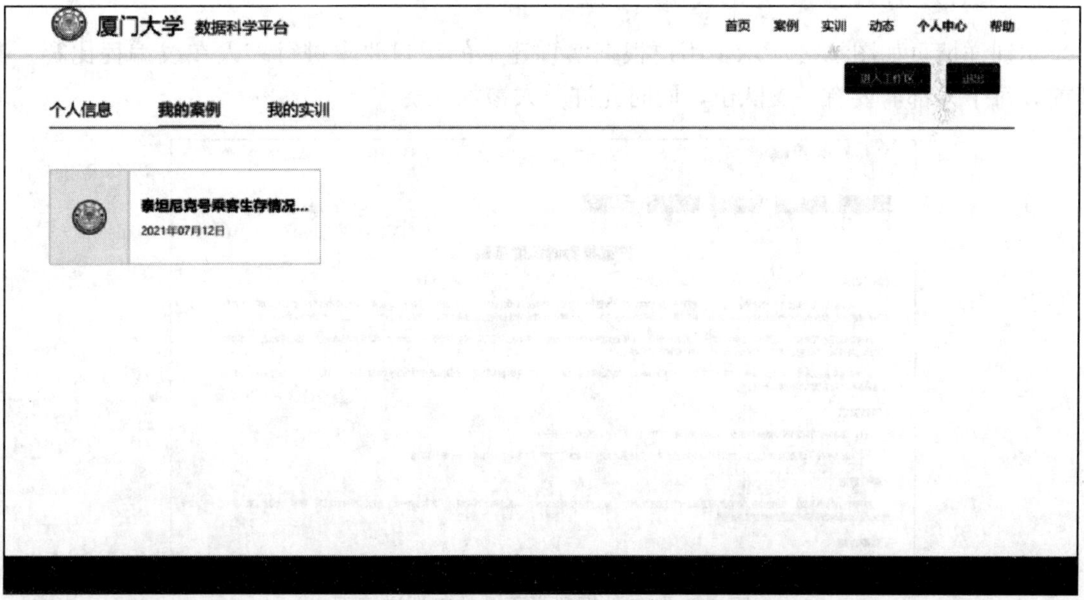

图 A-5　DT 数据科学平台的我的案例页

如图 A-6 所示，用户可以对个人中心中的案例源代码进行在线编辑、在线运行。

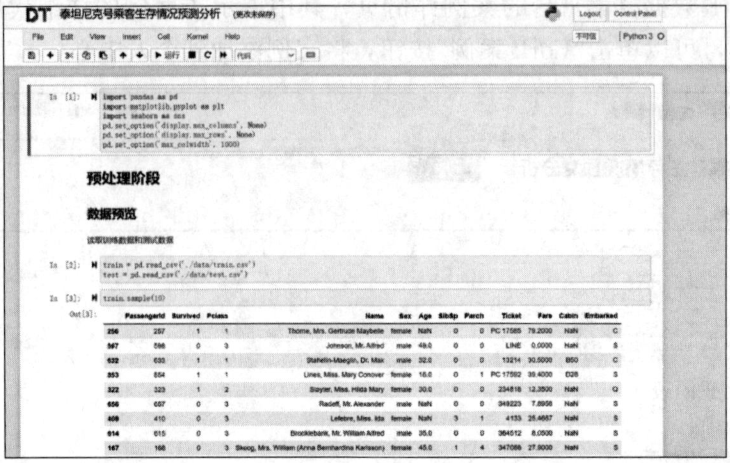

图 A-6　DT 数据科学平台的在线编程页

(4)如图 A-7 所示，官方发布新的赛题后，用户可以参加在线实训比赛。

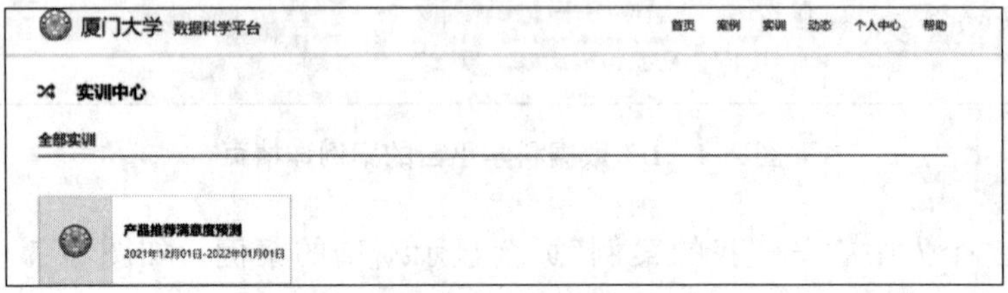

图 A-7　DT 数据科学平台的实训页

实训详情页如图 A-8 所示，用户根据实训比赛的题目要求进行多人在线编程比赛。参赛前，每个人都需要有一支队伍，同时允许单人参加比赛。

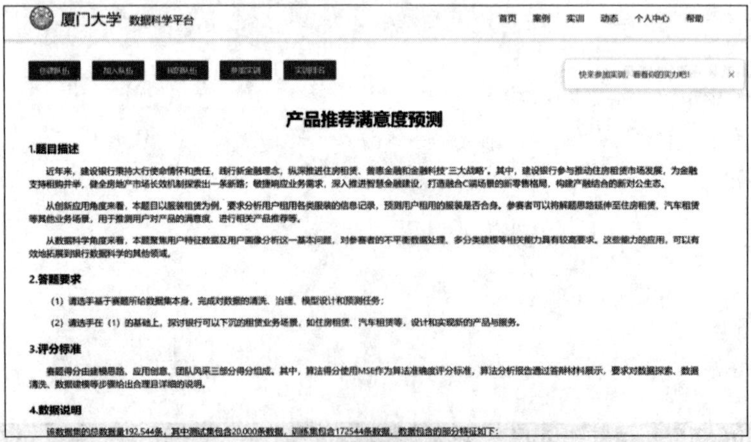

图 A-8　DT 数据科学平台的实训详情页

(5)如图 A-9 和图 A-10 所示，数据科学平台还会发布数据科学相关资讯动态，供用户参考和学习。

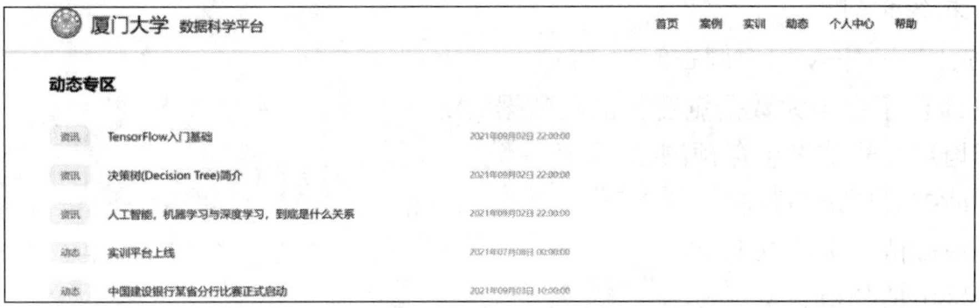

图 A-9 DT 数据科学平台的动态页

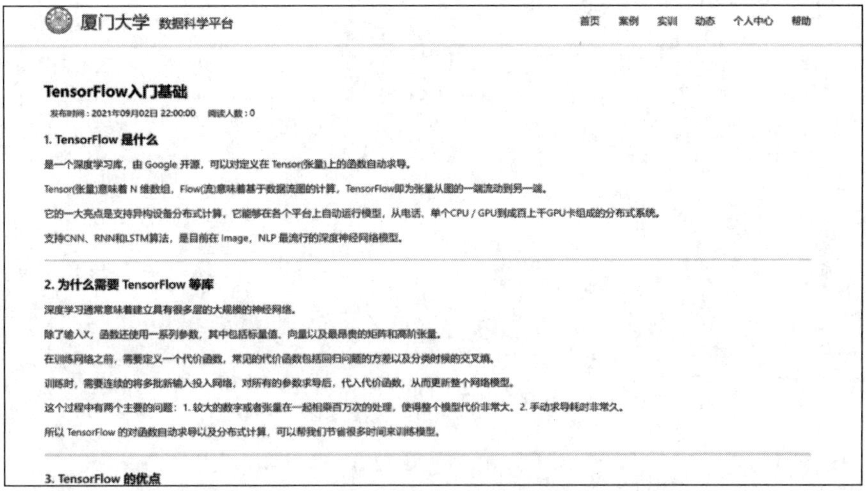

图 A-10 DT 数据科学平台的动态详情页

(6)如图 A-11 和图 A-12 所示，用户的详细个人信息，添加过的所有案例，参加过的所有实训比赛都会在个人中心展示。

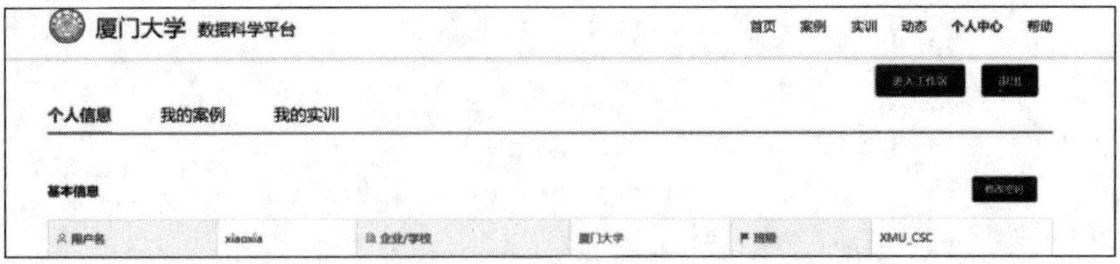

图 A-11 DT 数据科学平台的个人信息页

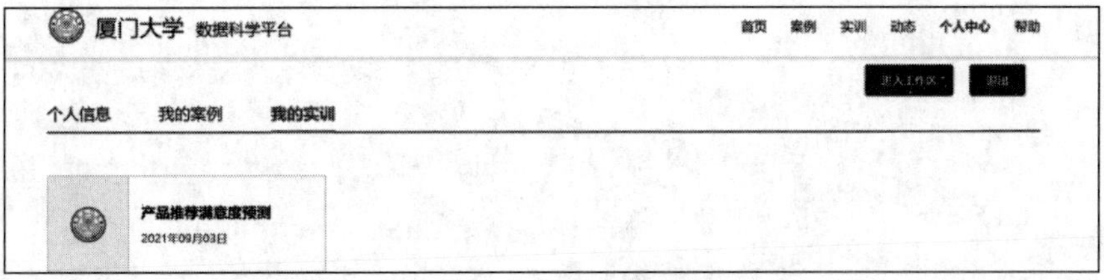

图 A-12 DT 数据科学平台的我的实训页

3. DT 在线案例

(1)StackOverflow 用户调查问卷 EDA。

(2)2021 数字中国大数据竞赛算法题数据清洗。

(3)泰坦尼克号乘客生存预测。

(4)特斯拉股票价格预测。

(5)新浪微博文本数据 EDA。

(6)金融舆情分析。

(7)以客户特征聚类为基础的产品营销。

(8)计算机视觉基础。

参考文献

[1]李航．机器学习方法[M]. 北京：清华大学出版社，2022.

[2]张旭东．机器学习导论[M]. 北京：清华大学出版社，2022.

[3]刘金岭，钱升华．文本数据挖掘与 Python 应用[M]. 北京：清华大学出版社，2021.

[4]格鲁斯．数据科学入门：原书第 2 版[M]. 岳冰，高蓉，韩波，译．北京：人民邮电出版社，2021.

[5]博思凯蒂，马萨罗．数据科学导论：Python 语言：原书第 3 版[M]. 于俊伟，译．北京：机械工业出版社，2020.

[6]周中元，黄颖，张诚，等．深度学习原理与应用[M]. 北京：电子工业出版社，2021.

[7]龙良曲．TensorFlow 深度学习：深入理解人工智能算法设计[M]. 北京：清华大学出版社，2020.

[8]天池平台．阿里云天池大赛赛题解析：机器学习篇[M]. 北京：电子工业出版社，2020.

[9]李航．统计学习方法[M]. 2 版．北京：清华大学出版社，2019.

[10]朝乐门．数据科学理论与实践[M]. 2 版．北京：清华大学出版社，2019.

[11]陈仲铭，彭凌西．深度学习原理与实践[M]. 北京：人民邮电出版社，2018.

[12]卢茨．Python 学习手册：原书第 5 版[M]. 秦鹤，林明，译．北京：机械工业出版社，2018.

[13]凯泽尔，贾缪尔．Python 数据处理[M]. 张亮，吕家明，译．北京：人民邮电出版社，2017.

[14]古德费洛，本吉奥，库维尔．深度学习[M]. 赵申建，黎彧军，符天凡，等，译．北京：人民邮电出版社，2017.

[15]周志华．机器学习[M]. 北京：清华大学出版社，2016.

[16]SNOW J. On the mode of communication of cholera[M]. Salud Publica Mex，1991，33(2)：194-201.

[17]WU P，LI H，ZENG N，et al. FMD-Yolo：An efficient face mask detection method for COVID-19 prevention and control in public[J]. Image and Vision Computing，2022，117：104341.

[18]CHEN S，LI S，CHEN S，et al. R-map：A map metaphor for visualizing information reposting process in social media[J]. IEEE Transactions on Visualization and Computer Graphics，2020，26(1)：1204-1214.

[19]ZENG N，ZHANG H，SONG B，et al. Facial expression recognition via learning deep sparse autoencoders[J]. Neurocomputing，2018，273：643-649.

[20]ZENG N，WANG Z，ZHANG H，et al. Deep belief networks for quantitative analysis of a

gold immunochromatographic strip[J]. Cognitive Computation，2016，8：684-692.

[21]GEURTS P，ERNST D，WEHENKEL L. Extremely randomized trees[J]. Machine Learning，2006，63(1)：3-42.

[22]BREIMAN L. Random forests[J]. Machine Learning，2001，45：5-32.

[23]LECUN Y，BOSER B，DENKER J S，et al. Backpropagation applied to handwritten zip code recognition[J]. Neural Computation，1989，1(4)：541-551.

[24] BENTLEY J L. Multidimensional binary search trees used for associative searching [J]. Communications of the ACM，1975，18(9)：509-517.

[25]ANSCOMBE F J. Graphs in statistical analysis[J]. The American Statistician，1973，27(1)：17-21.